阳新湖蒿
产业化技术与实践

阳新县蔬菜产业发展中心
湖北理工学院　著

中国农业科学技术出版社

图书在版编目（CIP）数据

阳新湖蒿产业化技术与实践 / 阳新县蔬菜产业发展中心，湖北理工学院著 . -- 北京：中国农业科学技术出版社，2024.1

ISBN 978-7-5116-6631-4

Ⅰ.①阳… Ⅱ.①阳… ②湖… Ⅲ.①蔬菜产业－产业发展－研究－阳新县 Ⅳ.① F326.13

中国国家版本馆 CIP 数据核字（2024）第 007887 号

责任编辑　于建慧
责任校对　李向荣
责任印制　姜义伟　王思文

出 版 者　中国农业科学技术出版社
　　　　　北京市中关村南大街 12 号　邮编：100081
电　　话　（010）82109708（编辑室）（010）82109702（发行部）
　　　　　（010）82109709（读者服务部）
网　　址　https://castp.caas.cn
经 销 者　各地新华书店
印 刷 者　北京中科印刷有限公司
开　　本　170 mm×240 mm　1/16
印　　张　17.25
字　　数　300 千字
版　　次　2024 年 1 月第 1 版　2024 年 1 月第 1 次印刷
定　　价　68.00 元

《阳新湖蒿产业化技术与实践》

指导委员会

主　任：刘合仕

副主任：徐尤华　徐顺文

著者名单

主　著：徐顺文

副主著：明安淮　刘高枫

著　者：乐应勇　佘辉华　汪训枝

　　　　周祥艳　周　芬　罗祖胜

　　　　陈久爱　费金昊　高先爱

　　　　金裕华　康　薇　刘作林

　　　　梅　林　申　蜜　郑　进

前　言

阳新湖蒿，一种遍布阳新滩头、湖边的野生蔬菜，阳新人用不到 20 年的时间，将它发展成特色鲜明的乡村产业，这其中凝聚着阳新县各级领导、农业科技人员与从业者的智慧和心血。为系统整理、总结阳新湖蒿产业发展过程中取得的技术成果和经验，进一步推动阳新湖蒿产业高质量创新发展，阳新县蔬菜产业发展中心、湖北理工学院组织撰写了《阳新湖蒿产业化技术与实践》一书。

本书由徐顺文、明安淮、刘高枫主持撰写。具体分工为：第 1 章由徐顺文、佘辉华编写；第 2 章由徐顺文、乐应勇、刘作林编写；第 3 章由明安淮、佘辉华编写；第 4 章由刘高枫、周芬编写；第 5 章由明安淮、罗祖胜、梅林编写；第 6 章由陈久爱、汪训枝、乐应勇编写；第 7 章由徐顺文、康薇、高先爱编写；第 8 章由明安淮、康薇、申蜜编写；第 9 章由刘高枫、汪训枝、周芬编写；第 10 章由徐顺文、汪训枝、周祥艳编写；第 11 章由金裕华、费金昊收集整理；第 12 章由徐顺文、刘高枫、明安淮、康薇收集整理。

本书的撰写得到了农业农村部蔬菜绿色高质高效创建项目，湖北省园艺作物标准化创建项目，阳新县农业农村局与湖北理工学院、华中农业大学校企合作项目，湖北理工学院高层次人才引进项目，以及其他校企横向合作课题的支撑，书中部分内容参考的部分研究成果，已在参考文献中列出，在此一并表示感谢。

限于著者水平和掌握的资料程度，书中难免存在缺漏与不足之处，恳请专家同仁和读者批评指正，以臻完善。

著　者

2023 年 12 月

目　录

绪论 1

1.1 阳新县概述

1.1.1 历史沿革

湖北省阳新县历史悠久，建县始于西汉，古称雉城，迄今有 2 200 多年历史，是全国闻名的古县。

唐时为荆扬之域，虞、夏、商属荆州，西周为鄂王辖地，春秋归楚，秦属南郡。

汉高祖六年（公元前 201 年）分南郡始置下雉县，属江夏郡。

三国，吴孙权析下雉置阳新县，以县治阳辛（新）得名。

南齐，属武昌郡。陈，析阳新置永兴县。

隋开皇九年（589 年），改阳新为富川，后改富川为永兴，时县地在武昌、永兴两县境内。大业三年（607 年），属江夏郡。

唐代，县地在鄂州武昌、永兴两县境内。

宋太平兴国二年（977 年），以永兴县置永兴军。太平兴国三年（978年），改永兴军名兴国军，隶江南西道，领永兴县、通山县、大冶县 3 县。崇宁元年（1103 年），属江西路。

元至元十四年（1277 年），升兴国军为兴国路总管府，属江西行省，领3 县（永兴、大冶、通山）。至元十七年（1280 年），兴国路总管府属江淮行省薪黄道。至元十九年（1282 年），属江西道。至元三十年（1293 年），改属湖广行省江南湖北道。至正十一年（1351 年），徐寿辉克兴国，改兴国路总管府为兴国军。至正二十年（1360 年），陈友谅改兴国军为兴国路。至正二十四年（1364 年），朱元璋改兴国路为兴国府，属湖广行省。

明洪武九年（1376 年）4 月，降府为兴国州，隶湖广布政使司武昌府。

清初，兴国州仍领通山、大冶，同属湖北布政使司武昌府。康熙三年（1664 年）起，兴国州不再领县，属武昌府。雍正元年至十三年（1723—1735 年），分湖广行省，设置湖北省，县地属湖北省武昌府。

1912 年，废府改道，改兴国州为兴国县，隶湖北省江汉道。1914 年，定名阳新县。1927 年，废江汉道，阳新县直属湖北省。1949 年 5 月，阳新县隶属大冶专区。

1952 年 6 月，阳新县改属黄冈专区。1965 年 7 月，阳新县改属咸宁地区。1997 年 1 月 1 日，阳新县划归黄石市管辖至今。

1.1.2　县情概况

阳新县地处鄂东南，与江西接壤，素有"荆楚门户"之称。县域面积 2 780 km^2，辖 22 个镇（场、区）。县政府所在地位于兴国镇。截至 2022 年 1 月，全县户籍人口 111.79 万，常住人口 90.16 万，有蒙古族、回族、藏族、维吾尔族、苗族、彝族、壮族、布依族、朝鲜族、满族等 26 个少数民族。近年来，阳新先后获评中国民间文化艺术之乡、全国电子商务进农村综合示范县、全国青少年普法教育示范县、国家农村职业教育和成人教育示范县、国家第三批支持农民工返乡创业试点，荣获湖北省县域经济先进县、最佳金融信用县、造林绿化模范县、省级园林城市、省级平安县、省级文明县城等称号，入选中国最具投资潜力特色魅力示范县 200 强。

阳新历史悠久，人文璀璨。历代俊杰辈出，晋有名士孟嘉，宋有文学家王质，明有"后七子"之一吴国伦，清有太平天国状元刘继盛，民国有辛亥革命元勋曹亚伯等。近代，彭德怀、王震、何长工等老一辈无产阶级革命家均在此生活、战斗过，诞生了王平、伍修权等 20 多位共和国将军，20 万余位革命先烈献身解放事业，"小小阳新，万众一心，要粮有粮，要兵有兵"的革命气势威震湘鄂赣，是全国著名的"烈士县"。民间文化异彩纷呈，极具楚风遗韵，国家级非物质文化遗产阳新采茶戏、布贴画享誉一方。

阳新钟灵毓秀，风景秀丽。境内山峦起伏、河湖纵横，森林覆盖率近

40%，自古以"稼穑殷盛，物阜民丰"著称，是中国油茶之乡，湖北省产粮大县、林业大县和水产大县。既有苏东坡、岳飞、甘宁、海瑞等历史名人遗迹，保存有鄂东南地区规模最大、保存最完好的明清时期传统村落、古牌坊等60多处，还有国家级湿地公园莲花湖、荆楚第一奇湖仙岛湖、省级湿地保护区网湖、省级森林公园七峰山和国家级烈士纪念设施保护单位、全国红色旅游经典景区之一、全国爱国主义教育基地——湘鄂赣边区鄂东南革命烈士陵园，全国重点文物保护单位龙港革命旧址群曾号称"小莫斯科"。

阳新区位优越，交通便捷。地处武汉"1+8"城市圈和长江经济带中游南岸，长江黄金水道过境45 km，106国道、316国道横贯东西，武九铁路、武九客专纵穿南北，大广、杭瑞、黄咸、麻阳、武南（在建）等5条高速境内纵横交会，棋盘洲、武穴两座长江大桥建成通行，"亿吨大港、百万标箱"的新港口岸正式开关并获批"全国创建多式联运示范港区"，阳新公、铁、水综合交通运输体系基本形成，内联外射，通江达海，联通世界的枢纽地位日益突出。

阳新是开放开发、创新创业的金色乐土。县内劳动力资源丰富，享受国家扶贫攻坚、创新驱动、"互联网+"及国贫县企业上市直通车等多重政策，出台有支持外地企业到阳新发展的优惠政策、绿色通道，正成为一方活力四射、潜力巨大的投资创业热土。经济开发区、滨江工业园、新港（物流）工业园区发展势头良好，深圳盐田港、宝武钢铁、华新水泥、远大医药、劲牌公司等一批国内外知名企业纷纷落户，机械制造、新型建材、生物医药、轻工纺织、新能源五大产业初具规模。

1.1.3 地理位置与气候条件

（1）地理位置　阳新县位于长江中游南岸，湖北省东南部，N29°30′～30°09′，E114°43′～115°30′。县域地处幕阜山向长江冲积平原过渡地带，属低山丘陵区，地势西南高，东北低，西北、西南、东南部多为400 m以下的丘陵低山，且向东部、中部倾斜，中部、东部是河谷平原，河湖交错，地势低平，构成不完整山间盆地。境内最高点为七峰山林场大王山南岩岭，海拔862.7 m，最低点为富河南塍潭河床低处，海拔8.7 m，东西横距76.5 km，南北纵距71.5 km。富水自西向东南横贯县境，自湄潭以下，两岸湖泊星罗棋布，岗地坡度平缓，分布在山丘河流湖泊之间。县境东北与蕲春县、武穴市隔江相望，东南紧邻江西省瑞昌市，西南接通山县和江西省武宁县，西北连咸宁市、大冶市。

（2）气候资源　阳新县属北亚热带气候区，年均气温16.8℃，极端最高气温42.2℃（2013年8月7日），极端最低气温–14.9℃（1969年2月1日），无霜期263 d。年均日照时数1 897.1 h，日照率44%。年均降水量1 389.6 mm。由西南向东北呈递减趋势，年均降雨日147个，夏季最多，4—7月平均降水量739.9 mm，雨量多，强度大，常造成洪涝灾害。

1.1.4　自然资源

（1）水系　阳新县被誉为"百湖之县"。境内河湖密布，主要有网湖、海口湖和大冶湖，总集水面积6 771.4 km²，其中，客水3 991.4 km²，境内独自流入长江水系6条，以富水为主，其次是大冶湖、海口湖、菖湖、袁广湖、上巢湖。按5 km以上河流统计，全县大小河港365条，河道总长度985.5 km，有大小湖泊250处，总面积349.32 km²，有大中小型水库145座，总库容24.7亿 m³，其中，大型水库有富水水库、王英水库2座，中型水库有蔡贤水库、青山水库、罗北口水库3座。主要有5大水系，即富水水系，富水流域面积5 310 km²，干流长196 km，河道总落差613 m，平均宽约43 km，流域内5 km以上支流有130条，其中，一级支流30条，二级支流52条。海口湖水系，海口湖流域面积168.5 km²，流域起点在筍山半山麓，河长20 km，河流落差187 m，平均坡降9.3‰，流域内的水由重建的海口闸流入长江。袁广湖水系，袁广湖发源于筍山峨眉头，自豹坑王流经小港李、蔡家湾、竹林赵、冯家畈、石家畈、张良畈，入袁广湖，又连线郝矶湖，在老渡口西北侧注入长江。1972年以后，郝矶围垦，改经沙村、郝矶之间的新港入江，湖底高程16.6 m，流域面积67.62 km²，河沟长16.4 km，落差139 m，平均坡降8.5‰。菖湖水系，菖湖发源于凤凰山、牛角山北麓，流经沙港冯、牛角塆后入菖湖，来水源经菖蒲港注入长江。1965年以后，改经菖湖闸入长江。流域面积15.62 km²，河沟长8 km，落差288 m，平均坡降12.2‰。湖底高程16.1 m，常年水位18 m。上巢湖水系，上巢湖发源于江西省瑞昌市贤金邓家山。入上巢湖后，经鲤鱼山东北麓山脚注入长江，流域面积6.6 km²，客水面积1.6 km²，河沟长4.4 km，落差41 m，平均坡降9.3‰。

（2）矿产资源　阳新县地处长江中游多金属成矿带鄂东南成矿东端，富藏金、银、铜、锌等金属矿藏，煤炭、石灰石、大理石、膨润土等外生矿储量亦丰，具有矿种多、分布广、储量大等特点。现已探明的矿产有35种，其中，金属矿19种，非金属矿产16种，矿产地112处。金、铜、煤炭等矿产资源储量位居湖北省前列，其中，金探明储量约8万kg，居中国第3位；铜探明储量约130万t，占湖北省已探明储量的35%，是中国八大铜生产基地之一；煤探明储量8 140万t，是中国百个重点产煤县之一。非金属矿产以石灰岩为主，其储量大、分布广，开发利用前景广阔。水泥用灰岩含矿层位稳定、厚度大，矿石质量好，常构成大中型矿床；熔剂石灰岩、白云岩资源蕴藏量大，开采条件好。

（3）土地资源 截至2022年，阳新县共有土地资源162.16万亩[①]。

耕地：共有耕地86.69万亩，其中，水田45.14万亩，占52.07%；水浇地1.04万亩，占1.2%；旱地40.51万亩，占46.73%。全县共有园地8.46万亩，其中，果园3.15万亩，占37.26%；茶园0.92万亩，占10.82%；其他园地2 927.414.39万亩，占51.92%。林地201.22万亩，其中，乔木林地134.88万亩，占67.03%；竹林地1.37万亩，占0.68%；灌木林地42.99万亩，占21.37%；其他林地21.98万亩，占10.92%。草地8.29万亩。

湿地：共有湿地1.44万亩，主要分布在内陆滩涂。

城镇村及工矿用地：共有城镇村及工矿用地32.18万亩，其中，建制镇用地4.66万亩，占14.48%；村庄用地23.98万亩，占74.52%；采矿用地3.31万亩，占10.3%；风景名胜及特殊用地，占0.7%。

交通运输用地：共有交通运输用地7.21万亩，其中，铁路用地0.55万亩，占7.65%；公路用地3.84万亩，占53.22%；农村道路2.75万亩，占38.13%；港口码头用地46.69 hm²，占0.97%；管道运输用地20.7亩，占0.03%。

水域及水利设施用地：共有水域及水利设施用地66.82万亩，其中，河流水面9.48万亩，占14.19%；湖泊水面28.63万亩，占42.86%；水库水面1.77万亩，占2.64%；坑塘水面22.03万亩，占32.97%；沟渠3.14万亩，占4.69%；水工建筑用地1.77万亩，占2.65%。

（4）生物资源 药材与园艺作物：阳新县常见的果品类有梨、桃、李、

---

① 1亩≈667 m²。全书同。

柿、杏、枣、柑橘、樱桃、石榴、枇杷、板栗、核桃、葡萄、猕猴桃等20余种；特用经济类有桑、油桐、油茶等10余种；药材类有吴茱萸、半夏、天麻、穿心莲、桔梗、黄姜等300余种；蔬菜类有大白菜、小白菜、菜薹、莴苣、萝卜、辣椒、茼蒿、黄瓜、南瓜、苦瓜、豇豆、扁豆等90多个品种；花卉类有玫瑰、桂花、菊花、月季花、金银花等近200个品种。

农作物：阳新县主要种植的农作物有20多种。粮食作物有水稻、小麦、红苕、高粱、玉米、洋芋、蚕豆、豌豆、绿豆、红豆、饭豆等；经济作物有油菜、芝麻、花生、向日葵、苎麻、棉花、甘蔗、茶叶、烟叶等。

动物资源：阳新县动物种类繁多，常见的有400多种，其中，国家一级保护动物7种，二级保护动物23种，湖北省级重点保护动物70余种。分布较广的野生动物有小天鹅、白鹳、夜鹭、穿山甲等；饲养动物有牛、马、猪、羊、兔、鸭、鹅、狗、猫、鸽、蚕、蜜蜂等20余种；兽类有豺、狼、豹、野猪、獐、鹿、刺猬、野兔等30余种；鸟类有麻雀、喜鹊、布谷、野鸡、雁、燕、猫头鹰、鹭、八哥、啄木鸟等90余种；鱼类有鲢、鲤、鲫、鳜、青、草等80余种；两栖爬行类有螃蟹、甲鱼、青蛙、蛇、鳝鱼、乌龟等20余种；节肢类有蜈蚣、蝎、蚂蚁、虾等60余种；其他有老鼠、蚂蝗、蚯蚓、蜻蜓等120余种。

森林资源：阳新县属亚热带常绿阔叶林带，植物有87科517种，特色植物有樟树、赤楠、石楠、槠树、杂竹等。截至2022年，阳新县林业用地面积13.4万 hm²，占全县土地面积的44.8%，森林覆盖率为43%，全县林木活立木蓄积量197.5万 m³，其中，森林蓄积量190.6万 m³。全县年木材采伐量6 500 m³，楠竹采伐量200万根。年产油茶籽2 500 t、油桐籽200 t、茶叶250 t、棕片130 t、竹笋130 t。年产各类水果7 200 t，其中，柑橘6 450 t、板栗500 t。全县200年以上珍稀大树有82株，其中，400年以上的有重阳木、枫香共2株，侧柏、杉木各1株，樟树3株、银杏5株。

1.1.5 经济和社会发展概况

2022年，阳新县（含两镇）生产总值为400.6亿元，按可比价格计算，比上年增长7.7%。其中，第一产业增加值80.97亿元，增长5.3%；第二产业增加值155.04亿元，增长11.1%；第三产业增加值164.59亿元，增长6.2%。三产结构由上年的21.3∶36.6∶42.1调整为20.2∶38.7∶41.1，一产比重下降

1.1 个百分点，二产比重上升 2.1 个百分点，三产比重下降 1 个百分点。全县（不含两镇）实现生产总值 314.75 亿元，比上年增长 7.3%。

（1）农林牧渔及服务业　阳新县农林牧渔及服务业总产值 140 亿元，较上年增长 6.9%。其中，农业产值 63.65 亿元，增长 10.8%；林业产值 6.62 亿元，增长 40.2%；牧业产值 20.05 亿元，下降 4.5%；渔业产值 42.60 亿元，增长 3.4%；农林牧渔服务业产值 7.08 亿元，增长 16.7%。行业占比由上年同期的 43.5∶3.7∶16.6∶31.5∶4.7 调整为 45.5∶4.7∶14.3∶30.4∶5.1。全年粮食产量 28.78 万 t，减产 1%；油料产量 6.52 万 t，比上年增长 5.3%；茶叶产量 0.11 万 t，增长 7%；园林水果产量 9.81 万 t，增长 3.5%；蔬菜产量 52.77 万 t，增长 3.5%。猪牛羊禽肉产量 5.12 万 t，比上年下降 6.6%。其中，猪肉产量 4.11 万 t，下降 8.3%；牛肉产量 0.13 万 t，增长 0.6%；羊肉产量 0.04 万 t，增长 2.2%；禽肉产量 0.84 万 t，增长 0.6%。年末生猪存栏 32.75 万头，增长 23.4%；全年生猪出栏 52.38 万头，下降 7.8%。水产品产量 14.65 万 t，比上年增长 3.6%。

（2）工业和建筑业　阳新县全年规模以上工业总产值完成 237.46 亿元，同比增长 18.2%；规模以上工业增加值增长 13.5%；工业企业用电量 148 276 万 kW·h，增长 3%；农产品加工业总产值增长 32.3%；高新制造业增加值增长 0.4%；城北工业园、滨江工业园和新港物流园规模以上工业增加值分别增长 13.4%、8.4% 和 21.2%。非金属矿物制品产值增长 6.4%，黑色金属冶炼和压延加工业产值下降 18.8%，废弃资源综合利用业产值增长 11%，医药制造业产值增长 19.9%，农副食品加工业产值增长 75.2%，橡胶和塑料制品业产值下降 4.6%，有色金属冶炼和压延加工业产值增长 6 135.3%，化学原料和化学制品制造业产值增长 14.5%，非金属矿采选业产值增长 147.5%，有色金属矿采选业产值增长 18.4%。主要产品产量增速情况为铜金属含量（15.7%）、建筑用天然石料（−21.8%）、大米（47.9%）、服装（−91.5%）、鞋（115.1%）、化学药品原药（−7.4%）、橡胶轮胎外胎（−7.2%）、硅酸盐水泥熟料（−3.9%）、水泥（−18.2%）、钢材（−17.6%）、印制电路板（−18%）。

全年建筑业总产值 30.51 亿元，增长 16.9%。商品房施工面积 298.35 万 m²，下降 8.2%；商品房竣工面积 16.04 万 m²，增长 14.3%；商品房销售面积 77.12 万 m²，增长 5.5%。

（3）固定资产投资　全县固定资产投资比上年增长 24.7%。从投资产业看，第一产业投资增长 5.9%，第二产业投资增长 51.4%，第三产业投资增长8.3%；从投资结构看，5 000 万元以上项目增长 28.3%，占比为 87.2%，较上年提高 2.4 个百分点。500 万～5 000 万元项目增长 3.8%，占比为 1.5%。房地产项目增长 5%，占比为 11.3%。全年民间固定资产投资增速为 36.9%，占固定资产投资比重为 74.1%；工业投资增速为 51.4%，占固定资产投资比重为 46.6%，比上年提高 8.2 个百分点。全年施工项目个数有 283 个，同比增长 23.6%。其中，5 000 万元以上施工项目 259 个，增长 27.6%；新入库项目 166 个，增长 27.7%，5 000 万元以上新入库项目 147 个，增长 28.9%。竣工投产项目 148 个，增长 33.3%，其中，5 000 万元以上项目 130 个，增长44.4%。

（4）国内外贸易　全县社会消费品零售总额完成 141.3 亿元，增长1.9%。限额以上消费品零售额 10.45 亿元，增长 7.7%。限上批零住餐业四大行业均实现销售额（营业额）正增长，其中，线上批发业商品销售额完成26.56 亿元，增长 66.5%，零售业商品销售额完成 9.31 亿元，增长 9.9%，住宿业营业额完成 0.57 亿元，增长 9.9%，餐饮业营业额完成 0.89 亿元，增长 5.3%。限额以上企业网上零售额 1.3 亿元，下降 10.3%。实现进出口总额44.5 亿元，同比增长 181.6%。其中，出口总额 17.8 亿元，增长 18.1%。实际到位内资 382.1 亿元，增长 81.2%。

（5）交通运输和旅游　全县普通公路总里程达 4 732 km（不含新港）。共有道路运输业企业 912 家，其中，客运企业 11 家，货运企业 898 家。危险品货运业户 3 家，危货车辆 80 辆。开通农村客运班线 195 条，总营运里程6 334 km，农村客运车辆 356 辆，座位数 7 426 个。拥有公交企业 1 家，新能源公交车辆 180 台，公交运营线路 13 条，公交线路总长约 190 km。拥有出租车公司 3 家，出租汽车 400 台，其中，得福公司 208 台，安捷、安发公司各 96 台。全年接待游客 504 万人次，实现旅游综合收入 25 亿元。莲花湖国家湿地公园试点通过国家验收。排市滴水涯成功创建 3A 景区。枫林镇获评全国地质文化镇。王英高山村入选湖北旅游名村和全国乡村旅游重点村。

（6）财政和金融　全年完成财政总收入 43.64 亿元，比上年增长 47.6%。其中，地方公共财政预算收入 35.22 亿元，增长 70.4%，在地方公共预算收入中，税收收入 14.13 亿元，下降 0.9%。公共预算支出 77.09 亿元，增长30.5%。2022 年年末全县金融机构各项存款余额 457.96 亿元，比上年增长

14.1%，比年初增加 56.56 亿元。其中，住户存款 361.03 亿元，比年初增加 58.74 亿元。金融机构各项贷款余额 322.84 亿元，增长 20.7%，比年初增加 55.44 亿元。其中，住户贷款 126.30 亿元，比年初增加 19.15 亿元；非金融企业及机关团体贷款 196.54 亿元，比年初增加 36.28 亿元。

（7）科学技术和教育 全县高新技术产业增加值 30.21 亿元，占 GDP 比重为 9.6%。新增高新技术企业 8 家，"瞪羚"企业 3 家，科技型中小企业评价入库 291 家，新增发明专利授权 38 件。全县拥有幼儿园 174 所，在园幼儿 31 986 人；小学 215 所，在校生 101 351 人；初中 45 所，在校生 51 293 人；高中 6 所，在校生 19 111 人；中职 1 所，在校生 3 937 人。县级财政用于教育事业经费 17.17 亿元，比上年增长 17.8%。

（8）文化、体育和卫生 全年文化事业费支出 8 506 万元，比上年增长 17.2%。开展文艺演出 158 场，开展惠民演出 310 余场，放映公益电影 5 100 场。图书馆采购新书 2 100 余册，新办证 1 100 余人，文献外借 81 000 余册。全年规模以上文化及相关产业企业营业收入 1.81 亿元，比上年增长 17%。第十六届省运会龙舟比赛阳新栗林龙舟队参加 4 个项目勇夺 2 金 2 银的优异成绩，摔跤项目首次出征省运会收获 3 银 5 铜、团体体育道德风尚奖，其他赛事活动收获 5 金 4 银 4 铜。全县共有医院 12 家，基层医疗卫生机构 18 家，专业公共卫生机构 4 家；全县共有卫生计生人员总数 6 762 人，其中，执业（助理）医师 1 869 人，注册护士 2 211 人；全县共有医疗卫生机构床位 5 443 张，其中，医院床位 4 018 张，卫生院床位 1 415 张。

（9）人口和人民生活 2022 年年末全县户籍人口 111.79 万人，常住人口 90.16 万人，人口与上年基本持平。全县城镇常住居民人均可支配收入 35 325 元，比上年增长 7.9%；农村常住居民人均可支配收入 16 414 元，比上年增长 9.2%。

（10）能源和环境 全社会用电量 26.37 亿 kW·h，比上年增长 9.9%。规模以上工业综合能源消费量 144.76 万 t 标准煤，增长 10.8%。其中，原煤消费量 104.17 万 t，下降 7.9%；电力消费量 15.93 亿 kW·h，增长 0.8%；天然气消费量 3 653 m^3，增长 40.1%；焦炭消费量 1.56 万 t，增长 44.6%。全年阳新城区空气质量优良天数 301 d，有效监测天数为 362 d，优良天数达标率为 83.1%。细颗粒物 PM2.5 年均浓度为 36 μg/m^3，较上年上升 12.5%；可吸入颗粒物 PM10 年均浓度为 57 μg/m^3，较上年下降 3.4%；臭氧日最大 8 小时第 90 百分位年均浓度为 161 µg/m³，较上年上升 8.8%。

1.2　国内外蒌蒿研究进展

　　蒌蒿的研究报道主要来自江苏、湖北、江西、湖南和安徽等地的农业院校和科研机构，国外鲜有蒌蒿相关的报道。

1.2.1　植物学分类

　　由于蒌蒿多生于低海拔地区的河湖岸边与沼泽地带，在沼泽化草甸地区常形成小区域植物群落的优势种与主要伴生种，葶立水中生长，也见于湿润的疏林中、山坡、路旁、荒地等。因此，蒌蒿的称谓极具地域性差异，在我国不同的地区，又称水蒿、湖蒿、青艾、三叉叶蒿、白蒿、水陈艾、红艾、狭叶艾等。文献和新闻报道中，多见江苏蒌蒿、江西蒌蒿、湖南湖蒿、武汉蒌蒿、阳新湖蒿等称谓。因此，湖蒿是蒌蒿的别称。

　　植物分类学上，蒌蒿 *Artemisia selengensis* Turcz. ex Bess. 属被子植物门双子叶植物纲合瓣花亚纲桔梗目菊科管状花亚科春黄菊族菊亚族蒿属蒿亚属艾组蒌蒿系。据《中国植物志》（第七十六卷第二分册）记载，我国蒌蒿有 2 个变种，即原变种蒌蒿（*A. selengensis* var. *Selengensis*）和变种无齿蒌蒿（*A. selengensis* var. *Shansiensis*）。变种无齿蒌蒿与原变种区别在于本变种叶的裂片边缘全缘，稀间有少数小锯齿。栽培蒌蒿多为变种无齿蒌蒿（*A. selengensis* var. *Shansiensis*）。管建国等（2017）按园艺学特征将蒌蒿分为 3 类，即白蒌蒿（柳叶蒿）、青蒌蒿（碎叶蒿）和红蒌蒿；李双梅等（2016）则认为蒌蒿根据嫩茎颜色可分为白蒌蒿（白绿色）、青蒌蒿（绿色）和红蒌蒿（微红色至紫红色）3 种类型，根据叶型可将蒌蒿分为碎叶型蒌蒿和柳叶型蒌，同时调查发现，碎叶型蒌蒿和柳叶型蒌蒿中皆有白蒌蒿、青蒌蒿和红蒌蒿。2010 年以来，湖北省黄石市阳新县蔬菜产业发展中心联合湖北理工学院利用当地蒌蒿优质种质资源开展蒌蒿新品种的选育。

　　目前，生产中主栽蒌蒿品种云南蒌蒿和大叶青，分别为白蒌蒿和青蒌蒿类型，属于无齿蒌蒿变种。蒌蒿粗纤维含量由高到低依次为红蒌蒿＞青蒌蒿＞白蒌蒿，芳香气味由浓到淡为红蒌蒿＞青蒌蒿＞白蒌蒿，茎色越浅，芳香味越淡。

1.2.2 种质资源

蒌蒿在我国分布极为广泛，贵州、云南、四川、广东（北部）、湖南、湖北、河南、江西、安徽、江苏、山东、甘肃（南部）、陕西（南部）、山西、河北、内蒙古（南部）、辽宁、吉林及黑龙江等省均有分布；国外蒙古、日本、韩国、朝鲜及俄罗斯西伯利亚亦有。模式标本采自西伯利亚东部色楞格斯克附近。

20 世纪 90 年代末期，国家水生蔬菜种质资源圃（武汉）（原武汉水生蔬菜种质资源圃）开始进行蒌蒿种质资源的收集工作，至今已保存有蒌蒿种质资源 21 份。李双梅等（2016）对其中来自江苏、湖北、江西、云南及四川等地的 14 份蒌蒿种质材料的主要农艺性状和营养成分进行了鉴定，结果表明，9 份为蒌蒿原变种，5 份为无齿蒌蒿变种；2 份为白蒌蒿，3 份为青蒌蒿，9 份为红蒌蒿。另外，李双梅等（2006）对 12 份蒌蒿种质 DNA 提取方法、RAPD-PCR 优化体系以及引物筛选进行了初步研究。

1.2.3 蒌蒿的生物学特性

（1）植物学与生长特征 2 500 多年前的《诗经》、初汉的《尔雅》，以及后来的《齐民要术》《本草纲目》等古籍对蒌蒿的生长习性都有记载。蒌蒿的根有主根、侧根和纤维状须根 3 种类型。主根不明显，侧根发达。茎亦有 3 种类型，即地下根（状）茎、匍匐茎和地上茎。地下根茎较发达，可作为产品器官食用，也可用于繁殖。地上茎直立或略匍匐生长，高 60 ~ 150 cm，直径 1 ~ 2 cm，地上茎为产品器官，按颜色茎秆分为青秆、白秆和紫秆 3 种类型，老熟下部通常呈半木质化，上部着生头状花序。叶大多羽状深裂，3 ~ 7 裂；叶正面绿色，背面披白色茸毛。花序为头状花序，有短梗，多密集成狭长的复总状花序。花黄色，内层两性花 10 ~ 15 朵，外层雌花 8 ~ 12 朵。瘦果细小，无毛，老熟后脱落（李式军等，1995；张道宽等，1996）。方荣等（1998）对蒌蒿生长进行了动态观察，研究结果表明，蒌蒿在整个生长发育阶段，地上部、地下茎和根鲜质量以及三者之间鲜重比例在不断发生变化。10 月至翌年 5 月，蒌蒿地上部和地下茎的生长互相转化，互为依存，在时间上也存在着相互对应的关系。

（2）对环境条件的要求 蒌蒿性喜温暖湿润气候，不耐干旱。茎叶开始生长的日平均气温为 4.5℃左右，营养生长最适气温为日平均气温 12～18℃，20℃以上茎秆迅速老化而不能食用，地上部分能耐 -5℃以上的长期低温。蒌蒿生长对光照要求严格，光照不足影响生长，也易感染病害。普通土壤中能生长，但以肥沃、疏松、排水良好的沙壤土为宜（张道宽等，1996）。范友年（1999）研究表明，蒌蒿喜温暖湿润气候，不耐干旱。地上茎最适宜生长气温为日平均 12～18℃，20℃以上茎秆迅速老化而不堪食用。地上部分能耐 -5℃的低温，40℃高温时仍能旺盛生长。对光照要求严格，光照不足影响生长。以肥沃、疏松、排水良好的沙壤土为宜。此外，过分干旱会造成植株死亡。肥料以农家肥料（粪肥、沤肥、堆肥）为好，单纯施用化学肥料效果不理想。

1.2.4　蒌蒿的分类及主要栽培品种

（1）分类　蒌蒿长期处于野生状态，过去被列为野生蔬菜，经过长期的人工栽培，蒌蒿的某些经济性状已或多或少发生了改变。因此，栽培的蒌蒿在农业生物学分类上应归为"绿叶菜类"。目前，尚无蒌蒿种类的科学划分。管建国等（1998）根据其在低温条件下芽的萌发速度及生长情况、叶片的类型、茎秆的颜色变化等因素可进行分类。根据蒌蒿叶型的不同分为 3 类：大叶蒿又称柳叶蒿，即叶为柳叶形，叶片较大，形如柳叶；碎叶蒿又称鸡爪蒿，叶似鸡爪形，叶片较小，呈羽状分裂；嵌合型蒿，同一植株上有两种以上的叶型。

根据蒌蒿嫩茎的色泽、香味的浓淡分为以下 3 类：白蒌蒿，嫩茎淡绿色，粗壮多汁，脆嫩，不易老化，叶色稍浅，叶面呈黄绿色，春季萌芽较早，可食部分较多，产量较高，但香味不浓。青藜蒿，嫩茎青色，味香，按叶型分属碎叶蒿。红藜蒿，嫩茎刚萌生时，为绿色或淡紫色，随着茎的生长，色泽加深，最终嫩茎呈淡紫色或紫红色，茎秆纤维较多，易老化，叶色较深。春季萌芽较迟，可食用部分少，产量较低，但香味较浓。

（2）主栽品种　我国栽培的蒌蒿均为野生种，对其品种资源的收集研究还不够，品种不多，尚无人工选育的品种，各地野生种的特性有所不同。目前，湖北、江苏等地栽培的品种主要有以下几种。

云南蒌蒿：为武汉、孝感等地栽培的主栽品种。成株株高 80 cm 左右，茎粗约 0.8 cm。幼茎绿白色，纤维少。半匍匐生长，产量比较高，品质较好。

叶长 15 cm，宽 10.8 cm，裂片较宽且短。

大叶青：江苏南京栽培的品种。成株高大，株高 85 cm 以上，茎粗 0.74 cm。茎多汁而脆嫩，产量较高，香味较淡。幼茎青色。羽状三裂片，叶长 17 cm，宽 15 cm。裂片边缘锯齿不明显。

小叶白：江苏南京市栽培的品种。株高 74 cm 左右，茎粗约 0.54 cm。叶长 14.2 cm，宽 15 cm，茎色绿白，茎秆纤维较少，品质佳。叶背绿白色，有短茸毛。

李市藜蒿：湖北荆门李市镇栽培的品种。成株株高 35 cm，茎粗 0.7 cm。嫩茎柔软，香气浓郁。叶片绿色，羽状深裂，裂片长 15 cm，宽 1.5 cm，叶缘有长锯齿。

鄱阳湖野蒿：江西鄱阳湖地区栽培的品种。成株高 87 cm，茎粗 0.8 cm。茎秆紫红色，纤维多，香味浓。叶长 19.3 cm，叶宽 15.2 cm，裂片细长，边缘锯齿深而细。

1.2.5 蒌蒿的栽培技术研究

蒌蒿的栽培技术研究种苗繁殖与扦插密度、栽培方式、病虫害防治以及茬口安排等方面。

（1）种苗繁殖与扦插技术研究　扦插是蒌蒿生产上采用的主要繁殖方式。阳新湖蒿区通过催根催芽的方式培育插条。具体方法是每年 6 月下旬至 7 月下旬，选取上季无病虫害、生长健壮的种蒿茎秆，去掉叶片、嫩梢和老茎，将茎秆截成切口整齐的长 20 cm 的插条，放入 50% 多菌灵 500 倍液和 4.5% 高效氯氰菊酯 1 500 倍液、生根粉 200 倍液中浸泡 15～20 min，灭菌灭虫、促进生根；按上下一致顺序整理齐整，每捆 200～300 根捆好置于阴棚内潮湿的砂土上催根催芽。催根催芽时注意通风降温和遮阳保湿。15～20 d 插条生根发芽后即可扦插。插条生根发芽后即可扦插移植，将插条斜插入土中 2/3，地上只露出 1/3，插条与地面呈夹角 35°～40°，每穴插 2 根，浇足水。早熟品种阳新一号湖蒿的株行距均为 10 cm，每 667 m² 约插 9.2 万根；中熟品种阳新二号湖蒿的株行距均为 15 cm，每 667 m² 约插 4.1 万根（明安淮等，2020）。

张立颖等（2005）研究表明，用不同部位茎段制备插条和采用不同的扦插方式扦插后成活率和繁殖效果差异明显，采用蒌蒿嫩茎扦插繁殖，以中下部半木质化部分作扦插材料最优，并且采用平埋方式进行扦插，可显著提高插条成活率和繁殖系数。研究显示，合理的扦插密度是蒌蒿高效栽培的重要措施之一，并且不同的栽培方式应采用不同的扦插密度。郑洪建（2001）、李双梅（2007）等认为，以收获翌年地下茎萌发的嫩茎为采食器官，则应稀植，株行距以 10 cm×20 cm 或 14 cm×14 cm 为宜。李汉美等（2009）研究表明，以插条上的腋芽萌发的嫩茎为采食器官进行多次采收，以密植为宜，一般为7 cm×10 cm，可以显著提高产量。

（2）栽培措施研究　蒌蒿传统栽培方式为露地野生栽培，食用季节一般为 2—3 月，2 月食用地下根状茎，3 月食用地上嫩茎。随着设施蔬菜和栽培技术的发展，目前，蒌蒿多采用保护地栽培，食用地上嫩茎的时间可提早到2 月，此时正值春节，是食用蒌蒿的大好时节。另有一些地区，如湖北蔡甸通过选择一些适合高温种植的早熟蒌蒿品种使蒌蒿的食用季节提早至 8 月底或 9 月初即可采收第 1 次；国庆节前后采收第 2 次；11 月上中旬配合保护地措施，到 12 月上中旬采收第 3 次；春节前后采收第 4 次；甚至翌年的 3 月中下旬可采收第 5 次。全年蒌蒿 667 m² 总产量可达 3 600 kg，平均每 667 m² 纯收入达 1 万元以上，经济效益十分可观（李双梅等，2017）。湖北阳新宝塔湖湖区，也在采用一次栽种多次采收的高效栽培模式，经济效益十分可观。郭静（2013）分别对湖北省武汉市蔡甸区两块蒌蒿轮作地（西瓜—蒌蒿轮作地和水稻—蒌蒿轮作地）和阳新县两块蒌蒿连作地（0 年连作地和 10 年连作地）进行了有机肥和无机肥的施肥处理试验。结果显示，有机肥与无机肥的联合施用可以有效提高蒌蒿嫩茎中可溶性糖含量，同时，降低其粗纤维含量。西瓜—蒌蒿轮作地及水稻—蒌蒿轮作地的"生 $_{50}$ 有 $_{600}$ 复 $_{50}$"（分别指生物肥、有机肥、复合肥的含量）处理与"生 $_{50}$ 有 $_{0}$ 复 $_{100}$"相比，第二茬蒌蒿可溶性糖含量分别提高了 28.36% 和 24.24%；纤维素含量分别降低了 18.47% 和 15.69%。10 年连作及 0 年连作地的"有 $_{0}$ 复 $_{66}$"处理与"有 $_{600}$ 复 $_{33}$"处理相比，蒌蒿嫩茎可溶性糖含量分别提高 20%、26.87%，纤维素含量分别降低17.37% 和 19.25%。试验结果表明，施用有机肥对提高蒌蒿品质更加明显。

（3）病虫害防治技术　蒌蒿原为野生蔬菜，病虫害较少。随着人工栽培时间的延长和连作地的增加，一些病虫害开始逐渐发生，并且有发生加重和蔓延的趋势，如白钩小卷蛾、青枯病等。

白钩小卷蛾［*Epiblema*（E）*foenella* Linnaens］，俗称"钻心虫"，最早

由王秀梅（1999）在南京八卦洲发现为害蒌蒿，并对该虫的形态特征、为害特点、生活习性、发生规律等进行了探讨。随后，王秀梅等（2001）对白钩小卷蛾的生活史和防治策略作了报道。近年来，湖北阳新宝塔湖、十里湖等地白钩小卷蛾对湖蒿的为害也从零星发生发展到成片发生。为此，徐顺文（2021）等调查了阳新湖蒿白钩小卷蛾的发生情况和为害特点，通过观察害虫的生长发育特性，摸清了该虫在阳新地区的生活史和发生规律，在此基础上提出了白钩小卷蛾防治策略，为该区蒿农提供了及时有效的技术指导。

青枯病是一种细菌性土传病害，主要为害茄果类蔬菜，在蒌蒿生产中并不常见。近年来，由于蒌蒿长期连作重茬，浇水施肥不合理，导致为害呈现逐年加重的趋势。蒌蒿青枯病 2020 年在阳新县等地零星发生，2021 年在阳新县、云梦县的发生面积分别超过 30 hm^2 和 20 hm^2，已成为长江流域蒌蒿生产中新的重要病害，严重影响蒌蒿产业持续健康发展。蒌蒿青枯病由青枯假单胞杆菌侵染引起，一般苗期不发病，成株后开始发病。发病初期，叶片由上到下萎蔫，一般中午萎蔫，早、晚恢复正常，如此反复，5～10 d 全株凋萎不再恢复而死亡，但植株仍保持绿色，色泽较淡，最后叶片枯死掉落。青枯菌侵染蒌蒿茎部维管束后，导致维管束变为褐色，阻碍营养物质的输送，若将病株茎基部横切，放入清水中浸泡或用手挤压，切面上溢出白色菌脓。发病后病株易拔起，根部皮层呈粗糙水浸状，湿度大时根部腐烂有酸臭味（古松等，2022）。水旱轮作、土壤改良、培育无病苗、高畦栽培、重施磷钾肥对预防蒌蒿青枯病发生效果较好。大田发病时，通过药剂灌根或拔除病株带出田外处理，可有效控制病情发展。

（4）配茬作物栽培技术　除留种田外，每年春季蒌蒿采收结束到秋季种植下一季蒌蒿间有一段较长的空余生长季，蒿农会配茬安排种植蔬菜、绿肥和玉米等作物，既可以充分涵养地力，减少病虫害发生，又可以增加经济收益。

甘小虎（2005）在南京八卦州镇下坝村野菜基地冬春蒌蒿上市后，推广应用大棚超甜玉米—蒌蒿轮作高效栽培模式，2005 年种植面积 500 hm^2，平均亩产蒌蒿 1 000 kg，产值 6 000 元左右；收获超甜玉米 1 200 kg，产值 5 000 元左右。该模式操作简便，效益显著。

另据云南省曲靖市陆良县人民政府官网 2023 年 4 月 27 日报道，在该县三岔河镇大马村路蒌蒿农业生产基地，当年推广种植水稻—蒌蒿轮作 300 亩，通过轮作将对长期种植的土壤进行改良，提高下一茬蒌蒿的产量和品质，促进农业高效、优质、健康发展。水稻、蒌蒿轮作中的水稻完全在大棚中生长，具有棚内温度高、生长快、长势好、生长周期短、病虫害少、产量高等优点，大棚中的水稻可实现不施肥不打药，完全绿色生产。

据报道，武汉市蔡甸区侏儒镇金鸡村以种植稻棉为主，人均年收入不足千元。近年来，村民在村干部的带领下，创建超甜小西瓜—蒌蒿高效栽培模式，每亩可收小西瓜 2 000 kg，产值 3 000 元；商品蒌蒿 2 400 kg，产值 8 000 元。剔除总成本 3 000 元，每亩年纯收入 8 000 元。该村去年种植超甜小西瓜—蒌蒿 30 hm^2，纯增产值 360 万元，取得了很好的经济效益。

江苏灌云县推广日光温室蒌蒿—番茄轮作模式，该模式 9 月定植大叶白蒿品种，收获 2 茬蒌蒿后，翌年 3 月定植番茄，番茄选用早熟性好、上市期集中的苏粉 11 号等品种，5 月集中上市。灌云蒌蒿主要采取日光温室种植，连片种植面积 1.5 万亩左右，连作在所难免。为了有效控制蒌蒿连作障碍、预防土传病害、促进作物健壮生长，生产中形成了日光温室蒌蒿—番茄轮作高效栽培模式。该模式不但提高了生产效益，更重要的是利用番茄的庞大根系，能够有效避免蒌蒿基地发生虫瘿、钻心虫等虫害，改善日光温室土壤条件，实现持续优质高效。灌云县南岗乡一些农户应用该模式种植蒌蒿连作 10 年以上没有发生严重的连作障碍，产量比较稳定，技术较为成熟。

此外，安徽铜陵义安区钟鸣镇牡东村蒌蒿基地采用一年三熟高效种植模式，春茬种植毛豆、糯玉米，夏茬种植豇豆，秋冬茬种植蒌蒿，多种作物轮作收入比传统种植茄子、辣椒、黄瓜等瓜果蔬菜高数倍。

1.2.6　蒌蒿叶深加工技术研究

蒌蒿叶、秸秆都是重要的药食同源材料，深加工用途较广，目前主要用于生产蒌蒿茶（饮料）和提取黄酮等。

吴存兵等（2014）以新鲜蒌蒿叶、嫩茎和绿茶为主要原料，以白砂糖、柠檬酸为辅料，进行复配，制备蒌蒿功能保健茶饮料。优选出该饮品的最佳工艺为蒌蒿汁 10 mL、绿茶茶汁 200 mL、白砂糖 6 g、柠檬酸 0.06 g。最佳稳定剂 CMC-Na 添加量为 0.03%。采用该工艺条件生产蒌蒿绿茶饮料，产品浅黄绿色，呈均匀液体状，具有蒌蒿特有的香气，酸甜可口。

于真（2016）等以乙醇为极性溶剂分别提取蒌蒿叶和蒌蒿茶中的活性

物质，并运用 GC–MS 对蒌蒿叶和蒌蒿茶中挥发性成分进行比较分析，同时采用气相色谱面积归一化法测定各成分的相对百分含量。比较分析蒌蒿叶和蒌蒿茶中挥发性成分结果表明，蒌蒿叶中含 41 种挥发性成分，主要成分为烷烃类化合物（9 种）和烯烃类化合物（19 种），相对含量分别为 47.22% 和 35.52%；而蒌蒿茶中则含有 28 种挥发性成分，主要成分为烷烃类化合物（13 种）和酯类化合物（4 种），相对含量分别为 60.7% 和 25.32%。

涂宗财等（2011）用响应面分析法优化超声辅助提取野生蒌蒿叶中黄酮类化合物的工艺。在单因素基础上，选取液固比、乙醇体积分数、超声时间和提取温度 4 个主要因素，以黄酮类化合物得率为响应值，筛选出鄱阳湖野生蒌蒿叶中黄酮类化合物的最佳提取工艺参数为液固比 45∶1、乙醇体积分数 71.2%、超声时间 39.5 min、提取温度 72℃、提取 2 次，在此条件下黄酮得率为 3.623%。

邓荣华等（2013）用 AB–8 大孔树脂富集和纯化蒌蒿秸秆总黄酮，优化得到树脂富集纯化蒌蒿秸秆总黄酮的最佳工艺条件，并通过显色反应、紫外特征光谱吸收对纯化后的产物进行初步鉴定。结果表明，AB–8 大孔树脂对蒌蒿秸秆总黄酮具有较好的吸附和解吸性能，最佳吸附洗脱条件为 pH 值 4、上样质量浓度 1.476 mg/mL、上样流速 1 mL/min、上样体积为树脂体积的 2.5 倍、洗脱剂为体积分数 60% 的乙醇、洗脱流速 1mL/min、洗脱体积为 1.5 ～ 2BV。在该条件下，纯化产品中总黄酮的纯度由 5.8% 增至 30.26%。显色反应及紫外特征吸收峰显示，蒌蒿秸秆总黄酮中可能含有黄酮醇、异黄酮、黄烷酮和双氢黄酮类，并且结构中有邻位双 –OH 存在。

1.2.7 蒌蒿对重金属的富集特性及防治技术研究

潘静娴等（2006）研究了蒌蒿重金属富集特征与食用安全性。通过市场取样，结合土壤镉（Cd）本底值与 Cd 污染介质试验，分析了青蒿和白蒿品种对（镉）Cd、铬（Gr）、铅（Pb）等重金属的富集特性和品种差异以及作为茎叶菜食用的安全性。分析结果显示，不同产地、市场和品种的蒌蒿食用部位均出现 Cd 的富集，富集量为 0.096 ～ 0.3 mg/kg；土壤调查结果表明，蒌蒿是一种 Cd、Zn 的超量积累植物，品种间差异不显著；盆栽试验证实，蒌蒿根、茎、叶有强的 Cd 富集性，器官 Cd 含量为根＞茎＞叶，在 20 ～ 240 mg/kg 污染砂土中，根、茎、叶的 Cd 含量最高分别达到

532.9 mg/kg、207.1 mg/kg 和 106.5 mg/kg。

王伟（2014）采用盆栽试验，模拟水生环境、旱湿交替环境和旱地环境种植蒌蒿，研究了湿地生长蒌蒿的砷、硒和镉富集特性。结果表明，蒌蒿对镉和硒的吸收能力强于砷，但镉具有更高的根茎转移系数；鄱阳湖蒌蒿茎中砷的含量在食品污染物限量水平上，食用存在着潜在的危险；由于蒌蒿具有较强的 Cd 富集及根茎转移系数存在着一定的食品安全隐患，栽种时选择污染较少的土壤是减少蒌蒿对 Cd 吸收的最有效途径。研究同时指出，针对不同污染性质的土壤，选择合适的蒌蒿栽培方式以达到降低重金属污染危害的目的；淹水培养能够降低镉和硒的有效性，但可以提高砷的有效性，因此，针对污染性质不同的土壤，选择合适的植物栽培方式可以有目的地将重金属有效性降至最低；湿地生境下，蒌蒿在不同条件下对砷、硒和镉的吸收富集特点具有一定的差异，主要表现为干旱条件镉、硒的形态有利于蒌蒿的吸收，但由于缺少水分参与，吸收总量较自然培养条件下的少；淹水条件有利于蒌蒿对砷的吸收。

上述研究表明，应尽量避免在重金属污染区种植蒌蒿，对于土壤受重金属轻度污染的地区要慎重发展蒌蒿生产，种植蒌蒿时要从品种、土壤、水源等方面充分考量后，制订相关保障措施，杜绝生产出污染的蒌蒿产品。

1.3 阳新湖蒿的文化历史溯源

1.3.1 我国古代利用蒌蒿的文史记载

我国利用蒌蒿的历史可以追溯至周朝以前，战国屈原《楚辞·大招》有"吴酸蒿蒌，不沾薄只。"对于这里的"蒌"字，指的就是蒌蒿。我国最早的诗歌总集《诗经》中也有对蒌蒿有专门的描述。《诗经·召南·采蘩》云，"于以采蘩？于沼于沚。于以用之？公侯之事。于以采蘩？于涧之中。"这里的蘩，蒿也（邢昺注解）。"采蘩"就是采蒌蒿。在哪儿采呢？在沼泽地、在山涧中；采来做什么用呢？献给公侯们祭祀祖宗和神庙；又据《诗经·国风·周南·汉广》记载，"翘翘错薪，言刈其蒌；之子于归，言秣其驹。""汉广"指的就是湖北汉江，"言刈其蒌"指的是采摘蒌蒿，说明当时蒌蒿已经当一种作物采收了。这段话的意思是：一位年轻的樵夫，他钟情于一位美丽的姑娘，却难以接近她，不能表达爱慕之情，于是他面对滚滚的江水，用歌声表达了自己情思缠绕，无以解脱的思绪。樵夫告诉姑娘，江边的树木长得又高又杂乱，我只好割取一把把蒌蒿，如果姑娘你要出嫁，先拿去好好喂饱拉婚车的马。因此，在先人眼里，蒌蒿不仅是作为饲料喂养牲畜的普通蒿草，更是美好爱情的象征。

目前，在学界有专家考证认为于东汉时期集结整理成书的《神农本草经》中所载之"白蒿"就是蒌蒿的幼嫩地上部分。另据《说文解字》记载（公元100年，东汉时期），"蒌，草也，可以亨（烹）鱼"。可见，蒌蒿入蔬，距今已有约3 000年的历史了。

三国时期，吴国陆机所著《毛诗草木鸟鱼虫疏》记载，"其叶似艾，白色，长数寸，高丈余，好生水边及泽中。正月根芽生旁茎，正白，食之香而脆美，其叶又可蒸为茹。""蒌蒿，生食之，香而脆美，其叶又可蒸以为茹。"可见，当时蒌蒿已经用作平常的食材。

唐朝时期，唐代由孟诜所撰、张鼎增改而成的《食疗本草》中，对"蒌蒿"有明确的文字记载，唐中期乾元一年，颜真卿遭诬陷被贬到饶州（大致位置在今鄱阳县）任刺史。一天，他在渡口看见当地村民从湖畔岸边采摘了很多具有异样香气的野菜。询问得知，此种野菜的根茎能吃，可帮助大家度过春荒。颜刺史遂言道，"众者，黎民百姓也。此乃黎民百姓喜爱的野蒿，可唤作'黎蒿'。"因它在当时被看作是一种野草，故而在其黎字上加草字头以示其属性，"藜蒿"的称谓由此而来。

北宋时期，蒌蒿为文人所津津乐道，陆游在《戏咏山家食品》中写道，"牛乳抨酥瀹茗芽，蜂房分蜜渍棕花，旧知石芥真尤物，晚得蒌蒿又一家。"苏东坡在《惠崇春江晚景》中写道，"竹外桃花三两枝，春江水暖鸭先知。蒌蒿满地芦芽短，正是河豚欲上时。"此外，著名的诗句还有黄庭坚的"蒌蒿芽甜草头辣"等。小小的湿地植物蒌蒿，硬生生地被文人墨客推上了春蔬殿堂。

明朝时期，据医圣李时珍所著"白蒿集解"记载，"白蒿处处有之……盖取水生者，故曰生中山川泽，不曰山谷平地也。"还引来《诗经》"于以采蘩，于泽于址"来证明"则本草白蒿之为蒌蒿无疑矣"。另据《本草纲目》记载，其"气味甘无毒、主治五脏邪气、风寒湿痹、补中益气、长毛发、令黑、疗心悬、少食常饥、久服轻身、耳聪目明、不老"。现代中医认为，蒌蒿味苦、辛，性温。具有开胃，行水，利膈的功效与作用，主治食欲不振等。说明当时蒌蒿已经将其加全草加以炮制，并作为常用药物来使用。据传朱元璋和陈友谅鄱阳湖混战之时，朱元璋不幸被陈友谅的水军包围在康山草州之上。经过十余天的围困，朱元璋部的菜蔬给养便捉襟见肘。一天，一个火头军突然发现草洲上长着一种奇怪的野草，便随手扯一根嚼了一下，感觉清脆爽口。于是，他便将其采摘回营，去叶择茎，与军中仅剩的一块腊肉皮同炒。朱元璋吃后精神大振，在援军的配合下一举突出了重围。火头军无意中发现的这种野草便是蒌蒿。朱元璋当上皇帝之后，仍然念念不忘这艰难时刻的美味佳肴。于是，他下令鄱阳湖沿岸各州县每年要进贡蒌蒿到南京。"上有所好，下必甚焉"，从那以后蒌蒿便成为江南一带人人趋之若鹜的美食。

到了清代，植物学家吴其濬撰写的《植物名实图考》是我国古代植物学的巅峰之作，书中将蒌蒿称之为"蔓蒿"。书中记载"正月根芽生旁茎正白，生食之，食而脆美，其叶又可蒸为茹""按蔓蒿，古今皆食之，水陆俱生，俗传能解河豚毒……"。

由此可见，我国古代人民利用蒌蒿的历史非常悠久。

1.3.2　阳新湖蒿的文史记载

阳新县湖泊众多，素有"百湖之县"之称。境内湖泊星罗棋布，水质优良、土壤肥沃，水产资源丰富，盛产蒌蒿、湖菱等水生蔬菜。蒌蒿遍布于阳新湖边滩涂，故民间俗称为湖蒿，阳新湖蒿由此而得名。阳新历史方志和当今报刊对阳新湖蒿多有记载。

《下雉纂》由明代天启甲子年间兴国州（今阳新县）通判马欻编撰，其中明确记载，湖蒿是阳新特产（见《中国古典文献大辞典》和《湖北旧志述略》）。《光绪兴国州志》记载"湖蒿为本地物产"；《阳新县志》（1993年版）记载"植物资源……菊科……滨蒿、牡蒿"；《阳新地名志》"植物种类多，……，湿生草原，生长……蒿类植物"。

阳新县历史上是个蔬菜十分缺乏的地方。据《下雉纂》记载，"州之菜甚乏，谚所云：有钱无买处，豆芽韭蕌葵芥萝卜外，无闻焉。""湖中蒿正二月采之，可当蔬。干之可点茶，气味清香，人家有藏。以供一岁之用，余尝谓湖之春蒿、夏菱，山家之清品、藜藿之良朋也，不可与肉食者道。"阳新县湖泊盛产湖蒿、菱角、芡实，本地平民百姓充分利用本地的资源，作为菜肴。一般于早春采摘湖蒿嫩茎鲜食，可以利用两个多月。除此之外，还将湖蒿嫩叶和嫩芽晒干，作为一年的茶点，单独或加入茶水中饮用，是常备的待客佳品，也用作除湿祛病的良药。

宋代文豪苏东坡与阳新县的渊源很深。苏东坡在黄州生活了4年多，其间应邀到兴国州（今阳新县）游历，得到一帮文人墨客的热情招待，其中就有兴国军（今阳新县）知军杨绘、弟子进士李祥（字仲览）。据南宋王之道《相山集》记载，李翔与苏东坡相互敬慕，李翔敬苏东坡高风亮节，以致"获罪上下无所憾恨"，苏东坡爱李翔诗词"气节刚迈，读之使人肃然自失"。在杨绘和弟子李翔人等一干人等陪同下，苏东坡一路吟诗刻石，留下很多传说。例如《下雉纂》中有"岩壑之间，东坡山谷题咏，镌石甚多。"兴国州物产匮乏，菜蔬奇少，州城特产湖蒿是一般人家日常食用和待客的佳品，贵客来到，自然不会缺席。《下雉纂》还记载，"客至，以干湖蒿入清茶共啖，一种甘香可味，此亦方人享清福处。"苏东坡对这帮清正、刚直不阿的朋友非常赞赏，甚至以湖蒿比喻，"初闻蒌蒿美，初见新芽赤。"既是对湖蒿美味的赞美，也是对清白友情的歌咏。为纪念苏东坡在阳新的造访，阳新县至今尚有怀坡阁、怀坡桥、恩波堤、坡山、洗墨池等遗迹。

《阳新文史》第25期《改革开放四十年》记载，"1999年，阳新县宝塔村大泉组柯亨福在自家菜地试种湖蒿1.6分地"。中国旅游同业国际合作联盟网站开辟专门网页介绍阳新湖蒿。本地媒体也曾多次报道阳新湖蒿，《黄石日报》刊登"藜蒿何时能长壮？"，《湖北日报》刊登"阳新有个'湖蒿王'"，《黄石日报》"农业：保障蔬菜供应"中介绍，阳新藜蒿（湖蒿）种植面积大；阳新县首部《阳新年鉴》记载，"5月8—11日，我县随黄石市代表团参加香港湖北周经贸洽谈会，签约了阳新湖蒿（藜蒿）开发等5个项目"；阳新县人民政府官网在"走进阳新—阳新旅游—阳新美食"栏目开辟专门网页介绍"阳新湖蒿"。

从阳新县的人文历史中可以发现，阳新湖蒿采集利用历史十分久远。阳新湖蒿接地气，甘香可味，是老百姓居家最爱，为"山家之清品、藜藿之良朋"。同时，湖蒿是清正廉洁、清白友谊的象征。初闻蒌蒿美，初见新芽赤，既是对湖蒿清廉的赞美，也是对清白友情的歌咏。湖蒿不但为老百姓所喜爱，也为警示着做人要清白，做官要清廉的传统，所以深得阳新人民的喜爱。

1.4 阳新湖蒿的生物学特性与自然生境

1.4.1 分类地位

湖蒿是蒌蒿（*Artemisia selengensis* Turcz ex Bess.）的别称，为菊科蒿属多年生草本植物。阳新湖蒿是湖北省阳新县长期大面积种植的特色蔬菜，2020 年入选国家农产品地理标志。

1.4.2 地域范围

阳新湖蒿农产品地理标志地域保护范围包括黄石市阳新县所辖行政区域内，西起王英镇，东至富池镇长江江滩，北至大冶湖入长江口，南至洋港镇田畈村，覆盖阳新县境内 16 个镇、3 个国有农场和 1 个经济技术开发区的湖蒿种植区域。地理坐标为 N29°30′ ～ 30°09′，E114°43′ ～ 115°30′，东北横距 76.5 km，南北纵距 71.5 km，海拔 8.7 ～ 85 m。地域保护总面积为 2 667 hm² （40 000 亩）。

1.4.3 形态特征

（1）植株形态　植株具清香气味。主根不明显或稍明显，具多数侧根与纤维状须根；根状茎稍粗，直立或斜向上，直径 4 ～ 10 mm，有匍匐地下茎。茎少数或单，高 60 ～ 150 cm，为白色或青色，或初时绿褐色，后为紫红色，无毛，有明显纵棱，下部通常半木质化，上部有着生头状花序的分枝，枝长 6 ～ 12 cm，稀更长，斜向上。

（2）叶片形态　叶纸质或薄纸质，上面绿色，无毛或近无毛，背面密被灰白色蛛丝状平贴的绵毛；茎下部叶宽卵形或卵形，长 8 ～ 12 cm，宽 6 ～ 10 cm，近成掌状或指状，5 或 3 全裂，或深裂，稀间有 7 裂或不分裂的叶，分裂叶的裂片线形或线状披针形，长 5 ～ 8 cm，宽 3 ～ 5 mm，不分裂的叶片为长椭圆形、椭圆状披针形或线状披针形，长 6 ～ 12 cm，宽 5 ～ 20 mm，先端锐尖，边缘通常具细锯齿，偶有少数短裂齿白，叶基部渐狭成柄，叶柄长 0.5 ～ 5 cm，无假托叶，花期下部叶通常凋谢；中部叶近成掌状，5 深裂或为指状 3 深裂，稀间有不分裂之叶，分裂叶之裂片呈长椭圆形、椭圆状披针形或线状披针形，长 3～5 cm，宽 2～4 mm，不分裂叶片为椭圆形、长椭圆形或椭圆状披针形，宽可达 1.5 cm，先端通常锐尖，叶缘或裂片边缘有锯齿，基部楔形，渐狭成柄状；上部叶与苞片叶指状 3 深裂，2 裂或不分裂，裂片或不分裂的苞片叶为线状披针形，边缘具疏锯齿。

（3）花和果的形态　多数头状花序，长圆形或宽卵形，直径 2～2.5 mm，近无梗，直立或稍倾斜，在分枝上排成密穗状花序，并在茎上组成狭长的圆锥花序；总苞片 3～4 层，外层总苞片略短，卵形或近圆形，背面初时疏被灰白色蛛丝状短绵毛，后渐脱落，边狭膜质，中内层总苞片略长，长卵形或卵状匙形，黄褐色，背面初时微被蛛丝状绵毛，后脱落无毛，边宽膜质或全为半膜质；花序托小，凸起；雌花 8～12 朵，花冠狭管状，檐部具浅裂，花柱细长，伸出花冠外较长，先端长，2 叉，叉端尖；两性花 10～15 朵，花冠管状，花药线形，先端附属物尖，长三角形，基部圆钝或微尖，花柱与花冠近等长，先端微叉开，叉端截形，有睫毛。瘦果卵形，略扁，上端偶有不对称的花冠着生面。花果期 7—10 月。

1.4.4　自然生境

（1）土壤环境特征　阳新县境内的土壤类型主要有红壤土、石灰土、紫色土、潮土、沼泽土、水稻土等 6 种。其中，江河、湖滨拥有丰富的河湖相冲沉积物形成的潮砂土、灰潮砂土、潮泥土、灰潮泥土、正土、灰正土。冲积土壤土层深厚，肥力高，质地疏松，通气性好。由于该地区降水丰沛，土壤淋溶作用强，钾、钠、钙、镁积存少，而铁、铝的氧化物较丰富，故土壤颜色呈红色，即红壤，一般酸性较强，土性较黏。由于红壤分布地区气候条件优越，光热充足，生长季节长，适于发展亚热带经济作物、果树和林木，且作物一年可两熟至三熟。土地的生产潜力很大。在我国，红壤地区是稻米、茶、丝、甘蔗的主要产区，山地还适于种植杉树、油桐、柑橘、毛竹、棕榈等经济林木。红壤的酸性强，土质黏重是红壤利用上的不利因素，可通过多施有机肥、适量施用石灰和补充磷肥、防止土壤冲刷等措施提高红壤肥力。

阳新湖蒿主要生长于以潮泥土、潮砂土、砂壤土为主的江河、湖泊冲积土，生产核心区在富水河流域中下游的宝塔湖。

（2）水文环境　蒌蒿原生长于湖泊、河流滩涂，耐湿怕旱。如前所述，阳新县境内的水系除长江干流穿过境内 45.4 km 外，还有富水、大冶湖、海口湖、菖湖、袁广湖、上巢湖等 6 条独自流入长江的水系，总长度 985.5 km。富水是阳新县境内最大河流，全长 196 km，流域面积 5 310 km^2。流域内水系发达，河港纵横，湖泊密布。丰富的水文条件孕育了阳新湖蒿独特的品质。

（3）气候环境 湖蒿喜温暖湿润的气象条件，不耐干旱。生长适温 10 ～ 30 ℃，温度越高，嫩茎纤维化速度越快。湖蒿嫩茎在日平均气温 12 ～ 18 ℃ 时生长较快，当白天温度 13 ～ 20 ℃、晚上温度 5 ℃ 以上、空气湿度 85% 以上时，嫩茎生长迅速、粗壮，不易老化且品质好，气温 25 ℃ 以上时，嫩茎容易木质化。阳新县地处中纬度，属亚热带季风气候。境内四季分明，温和多雨，自然降水充沛，为阳新湖蒿生长提供了适宜的气候条件。

1.5 阳新湖蒿主要栽培品种

阳新湖蒿是阳新县兴国镇宝塔村自 1999 年以来陆续从江苏南京、云南昆明等蒌蒿产地引进种苗，通过一系列的技术措施进行长期的驯化栽培，使其慢慢适应本地新环境改变遗传性形成的具有地方特色的蒌蒿品种。目前，阳新湖蒿有 2 个主栽品种。

1.5.1 阳新一号湖蒿

（1）种源特征 早熟品种。单叶互生，叶片多为奇数羽状深度裂叶，裂叶宽柳叶形，嫩茎裂叶裂片长宽比为 2.36 ～ 4.5，平均 3.31，顶端圆钝，裂片边缘浅锯齿状；叶片正面浅绿色、无毛，叶背面白绿色、有短密白色茸毛；扦插繁殖。须根发达，地下根状茎白色短壮，密生须根。叶腋处长出的嫩茎浅白绿色（在露地环境下，嫩茎上部微红色，老茎下部绿色或墨绿色、上部微红色到紫红色）、无毛。

（2）感官特征 嫩茎上市时间集中在 12 上旬至翌年 3 月，茎粗 0.25 ～ 35 cm，茎长 30 ～ 40 cm。每年可采收 4 ～ 5 次。嫩茎表面光滑，呈淡香味，可凉拌或炒食，清香鲜美，脆嫩可口，粗纤维含量少，可食率高。

（3）内在品质 每 100 g 嫩茎中含蛋白质 ≥ 1.5 g、粗纤维 ≤ 0.8 g、可溶性糖 ≥ 0.81 g、氨基酸 ≥ 0.77 g[①]。

---

① 农业农村部食品质量监督检验测试中心（武汉）检测，2022 年 3 月。

1.5.2 阳新二号湖蒿

（1）种源特征 中熟品种。叶片与阳新一号湖蒿基本相似，其裂片深度比阳新一号湖蒿深，嫩茎裂叶裂片长宽比为 2.86～6.3，平均为 4.86，比阳新一号湖蒿略显窄长、裂片顶端锐尖。扦插繁殖。根状茎白而肥壮，其上密生须根。地上嫩茎浅绿色至绿色，粗壮、清香、鲜美、脆嫩可口、香味浓郁。

（2）感官特征 嫩茎上市时间集中在 12 月下旬至翌年 3 月，茎节长，叶片少，粗纤维含量少，可食率高。嫩茎表皮淡绿色，肉淡绿白色，芳香气味浓，茎粗 0.3 cm 左右，茎长 20～40 cm。嫩茎凉拌或炒食，清香鲜美，脆嫩可口，风味独特。

（3）内在品质 每 100 g 嫩茎中含蛋白质 ≥ 1.5 g、粗纤维 ≤ 0.8 g、可溶性糖 ≥ 0.81 g、氨基酸 ≥ 0.77 g[①]。

---

① 农业农村部食品质量监督检验测试中心（武汉）检测，2022 年 3 月。

阳新县蔬菜产业化的理论基础与发展规划 2

2.1 蔬菜产业化及其理论基础

2.1.1 蔬菜产业化及其特点

（1）蔬菜产业 蔬菜产业是一种集蔬菜的种植、加工、开发于一体的绿色食品产业，它立足于传统农业的有效经验，充分运用先进的现代管理方式以及当前的科技成果等相关基础，高效整合了生态、经济与社会等方面要素，是一种收益较高的农业现代化产业。蔬菜产业需要丰富的劳动力资源，生产成本相对不高，属于劳动密集型产业。水果、蔬菜产业已经成为我国除了粮食之外的两大支柱产业，也是我国拥有的少数几个具备国际竞争优势的关键产业之一。

（2）蔬菜产业化 蔬菜产业化是蔬菜主产区形成的一种农业产业化形势。从理论上讲，蔬菜产业化以市场为导向，以专业合作组织为基础，以企业为核心，以利益为纽带，通过龙头企业的带动，将农民的各种专业经济合作组织与企业、市场连接起来，进而实现产业生产链与组织结构链有机结合的一种现代化的、规模化的蔬菜大生产。市场、资源、人才、技术和资金是蔬菜产业化的五大基本构成要素。

（3）蔬菜产业化的基本特征 首先，具有工业化特征，即用现代科学技术、工程设施与装备，改造、提升、经营传统农业，运用企业的组织方式和利益机制将生产者、加工者和营销者有机地联系起来；其次是具有市场化过程，包括农产品的商品化与农业生产要素的商品化；再次是具有资源优化配置与可持续发展过程，即资源的合理高效利用及生态环境的保护。

（4）蔬菜产业与产业结构调整　近年来，随着城镇化进程的稳步推进和城市人口的增加，蔬菜的市场需求也呈上升趋势，种植蔬菜的相对收益较高，一定程度上导致部分地区蔬菜播种面积大幅增加，蔬菜生产表现出明显的区域性集中。尤其是随着蔬菜新品种、新技术的广泛推广应用，以及大棚、喷灌、滴灌等设施农业的不断使用，蔬菜生产呈现出区域化、特色化的格局。此外，蔬菜深加工能力进一步增强，加之交通条件的日趋完善，电商平台日益完善，使蔬菜的流通更加快捷、便利，流通范围更加广泛。因此，蔬菜种植对于增加农民收入、缓解农村就业、发展地方农村经济起到重要的推动作用，蔬菜成为各地产业结构调整的主要方向，进一步加快了蔬菜产业化的进程。

2.1.2　设施农业与设施蔬菜栽培

（1）设施农业　设施农业是采用工程技术手段，改变自然光温条件，创造优化动植物生长的环境因子，使之能够全天候进行动植物高效生产的一种新的生产技术体系或现代农业方式。从种类上分，主要包括设施园艺和设施养殖两大部分，涵盖设施种植、设施养殖和设施食用菌等。设施农业的主要设施就是环境安全型温室、环境安全型畜禽舍、环境安全型菇房，关键技术是能够最大限度利用太阳能的覆盖材料，做到寒冷季节高透明高保温，夏季能够降温防苔，能够将太阳光无用光波转变为适应光合需要的光波，具有良好的防尘抗污功能等。

在国际称谓上，美国等通常使用"可控环境农业"，欧洲、日本等通常使用"设施农业"。设施栽培是露天种植产量的3.5倍，我国人均耕地面积仅有世界人均面积40%，发展设施农业是解决我国人多地少制约可持续发展问题的最有效技术工程。目前，我国设施农业面积已占世界总面积85%以上，其中，98%以上是利用聚烯烃温室大棚膜覆盖。我国的设施农业已经成为世界上最大面积利用太阳能的工程，绝对数量优势使我国设施农业进入量变质变转化期，技术水平越来越接近世界先进水平。

（2）设施蔬菜栽培　设施蔬菜栽培是设施农业的重要组成部分，是指具有一定的设施，能在局部范围改善或创造出适宜的气象环境因素，为蔬菜生长发育提供良好的环境条件而进行的有效生产。由于蔬菜设施栽培的季节往往是露地生产难以达到的，通常又将其称为反季节栽培、保护地栽培等。采用设施栽培可以达到避免低温、高温暴雨、强光照射等逆境对蔬菜生产的危害，已经被广泛应用于蔬菜育苗、春提前和秋延迟栽培。设施蔬菜具有高投入、高产出的特性，属于资金密集型、技术密集型和劳动密集型产业。设施蔬菜的科技含量、发展的速度和程度，是一个地区农业现代化水平的重要标志之一。

（3）设施蔬菜的技术分类　按照栽培技术类别，将设施蔬菜栽培分为连栋温室、日光温室、塑料大棚、小拱棚（遮阳棚）等4类。

塑料连栋温室栽培：塑料连栋温室以钢架结构为主，主要用于种植蔬菜、瓜果和食用菌等。其优点是自动化程度高，使用寿命长，稳定性好，具有防雨、抗风等功能。其缺点与玻璃/PC板连栋温室相似，一次性投资大，对技术和管理水平要求高。一般作为玻璃/PC板连栋温室的替代品，更多用于现代设施农业的示范和推广。

日光温室栽培：日光温室的优点是采光性和保温性能好，取材方便，造价适中，节能效果明显，适合小型机械作业。其缺点在于环境的调控能力和抗御自然灾害的能力较差，主要种植蔬菜、瓜果及食用菌。为设施蔬菜的重要类型。

塑料大棚：塑料大棚是我国长江流域和北方地区传统的温室，农户易于接受。塑料大棚以其内部结构用料不同，分为竹木结构、全竹结构、钢竹混合结构、钢管（焊接）结构、钢管装配结构以及水泥结构等。总体来说，塑料大棚造价比日光温室要低，安装拆卸简便，通风透光效果好，使用年限较长，主要用于果蔬瓜类的栽培和种植。其缺点是棚内立柱过多，不宜进行轻简化生产，防灾能力弱，不利于越冬生产。

小拱棚（遮阳棚）：小拱棚的特点是制作简单，投资少，作业方便，管理非常省事。其缺点是不宜使用各种装备设施的应用，并且劳动强度大，抗灾能力差，增产效果不显著。主要用于种植蔬菜、瓜果和食用菌等。

2.1.3　农业产业化是蔬菜产业化的理论依据

（1）农业产业化的基本内涵　农业产业化也称作农业产业化经营，是农业生产、经营、服务一体化的简称。目前，理论界尚未对农业产业化的基本内涵形成共识，比较有代表性的定义，农业产业化以市场为导向，以经济效益为中心，以主导产业、产品为重点，优化组合各种生产要素，实行区域化布局、专业化生产、规模化建设、系列化加工、社会化服务、企业化管理，形成种养加、产供销、贸工农、农工商、农科教一体化经营体系，使农业走上自我发展、自我积累、自我约束、自我调节的良性发展轨道的现代化经营方式和产业组织形式。

（2）农业产业化理论的产生与发展　国际上，农业产业化起源于第二次世界大战后农业振兴时期的美国，而后传入西欧、日本等发达国家，它主要是依靠经济和法律关系将农业生产的产前、产中、产后等环节有机地联系起来，其核心是一体化结构体系的建立和运作。我国农业产业化发端于 20 世纪 80 年代中后期，农业产业化概念的是 1993 年山东省在总结农业和农村发展经验时，作为一种新的农业发展战略而首先提出来的。由于它是我国农民在农业生产经营实践中产生的一种新型的促进农业发展的新机制，适应我国农业社会生产力的发展要求，党和国家多次提出要积极推进农业产业化经营，把它作为推进农业和农村经济结构战略性调整、发展农村经济、增加农民收入的突破口，以此来推进社会主义新农村建设和农村全面小康社会的建设。1998 年，党的十五届三中全会通过的《中共中央关于农业和农村工作若干重大问题的决定》指出，农村出现的产业化经营，不受部门、地区和所有制的限制，把农业产品的生产、加工、销售等环节连成一体，形成有机结合、相互促进的组织形式和经营机制，既能奠定农民家庭联产承包经营的基础，维护农民财产权，又能推动农民进入市场，采用现代科学技术，扩大生产经营规模，增强参与市场竞争力，提高农业综合效益，是我国农业逐步走向现代化的有效途径。

（3）农业产业化的组成要素　①市场要素。市场是导向，也是起点和前提。发展农业产业化必须把产品推向市场，占领市场，这是形成产业化的首要前提，市场是制约产业发展的主要因素。农户通过多种措施，使自己的产品通过龙头产业在市场上实现价值，真正成为市场活动的主体。为此，要建设好地方市场，开拓外地市场。地方市场要与发展"龙头"产业相结合，有一个"龙头"产业，就建设和发展一个批发或专业市场，并创造条件，使之向更高层次发展；建设好一个市场就能带动一批产业的兴起，达到产销相互促进，共同发展。同时，要积极开拓境外市场和国际市场，充分发挥优势产品和地区资源优势。②中介要素。中介组织是联接农户与市场的纽带和桥梁。中介组织的形式是多样的。龙头企业是主要形式，在经济发达地区龙头企业可追求"高、大、外、深、强"；在经济欠发达地区，可适合"低、小、内、粗"企业。除此以外，还有农民专业协会、农民自办流通组织。③主体要素。在农业生产经营领域之内，农户不但是农业生产的主体，而且是经营主体。农户的家庭经营使农业生产和经营管理两种职能合为农户的家庭之内，管理费用少，生产管理责任心强，最适合农业生产经营的特点，初级农产品经过加工流通后在市场上销售可得到较高的利润。因此，农户既是农业产业化的基础，又是农业产业化的主体。他们利用股份合作制等多种形式，创办家庭农场、专业合作社和科技服务公司，使农产品的产加销、贸工农环节连接起来，形成大规模产业群并拉长产业链，实现农产品深度开发、多层次转化增值，不断推进农业产业化向深度发展。④规模化。从一定意义上讲，农业产业化的本质是规模经济，只有规模生产，才有利于应用先进技术，产生技术效益；只有规模生产，才有大量的优质产品投放市场，提高市场竞争力，才能占领市场。形成规模经济，要靠龙头企业带动基地，基地连接农户，构建企业与农户利益均等、风险共担的经济共同体，使农户与企业形成比较稳定的协作关系。企业形成农民种植有指导、生产过程有服务、产品销售有保证的全程服务体系，减少农民生产的市场风险，将农户间竞争变成规模联合的优势，实现企业、农户双赢的目标。

（4）农业产业化的基本特征　农业产业化经营作为把农产品生产、加工、销售诸环节联结成完整的农业产业链的一种经营体制，与传统封闭的农业生产方式和经营方式相比，有以下基本特征：①专业化生产。农业产业化经营把农产品生产、加工、销售等环节联结为一个完整的产业体系，这就要求农产品生产、加工、销售等环节实行分工分业和专业化生产；农业产业化经营以规模化的农产品基地为基础，这就要求农业生产实行区域化布局和专业化生产；农业产业化经营以基地农户增加收入和持续生产为保障，这就要求农户生产实行规模化经营和专业化生产。只有做到各类主体的专业化、每个环节的专业化和每块区域的专业化，才能形成农业产业化经营的格局，才能形成更大范围的农业专业化分工与社会化协作的格局。②一体化经营。农业产业化经营是通过多种形式的联合与合作，形成市场龙头企业、龙头带基地、基地连农户的贸工农一体化经营方式。这种经营方式即使千家万户"小生产"和千变万化的"大市场"联系起来，又使城市和乡村、工业和农业联结起来，还使外部经济内部化，从而使农业能适应市场需求、提高产业层次、降低交易成本、提高经济效益。③企业化管理。农业产业化经营把农业生产当作农业产业链的"第一车间"来进行科学管理，这既能使分散的农户生产及其产品逐步走向规范化和标准化，又能及时组织生产资料供应和全程社会化服务，还能使农产品在产后进行筛选、储存、加工和销售。④社会化服务。农业产业化经营各个环节的专业化，使得"龙头"组织、社会中介组织和科技机构能够对产业化经营体内部各组成部分提供产前、产中、产后的信息技术、经营、管理等全方位的服务，促进各种生产要素直接、紧密、有效地结合。

（5）农业产业化主要优势　①吸引资金的投入。现代农业的发展，其本质上是以科学思想对农业进行指导，通过先进的科技、装备设施、经营手段来生产和运营农业，实现农业的综合生产能力全面提高。社会资本是实现农业产业化的有效保障，也是农业领域允许各类非政府资金进入的平台。对于农业产业化而言，其发展经营是利用金融、招商引资等方式予以扶持的，充分利用外部不同的资源，对内部潜力充分挖掘，从而革新农业原料生产过于单一的状况，整体上提升了农业的综合效益与发展水平。②扩展农业多样功能。将城乡生产要因素有效整合，农业产业化是推动城市资源投入农村、农业经营进入到城市中的关键要素，特别是利用现代农业庄园的建设，一方面，能够确保现代农业与现代旅游业、服务业的充分融合，另一方面，也能够确保农业从单一的原料供给功能，拓展到保护生态、增加就业、休闲观光、传承文化等加速农业多元化功能的转变。③促进土地加速流转。对于农业产业化而言，实际上是利用利益连接体系，将集中分散化的土地进行集中经营，实现经营的集约化与规模化，最大程度地提升农业生产的速度与效益。推动农业经营规模化的土地流转，促进土地的相对集中，在很大方面能够保障农业产业化的发展。④促进农业集约发展。农业产业化引入了资金，同时还引入了现代科技与管理方式，这些生产要素极大程度提升了科学化、工厂化的农业生产的效率，提升了土地产出值，也提升了土地使用价值。⑤促进职业农民的转变。摆脱常规的农村生活形式，这是我国农村今后的一个发展方向，农民已不再是传统中的农民。让农民在自愿的基础上，将土地集中出租给投资者就是实施农业产业化模式，它实现了土地资源的货币化。职业农民的转化结果必将形成这样的格局：部分农民拥有资金、技术、市场，他们与农业相脱离，部分农民与投资方订立用工协议，或者转变成投资者，变为职业农民，这也是农业今后发展的一个必然趋势。

2.2　阳新县蔬菜产业"十四五"发展规划（节选）

2.2.1　阳新县蔬菜产业"十三五"建设回顾

2.2.1.1　建设成就

1. 蔬菜产业全面发展

"十三五"期间，阳新县蔬菜基地建设面积由 27 万亩增加到 33 万亩，蔬菜年总产量由 63 万 t 增加到 70 万 t，年产值由 12 亿元增加到 15 亿元，分别增加 22.2%、11.1% 和 25%。

2. 基地建设初显规模

坚持集中连片、板块推进的发展思路，不断提高蔬菜生产的规模化水平。"十三五"以来，阳新县在兴国镇、军垦农场建有万亩以上连片蔬菜基地 2 个，在综合农场、黄颡口镇建有 5 000 亩以上连片蔬菜基地 2 个，在排市镇、韦源口镇、浮屠镇、枫林镇、荆头山农场和半壁山农场建有 1 000 亩以上连片蔬菜基地 6 个。此外，在蔬菜主产区建有 100 亩以上连片蔬菜标准园 40 多处。

3. 种植大户发展迅速

积极探索土地流转的途径和模式，不断提高蔬菜种植的专业化程度。目前，阳新县 30 亩以上的蔬菜种植大户有 200 多个，蔬菜种植总面积为 11 万亩，其中，仅阳新半壁山兴欣农业发展有限公司种植鄂莲系列莲藕种植面积达到 2 700 亩。种植大户采取"十个一"的种植模式，即统一机械耕作、统一整地作畦、统一优良品种、统一茬口安排、统一播种育苗、统一肥水施用、统一栽培管理、统一病虫防治、统一采收上市、统一清洁田园，实现经济、社会和生态效益同步增长，成为全省蔬菜产业发展的一大特色。由于连片规模较大，标准化水平较高，使蔬菜产品不仅量大，而且商品性好，深受蔬菜经销商和加工企业的欢迎。蔬菜产品除满足本地需求外，还大量销往武汉、广东、山东、山西、福建、河南、北京、湖南等外地市场，改变了过去阳新县只有外菜调入、没有内菜调出的历史。

4. 合作组织蓬勃兴起

目前，阳新县已登记注册的蔬菜专业合作社有118家，其中，阳新县宝塔湖春潮湖蒿专业合作社接纳网络社员477户，种植阳新湖蒿面积2万亩，已成为湖北省著名的蒌蒿生产基地和十强蔬菜合作社；阳新县军垦蔬菜专业合作社生产的南瓜、冬瓜、西瓜、大白菜、包菜、萝卜畅销全国各地，尤其是迷你小冬瓜每亩产值一般在1.2万元以上，畅销广东市场，创造了冬瓜亩产值的最高纪录；阳新县王英镇杨林农产品专业合作社种植和泡制的高山辣椒闻名黄石，畅销周边地区；阳新县裕民蔬菜种植专业合作社在遭受高温干旱灾情后，通过改进蔬菜育苗和种植技术措施，培育秋季上市蔬菜，成为黄石市抗灾抢种的典范。

5. 精品品牌不断涌现

阳新县共有蔬菜生产加工企业118家，先后培育出了"裕民"蔬菜、"君垦"牌冬瓜、"木之缘"食用菌、"五夫"牌蔬菜水果等一批市场占有率高的优质蔬菜品牌。阳新新冠生态农业开发有限公司2013年在阳新县城北工业园区投资1.1亿元建设食用菌加工基地，开展食用菌干制品、休闲即食品、功能性饮料、破壁灵芝孢子粉加工、北虫草加工等多种食用菌的精深加工。品牌名为"木之缘"食用菌，是湖北乃至华中地区规模最大的杏鲍菇生产企业，每天出产杏鲍菇2万kg，每年出产灵芝、蛹虫草、秀珍菇、真姬菇等珍稀食用菌600万kg以上，远销武汉、南昌、郑州、广州、重庆、合肥、北京、九江、鄂州等地，年生产总值8 000万元，年利润2 000万元；阳新新阳农业综合开发公司种植的1 500亩蔬菜、草莓、马兰、葡萄、火龙果采摘基地，成为市民蔬菜采摘、休闲游览观光的知名景点。

6. 特色蔬菜日益丰富

一是挖掘、开发山野蔬菜资源。引导农民大力采摘蕨菜、枸杞、鱼腥草、地菜、马齿苋、珍珠菜、野百合、苦菜、兰花菜、马兰、南姜菜、韭葱、菱角、竹笋、香椿、蒌蒿等特色山野蔬菜，现年采摘量达4万t，其中，80%用于干制和泡制加工后销往全国，带动农民年增收入5 000多万元。逐年扩大部分特色山野蔬菜的人工种植规模，目前，蒌蒿、芡实、粉葛、马兰、水芹菜、紫背天葵等特色山野蔬菜的人工种植面积已达3万多亩，效益一年比一年好。二是利用低凹水田，发展水生蔬菜。全县水生蔬菜面积 9 万多亩，主要为莲藕、莲子、芡实、茭白、水芹菜等特色品种，其中，引种栽培的龙茭号等双季茭白，不仅茭白亩产量提高了 200%，而且填补了黄石市场春季茭白空白。三是大力发展食用菌产业，食用菌面积、产量、产值以年均 10% 左右增长，全县食用菌的年生产规模 400 万 m^2，年总产量达到 2 000 万 kg，年总产值约 1.3 亿元，种植的食用菌种类主要有平菇、香菇、蘑菇、金针菇、竹荪、草菇、黑木耳、毛木耳、杏鲍菇、巴西菇、鸡腿菇、灰树花、茶树菇、真姬菇、大球盖菇等 15 种，其中，杏鲍菇、平菇、香菇、蘑菇、金针菇已形成规模，年产量在 150 万 kg 以上。

7. 蔬菜质量安全稳步提升

大力推行无公害、绿色、有机蔬菜标准化生产技术，积极申报基地认证，鼓励蔬菜产销企业开展商标注册和名牌产品申报，确保蔬菜产品质量安全。全县已取得蔬菜有机认证 38 个，种植基地 1 200 亩；无公害产品认证 10 个，种植基地 3 万亩；蔬菜绿色认证 3 个，产量约 1 万 t；蔬菜产品质量安全检测体系建设步伐加快，监管能力和水平逐年提升，连续 3 年在全省组织的蔬菜农药残留抽检中合格率 100%。

2.2.1.2　存在的主要问题

1. 城区蔬菜自给率严重不足

随着城市的扩展、人口的增加，阳新县城区对蔬菜的需求量越来越大，目前，年需求量约 16 万 t，但县城郊区生产的蔬菜大部分外销，对城区的供应量约 1 万 t，仅占城区需求量的 6%，且有进一步下降的趋势。城区不足的蔬菜主要从外地调入，外来蔬菜的价格包含运杂费、包装费、损耗、通信费、交易费、经销商的利润等，一般情况下，售价比周边地区高 20% 左右。如果遇到灾害性天气，则比周边地区高出更多。市场菜价虽高，本地农民却没有赚到钱，还大大加重了阳新县贫困居民的经济负担，并且每年最少有 3 亿元的资金因此而流向外地。

2. 近郊优质蔬菜基地面积逐渐减少

20 世纪 80 年代，阳新县城区面积仅 2.7 km^2，城区常住人口 2.8 万人。随着经济和城市建设的发展，截至"十三五"期末，阳新县城区面积扩大至 170 km^2，城区常住人口达到 35 万人。城区规模的持续扩大，导致城区近郊大量优质蔬菜用地被挤占，每年递减 500 ～ 1 000 亩，使得服务城区的精细菜地仅存 1 万多亩。与此同时，很多过去的生产者现在变成了消费者，由产品自给型家庭变成了商品购买型家庭，并且随着农村富余劳动力外出量持续增加，生产消费方式也发生了变化，农村"菜篮子"的消费群体也在扩大，农村蔬菜自种自食的农民越来越少，转为消费商品菜的农民越来越多，农村吃商品菜的比例在不断上升。因此，蔬菜生产能力明显不足，不能满足城区消费者日益增长的蔬菜产品数量和品质要求。

3. 基础设施配套不足

蔬菜是一种对水、电、路、排灌泵站等基础设施要求较高的作物，基础设施建设则是一项公益性工程，由于资金短缺，近年相关投入严重不足，导致新建菜地的水电路等配套设施滞后，老菜地的水电路设施改造未及时跟进，其结果是大量菜地的抗旱、抗涝、抗寒能力不能满足生产要求，一些菜地无法按时耕种，造成蔬菜减产或绝收，严重挫伤菜农发展蔬菜生产的积极性。

4. 科技兴菜的潜力尚未充分挖掘

由于菜农承担风险能力较弱，且信息不够通畅，蔬菜新品种、新技术、新农药、新设施难以及时推广应用，例如西瓜与葫芦的嫁接、黄瓜与南瓜的嫁接、太阳能杀虫灯等比较成熟的技术与设施，近年才得到大面积推广应用，高产高效优质的布利塔茄子尚未在阳新引种栽培，影响了县域蔬菜生产水平的整体提高。

2.2.2 阳新县蔬菜产业"十四五"发展规划编制依据

2.2.2.1 政策依据

（1）《阳新县国民经济和社会发展第十四个五年规划和 2035 年远景目标纲要》。

（2）《阳新县乡村振兴规划》（2018—2022 年）。

（3）《阳新县"十四五"农业农村现代化规划》（2021—2025 年）。

（4）《阳新县国家农业科技园区产业发展规划》（2022 年）。

2.2.2.2 自然条件与市场区位优势

阳新县属亚热带季风气候，四季分明，光照充足，热能丰富，雨量充沛。土壤、雨水和光热资源适于耐寒、喜温、耐热等各类蔬菜的生长和各类畜禽、水产的养殖。

阳新县交通便利，市场区位优势明显。城区距湖北省省会武汉市仅

70 km，武黄高速使阳新到武汉实现 150 min 互通。沪渝高速、沪蓉高速、京珠高速和 106 国道及建设中的大广高速、杭瑞高速穿城而过。黄石长江大桥和鄂东长江大桥连接长江南北。水运交通便利，依托长江可上溯宜昌、重庆，下至南京、上海直达出海口。阳新火车站为二级铁路客货运输站，是国家一级铁路干线武九铁路线的重要站点，可直达武汉、上海、福州、厦门、温州等城市。

2.2.2.3 蔬菜产业特色

阳新县种植的莲藕、莲子、蒌蒿、南瓜、冬瓜、西瓜、地瓜、大葱、大白菜、包菜、红菜薹、萝卜、芦笋、辣椒、山药、吊瓜等，其经营方式被湖北省蔬菜主管部门称为"现代蔬菜的典范"。境内山野蔬菜资源丰富，涵养竹笋、蕨菜、水芹菜、枸杞、鱼腥草、地菜、马齿苋、珍珠菜、野百合、苦菜、兰花菜、马兰、南姜菜、韭葱、菱角、香椿、芡实、灰灰菜、垂盆草、蒌蒿等多个类别。蒌蒿、莲藕、莲子、南瓜、冬瓜、西瓜、大白菜、甘蓝、萝卜、辣椒、蕨菜、竹笋、竹荪等为黄石市的优势蔬菜，尤其是阳新湖蒿享誉全省。

此外，阳新县是蔬菜产业科技强县，现有科研推广机构 1 个，蔬菜产业专职科技人员 50 多人，每年推广应用科技成果 10 多项，取得具有自有知识产权的科技成果 10 多项，在蔬菜产业科技领域和无公害蔬菜市场准入制进程等方面处于湖北省前列。

2.2.3 阳新县蔬菜产业"十四五"发展规划

2.2.3.1 规划目标

"十四五"期间规划新建标准化蔬菜基地 2.5 万亩，菜地总面积达到 35.5 万亩，其中，完全服务城区的核心精细菜地面积 5 万亩；每年改造老菜地 4 000～5 000 亩，新增大棚蔬菜基地 3 万亩，基地执行无公害蔬菜生产技术规程；每年新增鲜菜 1 万 t，蔬菜年总产量达到 75 万 t，无公害合格率达到 98% 以上，蔬菜自给率和内菜外调数量不断提高，蔬菜供应有保障，提高蔬菜产业化水平。

2.2.3.2 重大项目规划

1. 新建标准化蔬菜基地

按照规划目标和交通快捷便利的思路，在韦源口镇、黄颡口镇、浮屠镇、兴国镇、综合农场、军垦农场、半壁山农场等乡镇农场建设 2.5 万亩以供应城区为主的标准化蔬菜基地，使县域菜地总面积达到35.5万亩，其中，完全服务城区的核心精细菜地面积5万亩。基地的基础设施建设目标是电相通、渠成网、水配套、旱能灌、涝能排、路相连、车能进、货能出、少发虫、少发病、质量高、无公害、旱涝保收。

2. 改造老菜地基础设施

针对部分老菜地水、电、路、排灌泵站等基础设施年久失修和一些老菜地部分土地征用而导致的基础设施不完善问题，阳新县政府投入专项资金，每年改造老菜地的基础设施4 000～5 000亩。

3. 配套安装太阳能杀虫灯

连片种植1 000亩以上的蔬菜基地全部配套安装太阳能杀虫灯，以大幅度减少害虫对蔬菜的为害，并大幅度减少农药的使用。

2.2.3.3 保障措施

1. 依法征收新菜地开发基金

根据《中华人民共和国土地管理法》第五章第四十七条、《湖北省土地管理实施办法》第五章第二十六条、《湖北省蔬菜基地建设保护办法》第十五条的规定，以及《省人民政府关于进一步加强蔬菜产销工作的通知》《财政部关于发布全国政府性基金项目目录的通知》和《市人民政府关于印发〈黄石市菜地保护暂行规定〉的通知》的精神，凡征用郊区菜地的，中等城市必须按每亩2万～4万元的标准缴纳新菜地开发基金，一律不能减免缓或变通，开发区也不例外；此基金依法专项用于发展蔬菜产业，若政府确要减免，则每年应从财政预算中列支1 000万元以上的蔬菜产业发展专项基金，以保证农业部门发展蔬菜产业的基本需要。同时，阳新县人民政府要将土地出让金的30%用于新菜地开发，切实把蔬菜产业发展必需的耕地规划好、建设好、配套好、保护好，稳定和增加阳新县蔬菜生产自给能力。

2. 进一步完善扶持政策

对蔬菜产品初加工和流通企业，简化增值税抵扣手续，取消不合理行政事业性收费；对蔬菜产品出口，按照有关规定减免出入境检验检疫费，继续实行出口退税政策；提高蔬菜生产用地征占补偿水平；严格按规定计提用于农业开发的土地出让金，并优先用于新菜地开发；支持蔬菜良种繁育，建设工厂化育苗基地，开展标准园创建；对蔬菜产品实施标准化生产和认证的支持力度，扶持发展"菜篮子"产品专业合作组织，提高"菜篮子"产品生产与流通组织化程度。

3. 加大资金投入力度

将蔬菜产业建设纳入县域国民经济和社会发展规划统筹安排，采取多渠道筹集扶持资金，加大财政投入力度。对已建的蔬菜产业项目，要继续给予资金支持；对需要安排建设的蔬菜产业项目，按照规划抓紧研究立项，建立稳定的资金来源渠道。各级财政安排专项资金，用于新一轮蔬菜产业示范区创建和奖励；建立政府投资为引导、农民和企业投资为主体的多元投入机制，吸引社会资金参与蔬菜产品生产、流通等基础设施建设；鼓励银行业金融机构加大对带动农户多、有竞争力、有市场潜力龙头企业的支持力度；积极倡导担保和再担保机构在风险可控的前提下，大力开发支持龙头企业的贷款担保业务品种，提高"菜篮子"工程建设的融资能力。推动新一轮"菜篮子"工程建设，整合土地整理、农业综合开发、农田水利建设和种子、沃土、植保工程、标准园建设等项目资金，建设一批高标准蔬菜生产基地。

4. 建立健全风险应对机制

为降低蔬菜产品生产和市场风险，适时建立蔬菜产品风险基金。积极利用信息引导生产，建立蔬菜产品生产和供应平衡调节机制，避免总量供求失衡和价格大幅波动。完善地方蔬菜产品储备体系，重点完善蔬菜市场供应应急机制，建立蔬菜储备制度，确保主要耐贮存蔬菜品种 5～7 d 消费量的动态库存，促进市场供求平衡，维护市场稳定。参照粮油等农作物政策性保险的做法，加快建立蔬菜产品生产保险制度，扩大主要蔬菜产品保险在城市郊区和主产区的覆盖面，在有条件的地方实现全覆盖。

5. 进一步强化"菜篮子"行政首长负责制

各级人民政府要依据土地利用总体规划和城乡建设规划编制蔬菜基地保护与建设规划，明确蔬菜基地建设范围、规模和保护措施，明确将蔬菜基地规划中的菜地纳入基本农田进行严格保护。各级政府要合理确定"菜篮子"产品生产用地保有数量、"菜篮子"重点产品自给率和产品质量安全合格率等指标，并作为行政首长负责制的主要内容。将确保"菜篮子"产品质量、市场价格基本稳定、产销衔接顺畅、市场主体行为规范、突发事件处置及时、风险控制迅速有力、农业生态环境得到保护等纳入各地"菜篮子"工程建设考核指标体系，引导新一轮"菜篮子"工程持续健康发展。建立"菜篮子"工程建设联席会议制度，由政府主要领导或分管领导牵头，县直部门参加协调解决"菜篮子"工程建设的重大问题，加强对各地"菜篮子"工程建设情况的检查督导。各级政府要高度重视，加强领导，因地制宜采取有效措施推进新一轮"菜篮子"工程建设，抓好各项政策措施的组织落实。

6. 强化产—销衔接功能

在优势产区建设蔬菜产品保障基地和服务全市的蔬菜产业规模化基地，与销售地建立长期稳定的产—销关系。鼓励农贸市场与农产品生产、流通企业与生产基地实行"场—厂挂钩""场—地挂钩"。支持大型连锁超市和农产品流通企业与农民专业合作社"农—超对接"，建设农产品直接采购基地，支持在重点集散地和交通枢纽地建设中继性冷藏物流中心，与城区冷藏配送中心形成对接。重点扶持和发展分拣清洗、分等分级、整理包装、预冷处理、速冻保鲜等初加工业，延伸蔬菜产品产业链，降低产后损耗，提高产品利用率和附加值。

7. 建设和完善"菜篮子"产品市场体系

加强支持重点蔬菜生产基地统筹规划，鼓励配套建设冷藏保鲜和流通加工设施，实现采后快速预冷、商品化加工处理和上市旺季入库冷藏保鲜。支持批发市场加强市场信息、质量安全检测、电子统一结算、冷藏保鲜、加工配送和垃圾处理等设施建设，建立和完善灵敏、安全、规范、高效的蔬菜产品物流和信息平台。

8. 加强"菜篮子"产品质量安全监管

健全检验检测体系，加强检测能力建设，充分利用社会检测资源，鼓励发展第三方检验检测机构，支持农产品批发市场建设农产品质检站，形成标准统一、职能明确、运行高效、上下贯通、检测参数齐全的农产品质量安全检验检测体系。建立质量安全风险预警信息平台和检验检疫风险预警体系，共享质量安全信息，共同应对重大突发安全事件。完善全程质量追溯体系，建立与国家、省蔬菜产品全程质量追溯信息处理平台联网的县级平台，并在蔬菜产品生产企业或农民专业合作组织中建立完善的农产品全程质量追溯信息采集系统，逐步形成产地有准出制度、销地有准入制度、产品有标识和身份证明、信息可得、成本可算、风险可控的全程质量追溯体系。

9. 创新投入、经营机制

建立政府投资为引导、农民和企业投资为主体的多元投入机制，要在依托社会力量的基础上，实行市场化运作，建立企业自负盈亏、自我管理、自我发展的机制，吸引社会资金参与蔬菜产品生产、流通等基础设施建设。培育市场和农产品流通中介服务组织。鼓励农民自发组建合作经济组织。在农产品上市环节推行委托代理制，允许代理商按事前与农民约定的比例从销售额中收取代理费。积极创造条件，引导和鼓励大型批发市场积极探索采用会员制形式组织交易。发展专业协会、商会等协调和约束市场行为的自律性组织。

10.加快蔬菜新品种、新技术的开发、推广与标准化生产

推进种子、种苗的研发、生产经营一体化，加快培育具有自主知识产权的品种，引进一批新品种，支持建设园艺产品集约化育苗场和遗传资源保种场，集成、推广一批关键技术，培育一批科技转化能力强的科技企业，大力推广蔬菜高效模式等新技术。推进蔬菜标准园（区）创建活动，每年创建1～3个标准化生产基地，带动蔬菜的标准化生产，推动全市大规模发展无公害农产品、绿色食品、有机农产品。加快标准制（修）订和推广应用，制定产品生产技术要求和操作规程，开展标准化生产宣传培训，推动放心农资进村入户，指导建立生产档案。加大品牌培育和认证力度。

2.3 阳新县蔬菜产业链建设规划（2022—2025年）（节选）

2.3.1 规划编制依据

（1）阳新县第十五次党代会、第十九届人民代表大会第一次会议提出的"十四五"期间建设"一个百强县、五个示范县"奋斗目标。

（2）阳新县委办公室、阳新县人民政府办公室《关于培育壮大农业产业化龙头企业加快建设农业强县的意见》（阳办发〔2021〕8号）有关"培育八大农业产业链"的精神。

（3）阳新县蔬菜产业发展现状。

2.3.2 阳新县蔬菜产业链建设现状

2.3.2.1 蔬菜种植情况

近年来，阳新县蔬菜产业获得了长足的发展，改变了传统的提篮小卖状态，逐步向板块化、区域化、特色化、标准化、优质化方向发展，已成为全县农业增效、农民增收主要产业、农业特色产业和重要扶贫产业之一。全县

现有 50 亩以上的规模种植主体 120 余家，其中，市级以上龙头企业（示范合作社）10 家，2021 年蔬菜播种面积 28 万亩，总产量 51 万 t，总产值 16.2 亿元（其中，食用菌产值 0.88 亿元，水生蔬菜产值 1.29 亿元），蔬菜产品市场销售额 5.29 亿元。阳新湖蒿、莲藕是全县种植规模最大的蔬菜品类。阳新湖蒿种植面积达 2 万亩以上，总产量 3 万 t，总产值 1.8 亿元。阳新湖蒿于 2020 年获得国家农产品地理标志，生产规模在全国位居前列，是湖北省冬春蔬菜主要供应品种之一。阳新湖蒿核心生产基地兴国镇宝塔村继 2012 年被原农业部授予"全国一村一品示范村"，2020 年、2021 年两次被农业农村部授予"全国乡村特色产业亿元村"。

2.3.2.2 蔬菜精深加工情况

1. 城乡居民自制自食的蔬菜种类

干制、腌制、酱制蔬菜是阳新县的传统特色小吃，城乡居民一般情况下自制自食，也有少数居民自制拿到市场销售。主要有以下 3 类产品。

（1）干制品类 约 12 种，主要是干萝卜丝（片）、豇豆、笋干、梅干菜、辣椒木耳、香菇、黄花菜。

（2）腌制品类 约 13 种，主要是腌制酸泡菜、芥菜、大头菜、榨菜、儿菜、大蒜头、藠头、萝卜、藠头辣椒、竹笋。

（3）酱类 约 4 种，主要是辣椒酱、蚕豆（黄豆）酱、面酱。

（4）豆制品类 约 5 种，主要有豆腐、豆腐干、豆筋、豆浆、豆豉等。

2. 蔬菜烘干、冷藏保鲜及冷藏运输设施

目前，建有冷藏保鲜、烘干设施的蔬菜经营主体 32 家，其中，19 家有冷藏保鲜设施，13 家有烘干设施。现有蔬菜生产冷藏运输车 10 台。

3. 蔬菜加工设施

近年来，传统小作坊式的蔬菜加工逐步被工厂化生产所取代，湖北冠林农业生态科技有限公司、阳新石田农业旅游产业园有限公司、阳新县农垦示范生态种养殖专业合作社、湖北菌之韵农业科技开发有限公司、阳新县宇诚种养殖专业合作社等企业开始引进蔬菜标准化加工生产线，开展蔬菜精深加工。

4. 品牌创建情况

阳新县蔬菜产业发展中心已成功申报了阳新湖蒿农产品地理标志区域公共品牌，并注册了"卷雪楼"商标，涵盖尼斯分类表中的 29 类、30 类、31 类共 97 种农产品、加工品，可以授权符合条件的主体使用；全县蔬菜生产经

营主体已成功申报阳新湖蒿、西兰花等 7 种绿色食品，阳新县宝塔湖春潮湖蒿专业合作社、湖北冠林农业生态科技有限公司等 9 家企业已注册了"富河春潮""原乡佳园"等产品商标。

2.3.2.3　面临的主要问题

蔬菜生产技术性强、生产条件要求高、投资大、用工多，蔬菜生产存在较大的自然风险和市场风险。阳新县位于长江中下游多雨区，年降水量多，强度大，夏季时常洪涝、秋冬干旱频繁、冬春季雨雪冰冻阴雨寡照，时常有龙卷风冰雹灾害，蔬菜产业由于起步晚、基础差、投入不足，还存在着保供能力弱、基础设施和生产设施比较落后、抗御旱涝龙卷风冰雪自然灾害能力差、生产主体技术水平较低、市场开拓能力不强、种植结构不尽合理、贮藏保鲜加工滞后、产业链短、高质量发展才刚刚起步等短板问题。当前亟待解决的问题如下。

1. 资金缺口较大

全县约有 1 万亩规模 50 亩以上的蔬菜基地水电路等基础设施亟需改造，但缺乏相关的资金配套政策；大棚蔬菜种植大多采用竹架大棚，抵御风雪能力弱，例如宝塔村万亩湖蒿基地 90% 以上仍然沿用竹架大棚，每年遇到风雪天气，都会出现大棚垮塌现象。钢架大棚抗风雪能力强，但建设成本高，每亩钢架大棚需投资 8 000 元左右，普通蔬菜种植户难以负担，也不愿意承担，缺少相关的激励政策。此外，遭遇自然灾害时，没有建立政策性保险托底机制。

2. 电商物流配套措施滞后

多数蔬菜基地缺少普通冷库和冷链运输车，尚未建造大中型的蔬菜气调保鲜库，物流业与互联网结合度低，小包装净菜加工及电商配送没跟上，影响了蔬菜物流配送业的发展和远距离市场难以开发。

3. 缺乏先进的加工技术和标准

干制、腌制、酱制等传统工艺要结合现代加工技术，优化工艺，实现产业化、商品化生产。亟需应用蔬菜冻制、净菜加工、保质等技术，提高品质，延长货架期，建立完善相关技术标准，规范生产过程，确保蔬菜质量安全。

2.3.3　蔬菜产业发展优势

1. 蔬菜产业区位优势

阳新县位于长江中游南岸，幕阜山脉北麓，湖北省东南部，区位交通优势明显。省内，武—阳高速建成通车后，阳新县距离武汉不足 1 h 车程，武汉 8+1 城市圈的快速发展，使武汉市、黄石市近郊蔬菜基地转为其他用地，蔬菜基地向远郊转移后，为阳新县发展蔬菜生产提供了市场空间。省外，可针对全国普遍存在的春、秋两个蔬菜供应淡季，大力开拓目标市场，发展喜凉蔬菜冬春生产、设施蔬菜冬春栽培、春提早栽培、秋延迟栽培及夏秋遮阳降温、防虫隔离、避雨栽培。

2. 蔬菜产业区域优势

阳新县属于《全国蔬菜重点区域发展规划》区域内的冬春蔬菜重点区域基地县和《全国设施蔬菜重点区域发展规划》划定的长江中游流域亚热带亚区设施蔬菜生产县。

阳新县属北亚热带气候区，冬春季节气候温和，1 月平均气温 ≥ 4℃，气候优势明显，冬闲田面积大，劳动力资源充足，生产成本低。冬春栽培采用连栋塑料大棚或大中棚内加小拱棚、地膜覆盖等多层覆盖方式保温栽培育苗和种植茄果类、瓜类、豆类等喜温瓜菜，供应期为 1 月初至 7 月上旬；或发展花椰菜、结球甘蓝、莴笋、芹菜、蒜薹等喜凉蔬菜露地栽培，供应期为 11 月至翌年 4 月，目标市场为供应当地及长江中下游市场、"三北"地区和珠江三角洲地区冬春淡季市场。夏秋季采用遮阳降温、防虫隔离、避雨栽培叶菜类蔬菜，以供应当地及周边省（市）市场为主，实现设施蔬菜周年生产均衡供应，也可适当供应华北、西北南部市场和适度出口东南亚市场。

3. 资金支持政策

阳新县各级政府重视蔬菜供应保障工作，逐年加大发展蔬菜产业的资金投入，资金来源有保障。阳新县属于全国巩固脱贫成果县，有"四个不摘"及各级扶持资金较多的优势，省、市、县都出台了一系列培育产业链的资金支持政策，2021—2025 年，县级财政每年列支 3 000 万元，市级每年列支5 000 万元，省级每年列支 5 亿元，为加快阳新县蔬菜产业链建设、发展壮大各类农业经营主体提供了资金支持。

2.3.4 阳新县蔬菜产业链建设总体思路

按照"因地制宜、科学规划、市场导向、发挥优势、适当集中、联农带农、稳扎稳打、久久为功、政策引导、创新驱动、绿色发展"的原则，紧紧抓住武汉 8+1 城市圈发展、武汉市近郊蔬菜基地转为其他用地、蔬菜基地向远郊转移的机遇，大力发展蔬菜生产，加强蔬菜保供基地设施建设。以乡村振兴政策为抓手，着力建链、补链、延链、强链。与相关科研院所合作，加强保鲜加工技术研发；实行小作坊、加工企业两手抓的策略，不求大、不求洋、但求好；选择一批敢想敢干、有一定资金实力、有一定加工基础的蔬菜生产经营主体，着力培育蔬菜加工企业集群；大力发展蔬菜保鲜、干制、小包装初加工，推进深加工，实现蔬菜产业生产、加工、流通一体化发展，逐步形成大龙头、大基地、大品牌和特色化、规模化、品牌化、优质化、标准化的产业发展格局，打造在全国有影响力的区域公用品牌，推动阳新县蔬菜产业链特别是蔬菜加工实现飞跃式发展，实现蔬菜加工业产值、蔬菜全产业链总产值稳步增长。

2.3.5　阳新县蔬菜产业链建设目标与任务

2.3.5.1　总体建设目标

到 2025 年，阳新县蔬菜产业体系健全完备，蔬菜产业质量效益明显提升，产业融合发展水平显著提高，农民增收渠道持续拓宽，蔬菜产业发展内生动力持续增强，蔬菜产业链总产值超过 30 亿元。

2.3.5.2　主要工作任务

1. 大力发展蔬菜生产基地，加强蔬菜保供基地设施建设

重点发展阳新湖蒿、水生蔬菜（茭白、莲藕等）、珍稀食用菌、大棚西甜瓜等特色高价值蔬菜，适度发展其他大棚蔬菜。到 2025 年，增加阳新湖蒿 1 万亩，增加茭白、莲藕等水生蔬菜 0.5 万亩，增加珍稀食用菌 1 000 万棒，增加大棚西甜瓜及其他大棚蔬菜等 5 000 亩。对集中连片大棚面积 20 亩以上或露地菜面积 100 亩以上的蔬菜基地按照《农业部蔬菜标准园创建规范（试行）》进行沟渠路和水肥一体化、大棚设施建设改造，补短板，建设面积4 000 亩。

2. 大力扶持蔬菜初、深加工，建立完善四大加工产业集群

依托阳新湖蒿、阳新竹笋等蔬菜为原料的初加工、精深加工企业群，生产小包装鲜品阳新湖蒿、小包装净菜、干品长命菜（马齿苋）、阳新笋干、冻干蔬菜休闲食品等；依托辣椒、藠头、芥菜等为原料的酱腌菜加工企业群，生产剁椒、腌萝卜干、腊八豆、腌制笋干、腌制藠头沫、辣椒酱、腐乳、干制朝天椒、出口梅干菜等；依托珍稀食用菌为原料的食用菌初加工、精深加

工企业群，生产小包装保鲜珍稀食用菌、精品羊肚菌、菌八珍、香菇酱、孢子粉、食用菌综合小包装休闲食品等；以阳新湖蒿秸秆、食用菌副产品（脚皮、根等）为原料，生产有机肥、垂钓饵料、湖蒿专用土壤调理剂等，实现废物利用、加工增值。同时，通过开展自制蔬菜加工品评比、技术交流活动，扩大自制特色蔬菜的影响和宣传力度；鼓励小作坊持证生产，鼓励利用微信群、QQ群、抖音等新媒体销售自制蔬菜加工品，实现商品化生产；鼓励发展好、有前途的小作坊办理《食品生产许可证》《食品流动许可证》《食品经营许可证》《工业产品生产许可证》，进行正规化生产。

3. 加强产学研合作，提高蔬菜产业科技水平

组织有关高校和科研院所，围绕阳新县蔬菜产业化发展过程中存在的技术瓶颈开展协作攻关，编制、储备和申报一批重点项目，着力解决阳新湖蒿老基地土壤酸化问题、鲜菜充气小包装、气调保鲜、风味酱腌菜保质技术、冻干技术等；引进与培养相结合，加快蔬菜生产、食品加工专业技术人才建设步伐，建立健全由县乡技术人员、农村种菜能手组成的蔬菜技术服务体系；加大两品一标申报力度，推进阳新湖蒿、卷雪楼公共品牌使用全覆盖；开展蔬菜绿色发展引领示范，推广减肥减药、绿色防控技术，确保农产品质量安全，达到提质增效、增产增收的目的，实现蔬菜产业可持续绿色发展。

2.3.6 阳新县蔬菜产业链建设的支持政策

2.3.6.1 生产基地建设支持政策

（1）新发展基地 对新发展大棚湖蒿、西甜瓜及大棚菜20亩以上的生产主体，按每亩200元标准给予奖补；对新发展水生蔬菜（茭白、莲藕等）100亩以上的，按每亩50元标准给予奖补；以上两项根据先进性和成效遴选，根据县财政安排资金量确定奖补比例。

（2）生产基地基础设施建设 对连片20亩以上的大棚蔬菜基地，沟渠路电建设由财政投入，每年投入财政资金100万元，建设500亩。

（3）生产设施建设奖补 对连片20亩以上的大棚基地开展水肥一体化建设，按总投入40%奖补；新建钢架大棚或竹架改钢架20亩以上，按每亩2 000元奖补；新建高档次设施如连栋大棚、食用菌工厂化生产层架等或购买新技术设备按投资额的40%奖补。本项奖补，根据县财政资金投入量，逐年推进。

（4）保供基地扶持　对通过遴选列入保供基地的蔬菜生产经营主体每年给予 2 万～ 8 万元的扶持。

（5）引进蔬菜新品种、新模式奖补　对引进蔬菜新品种、新模式并产生规模效益的蔬菜生产经营主体给予 2 万～ 8 万元的奖补。

（6）乡土种菜能手补贴　对新发展蔬菜基地聘用乡土种菜技术能手的蔬菜生产经营主体给予每年 2 万元的补贴。

2.3.6.2　产业加工流通环节支持政策

（1）品牌创建补贴　按照县政府有关政策执行。

（2）冷链物流补贴　对符合条件的蔬菜生产经营主体新建冷链设施按照国家有关政策，在上级专项资金中安排；对购置冷链运输车的蔬菜生产经营主体按照裸车价的 40% 给予奖补。

（3）有证蔬菜加工小作坊补贴　按购置设备及包装投入给予不同额度奖补，购置设备及包装 2 万元以上的，按 30% 的比例奖补，奖补额度为投资总额的 30%。

（4）蔬菜加工有证企业补贴　按阳新县农业招商优惠政策执行。

（5）网络销售补贴　在网店或利用微信群、QQ 群、抖音等新媒体销售自制蔬菜加工品，按年网络交易额给予 3% 奖励，最高奖励额度不超过 5 万元。

2.3.6.3　组织服务与科技环节支持政策

（1）蔬菜自产自食加工摸底及遴选报送储备蔬菜自制加工先进项目工艺及样品补贴　对完成任务好的村给予 1 万～ 2 万元的奖补。

（2）开展生产加工技术瓶颈攻关与科技创新补贴　在种业、农业环境微生物、农产品精深加工、农业机械化、信息化、智能化等行业细分领域开展科学研究、取得国家专利证书并达到一定推广应用面积的奖励 10 万～ 50 万元。

（3）县财政每年安排 50 万元资金，用于开展校（院）地合作　针对阳新县蔬菜生产加工实践中的技术瓶颈问题开展研究，编制、储备和申报一批发展项目，建立试验（中试）基地，购买或成功研发一批成熟的实用技术（或专利），供前来发展蔬菜精深加工的投资者使用，提高投资者的信心和决心，达到投入即成功的效果。

（4）示范引领补贴　鼓励开展示范，按照先申报审批再实施的程序，费用由财政按程序拨付到业务主管单位，再由业务主管单位据实拨付；对示范效果好、起到引领作用的给予 3 万～5 万元的奖补。

（5）服务带动补贴 鼓励协会、龙头企业组织开展培训、观摩学习活动，按照先申报审批再实施的程序，费用由财政按程序拨付到业务主管单位，再由业务主管单位据实拨付。对服务带动效果好的给予 3 万～5 万元的奖补。

（6）规范、标准创制申报补贴 对建立企业生产规范（标准）、积极创制申报市、省、国家标准的，分别给予 2 万元、3 万元、5 万元、10 万元的奖补。

（7）蔬菜生产自然灾害政策性保险 争取省（市、县）财政支持，开展大棚设施蔬菜（不含食用菌）自然灾害政策性保险试点。

（8）蔬菜产业服务体系建设补贴 县财政每年安排 40 万元，用于县、镇农业服务组织开展蔬菜产业服务及调查统计经费。

阳新湖蒿产业化 现状与市场调查 3

3.1 阳新湖蒿种植基地区域分布

根据农业农村部《地理标志农产品保护产品登记通知》（2020 年第 290 号公告），阳新湖蒿农产品地理标志地域保护范围（生产区域）包括黄石市阳新县和开发区、铁山区所辖行政区域内，西至王英镇，东至富池镇长江江滩，北至大冶湖入长江口，南至洋港镇田畈村，覆盖阳新县境内 22 个镇（区）47 个村（大队）（表 3.1）。地理坐标为 N 29°30′ ～ 30°09′，E 114°43′ ～ 115°30′，东北横距 76.5 km，南北纵距 71.5 km，海拔 8.7 ～ 85 m。地域保护总面积为 2 667 hm²。

表 3.1   阳新湖蒿种植基地行政区域分布

编号	镇（区）	村
1	兴国镇	宝塔村、七里岗村、上街社区（五里湖）
2	率洲管理区	一大队、六大队
3	浮屠镇	荻田村、芦湖村、张畈村、下汪村、华道村
4	荆头山管理区	白蛇渡大队
5	城东新区	十里湖三大队、二大队
6	排市镇	官科村、河北村
7	龙港镇	南山村、月台村、白岭村、阮家畈村阮家畈组
8	陶港镇	冠塘村、程发村

编号	镇（区）	村
9	三溪镇	姜福村、柏树村、上余村、横山村
10	韦源口镇	新港村
11	黄颡口镇	三洲村、海口村
12	富池镇	孟铺村、丰山村、港下村
13	半壁山管理区	梅家墩大队、祝家庄大队
14	太子镇	山海村、朋畈村
15	金海开发区	凡庄村
16	大王镇	巷口村、下堰村
17	白沙镇	平原村、青山村青山组、种畜场
18	洋港镇	洋港村
19	木港镇	太平村
20	枫林镇	南城村、刘冲村
21	王英镇	团林村
22	经济开发区	太㙦村

3.2 阳新湖蒿产业发展历程

改革开放以前，阳新县进行了多次大规模的围湖造田活动，半壁山、宝塔湖、五里湖、十里湖、北煞湖、半壁山农场、荆头山农场、军垦农场、大冶湖、韦源口春湖、海口湖、菖湖等的筑堤围垦直接改变了湖泊生态环境和湖区生态平衡，加速湖区植物群落退化，大量湖滨和湿地的野生湖蒿资源逐渐消失，仅在网湖湿地存有少量野生湖蒿群落，附近村民在一些湖边沟岔采摘野生湖蒿食用，但品质不佳，没有形成规模种植。改革开放以后，随着农业结构调整的步伐加快，阳新县广大农业工作者为实现农业增产、农民增收、农村发展，开始了阳新湖蒿的人工栽培，阳新湖蒿产业进入新的历史发展阶段，并逐渐发展成为黄石市、湖北省乃至全国闻名的农业特色产业。

阳新湖蒿产业是从兴国镇宝塔村逐步发展起来的。宝塔村是一个有6 000多人的大村，20世纪70年代由阳新富河湖滩围垦建成，村民主要来自山区、库区的移民，曾被称为"水窝子""虫窝子""穷窝子"，21世纪前一直没找到适合的产业。按照时间顺序，阳新湖蒿产业发展大致经历了以下过程。

1999 年，村民柯亨福去南京探亲时，看到大面积种植湖蒿，便带回一些新品种的根茎，首次在自留地试种 106.67 m²，卖了 2 000 元，当时村里立刻轰动，新产业引起了村干部的重视。

2000 年，时任村支书的柯亨兴带人到南京去学习种植技术，引进新品种"大叶青秆藜蒿"。由于担心销路，村干部拿着从南京买回来的种苗免费送给农户种植，却没人敢种。关键时刻，村党支部召开党员干部会，提出"我们是党员，我们带头种。"会后，柯亨兴等 13 名党员干部率先"探路"领取蒿种，率先种植 200 多亩。当年平均亩产 1 500 kg，地头价 3 ～ 4 元 /kg，每亩纯收入 2 500 元以上，比原来种植棉花的收入翻了一番。

2001 年，受党员试种示范的影响，宝塔村蒌蒿种植户达到 30 多户，面积 1 000 多亩。

2002 年，阳新县蔬菜产业发展中心（原阳新县蔬菜办公室）与有关科研院所合作，收集整理本地野生蒌蒿资源和外地引进的蒌蒿种质资源共计 13 份，建立蒌蒿种质资源圃，开展试验示范，选育阳新蒌蒿新品种，研发配套栽培技术。

2003 年，宝塔村时任村支书柯亨兴带领村民在工商部门正式登记注册"阳新县宝塔湖春潮湖蒿专业合作社"，发展蒌蒿规模化生产，合作社社员从初期的几十个农户，发展到近千户。同时，合作社与武汉市武泰闸、皇经堂批发市场建立长期供销关系，蒌蒿未产先销，基地规模迅速扩大。宝塔湖蒌蒿基地面积迅速从 2 000 年的 200 亩发展到 3 000 亩，并带动周边浮屠镇、白沙镇的蒌蒿生产，形成蒌蒿产业带，面积达到 8 000 余亩。

2004 年，为适应湖蒿规模化生产需要，在阳新县蔬菜产业发展中心、阳新县绿色食品办公室、阳新县质量技术监督局等部门指导下，编制《绿色食品湖蒿标准化生产技术操作规程》。在此基础上，阳新湖蒿申报通过无公害产品认证。

2005 年，阳新湖蒿纳入阳新县农业板块基地建设和作物结构调整范畴，当年新发展阳新湖蒿 3 000 亩，其中，浮屠镇 1 800 亩，全县种植面积达到 15 000 亩以上，建立了"专业合作社＋基地＋农户"的产业模式，形成了"生产—初加工—销售"一条龙产业服务体系。阳新县宝塔湖春潮湖蒿专业合作社注册"春潮"牌阳新湖蒿商标，阳新湖蒿开展保鲜贮藏加工，产品保鲜包装使用带有条码标识。

2006 年 5 月，阳新县随黄石市代表团参加中国香港湖北周经贸洽谈会，阳新湖蒿开发项目成功签约，获得 1 亿元融资。

2007 年，阳新县宝塔湖湖蒿专业合作社出产的"春潮"牌阳新湖蒿，实现产地质量追溯。

2008 年 6 月，莫桑比克国家领导人及农业专家一行 30 余人在省（市、县）领导的陪同下来阳新县参观考察阳新湖蒿产业基地建设情况，受到国内外领导和专家高度肯定。

2011 年，宝塔湖阳新湖蒿产业基地通过湖北省农业厅组织的"省级农业标准化示范区"专家组验收。"春潮"牌阳新湖蒿通过国家绿色食品认证。

2012 年，阳新县宝塔村被农业部授予"全国一村一品示范村"。

2013 年，阳新县宝塔湖春潮湖蒿专业合作社被湖北省农业厅授予"湖北省十强蔬菜专业合作社"称号。

2015 年初，宝塔湖湖蒿产业基地被湖北省农业厅纳入"湖北省 2015 年园艺作物标准化创建项目"，建设湖蒿标准化生产基地 1 000 亩。2015 年底，由湖北省农业厅组织，在阳新县召开全省 2015 年园艺作物标准化创建项目现场观摩会，会上交流了阳新县宝塔湖湖蒿标准化创建工作经验。

2017 年，阳新县蔬菜产业发展中心在宝塔湖湖蒿基地，创建阳新湖蒿万亩标准示范园。

2019 年，阳新湖蒿开始申报国家农产品地理标志保护认证，早熟品种阳新湖蒿一号和中熟品种阳新湖蒿二号通过专家认定。

2019 年，阳新湖蒿纳入"2019 年农业部部级蔬菜绿色高质高效创建项目"，在湖蒿生产基地开展湖蒿绿色高质高效生产示范。

2020 年，阳新湖蒿通过国家农产品地理标志保护产品登记。

2021 年，阳新县兴国镇宝塔村被农业农村部授予"全国乡村特色产业产值超亿元村"称号。

2022 年，阳新县兴国镇宝塔村再次被农业农村部授予"全国乡村特色产业产值超亿元村"称号。

3.3 阳新湖蒿产业发展模式

3.3.1 阳新湖蒿产业化组织形式

（1）蒌蒿产业龙头企业　龙头企业在从事蒌蒿种植、销售、加工一体化经营中，为蒿农提供产前、产中、产后服务的营利性实体。龙头企业的基本特征是以经济关系为纽带，用经济合同或股份合作等形式，把千家万户的蒿农和千变万化的大市场连接起来，形成"市场＋公司＋基地＋农户"的经营方式。

（2）中介服务组织　阳新湖蒿主产区各种产前、产中、产后的社会化服务组织和专业大户，通过为农民传递信息、开拓市场、运销产品、加工贮存、技术开发、供应农资等方面的服务，带动产业基地和相关支柱产业，形成区域化的"中介服务＋基地＋农户"的阳新湖蒿产、供、销一体化经营体系。

（3）农民合作组织　农民采取合作制或股份合作制等办法联合发展阳新湖蒿种植、加工、流通及扩大生产规模，例如成立农业专业合作社等合作组织。

（4）大中型批发市场　通过发挥批发市场的信息、价格、批发、贮运、结算等功能效应，带动区域性的阳新湖蒿生产和基地建设，形成"批发市场＋基地＋农户"产销一体化经营体系。

3.3.2 阳新湖蒿配套茬口衔接模式

（1）阳新湖蒿配茬的可行性　阳新湖蒿种植时间从8月种苗扦插开始，至翌年2月采收完毕，整个生长期、采收期接近半年。从3月至7月底留有半年的土地闲置期，安排合理的茬口衔接既不影响阳新湖蒿的种植，还可以充分利用设施和土地资源，实现培肥地力和增加农民收入的效果。

（2）阳新湖蒿配茬原则　阳新湖蒿配茬以不影响种植的原则。配茬作物生育时间控制在3月至7月底，且应在7月底前收获完毕。采用直播方式种植配茬作物，其生育期不能超过120 d。采用育苗方式种植配茬作物，可根据不同作物提前育苗，采用大苗定植，延长作物生育期的同时，提高产量增加收入。

（3）阳新湖蒿配茬作物种类　茄果类，辣椒、茄子、番茄；瓜类，西瓜、甜瓜、黄瓜、苦瓜、丝瓜、南瓜、冬瓜、瓠子；十字花科类，包菜、花菜（松花、紧花、西兰花）、小白菜、娃娃菜、快菜、广东菜心、萝卜；叶菜类，苋菜、空心菜、薯尖、油麦菜、生菜；豆类：四季豆、豇豆、毛豆；水稻；其他，甜玉米、绿肥作物。

3.3.3　阳新湖蒿产业化经营模式

根据阳新湖蒿产业化组织形式，分5种经营模式。

（1）"公司＋基地＋农户"模式　此类模式以公司或集团企业为主导，以阳新湖蒿产品加工、运销企业为龙头，重点围绕一种或几种产品的生产、销售，有机联合生产基地和农户进行一体化经营，形成"风险共担、利益共享"的利益共同体。

（2）"专业合作社或专业协会＋农户"模式　此类模式由农民自办或政府引导兴办的各种专业合作社、专业技术协会，以组织阳新湖蒿产前、产中、产后诸环节的服务为纽带，联系广大农户，而形成产、供、销一体化的利益共同体。这种模式具有明显的群众性、专业性、互利性和自助性等特点，实行民办、民管、民受益三原则，是阳新湖蒿业产业化经营的主要类型。

（3）"'农产联'＋企业＋农户"模式　此类模式以各种中介组织（包括农业专业合作社、供销社、技术协会、销售协会等合作或协作性组织）为纽带，组织产前、产中、产后全方位服务，使众多分散的小规模阳新湖蒿生产经营者联合起来，形成统一的、较大规模的经营群体，促进湖蒿产业链的形成和延伸。

（4）"特色产业＋农户"模式　从利用本地阳新湖蒿资源优势，培育特色产业入手，发展一乡一业、一村一品，逐步扩大经营规模，提高产品档次，组织产业群，延伸产业链，形成区域性主导产业，以其连带效应带动区域经济发展。通过这种模式，宝塔村发展阳新湖蒿生产，连续两年入选农业农村部全国亿元村名单。

（5）"专业市场＋农户"模式　此类模式以专业市场或专业交易中心为依托，拓宽商品流通渠道，带动阳新湖蒿专业化生产，实行产加销一体化经营。该模式的特点是农商对接，通过专业市场与生产基地或农户直接沟通，以合同形式或联合形式，将农户纳入市场体系，从而做到一个市场带动一个支柱产业，一个支柱产业带动千家万户，形成一个专业化区域经济发展带。

3.3.4 阳新湖蒿产业化发展路径

（1）发展轻简化和标准化栽培，促进湖蒿优质高效生产　轻简化、标准化栽培技术是相对于传统的栽培技术而言，是一种作业工序简单、劳资投入较少、省时省力、节本、优质高效的栽培技术。通过采用先进实用技术，并组合配套，进行蔬菜健康栽培，提高其自身抵抗病虫害的能力，从而减少化肥、农药和植物生长调节剂的使用，达到无污染栽培的目的，生产出高质量的蔬菜产品。阳新湖蒿轻简化、标准化栽培主要内容包括：机械化或半机械化整地、刈蒿；利用植物生长调节剂、除草剂等诱导和调节湖蒿生长发育技术；合理安排茬口及绿肥套种，提高土地利用率；采用遮阳网、粘虫板、诱蛾灯，推广应用物理防虫技术；采用有机复合肥和生物有机肥，推广有机栽培，提高品质；应用节水栽培措施，示范推广按时、按需提供肥水的微灌、施肥一体化技术；阳新湖蒿废弃物综合利用及还田等节约资源和保护环境栽培技术等。

与此同时，要将设施阳新湖蒿生产的轻简化和标准化落到实处。首先，从设施选型上入手，要选择便于实现轻简化栽培的设施。例如塑料大棚在单体大棚的基础上，根据蒿田实际情况选择钢骨架连体塑料大棚；日光温室要选择大跨度、钢骨架、无立柱的，便于小型机械设备操作。其次，从种苗培育、扦插、培育等环节实现技术的标准化和工作的量化考核，从栽培农艺上保障阳新湖蒿种植的轻简化和标准化。再次，注重产品品质，以高品质实现产品的高价值，注重培育品牌，以品牌作为高品质的有效载体。最后，农旅结合，在确保阳新湖蒿生产的基础上，拓展种植基地的生态休闲功能。

（2）联合和培育经营主体，优化合作社及家庭农场产业优势　实践证明，以家庭农场和合作社为生产主体的经营模式在阳新湖蒿生产环节具有很大的优势，但在阳新湖蒿产品营销环节则显得后劲不足，其主要原因是规模不够大。通过联合不同的合作社和家庭农场，能够在实现阳新湖蒿生产规模化的同时，有意识地培育、壮大经营主体的实力。如上所述，以家庭农场为基本单元，组建"合作社＋家庭农场""湖蒿协会＋合作社＋家庭农场或者与龙头企业结合""龙头企业＋合作社＋家庭农场"等模式。无论何种模式，家庭农场都应该是生产的主体，合作社（龙头企业）是服务和经营的主体。

合作社（龙头企业）要与农户或者家庭农场积极结合，形成利益共同体。尊重农民在产业链上的分工，不与农民争利，主动让利，把生产的环节让农户或者家庭农场来承担。

此外，合作社和农业企业应该从事自身最擅长的工作和可控的工作。例如通过与有关科研院所联合，在产业链的上游进行技术研发和种苗繁殖，为阳新湖蒿种植户提供优质的种苗和农资服务；在生产环节为生产、经营者制定相关技术规范、提供技术指导和进行质量跟踪现产品溯源管控；在产后环节，培育阳新湖蒿知名品牌，收集市场信息，积极开拓市场，有条件的种植主体还可以进行阳新湖蒿产品的初级加工和深加工，例如发展真空包装、销售净菜、生产阳新湖蒿茶等。

（3）探索阳新湖蒿营销新模式，确保阳新湖蒿产业健康发展　由于阳新湖蒿大量上市季节性强且主要集中在春节前后，传统的提篮小卖销售方式难以满足规模化和产业化发展的需要。目前，阳新湖蒿销售主要还是依靠阳新本地及周边黄石、武汉等地的蔬菜批发市场，湖南、广东等地客商也有订单供应。但是，由于批发市场近似完全竞争市场，无论前往销售的主体是原来的分散种植户，还是专业合作社（龙头企业），阳新湖蒿进入批发市场后，由于鲜蒿的保存期短，只能被动接受市场价格，随着阳新湖蒿市场价格的大起大落，增加了销售主体的潜在交易风险。农超对接和电子商务，逐渐成为阳新湖蒿销售的新模式。

农超对接是一种具有发展前景的模式，农超对接的优点在于产地的合作社与超市直接签订购销合同，减少了阳新湖蒿销售的中间环节，蒿农和超市都可以从中获利；对消费者而言，农产品的质量安全相对有保障，但这种农超对接销售模式也存在一些问题：一是大部分阳新湖蒿营销主体和超市缺乏冷链运输能力，产品的运输需要依靠第三方物流，费用较高；二是双方合作中，超市处于优势地位，专业合作社等营销主体在阳新湖蒿的定价、付款方式和准入门槛等方面处于劣势地位，较大程度上制约了农超对接在阳新湖蒿销售中的应用。

电子商务是以虚拟空间为平台，以信息为载体，实现经济活动的数字化经营我国农产品电子商务模式，面对电子商务与传统实物经济互动互融的新经济时代，电子商务成为农产品集贸市场、农产品超市、农产品商贩等传统营销方式的重要补充。农产品只有有效运用现代信息技术，才能在瞬息变化的市场中敏锐地捕捉到消费者的需求信息，以恰当的方式为消费者提供合适的农产品。目前，阳新湖蒿借助电商平台网络营销才刚刚起步，电子商务化的程度不高，仅有为数不多的几家农业企业尝试充气真空包装。影响阳新湖蒿网络销售的限制因子：一是常温下阳新湖蒿保鲜期短，嫩茎极易腐烂；二是阳新湖蒿嫩茎的保鲜尚未从技术层面完全解决，需要一个较长时间的摸索；三是阳新湖蒿上市期短且集中，专门为阳新湖蒿网络销售上一条保鲜包装生产线，经济上不划算。但是，随着阳新湖蒿产业化进程的不断推进，发展农业电子商务，作为提高阳新湖蒿产业信息化水平的一项重要内容，将会越来越受到当地各级政府部门的重视，电子商务将会成为阳新湖蒿产业发展一大创新推动力，推动阳新湖蒿产业的高质量发展。

3.3.5　阳新湖蒿产业发展的经验与做法

截至 2023 年，阳新湖蒿产业种植基地以宝塔湖为中心，辐射全县大部分镇（场、区），种植规模近 30 000 亩，以前期夏秋露地生长 + 后期冬春塑料大棚保温相结合的栽培方式为主，上市时间为 11 月至翌年 4 月。实行规模化商品生产的农户有 2 000 余户，种植面积 10 亩以上农户有 1 000 余户，30 亩以上的大户有 500 余户，50 亩以上的大户有 200 余户，100 亩以上的大户有 100 余户，主要集中在沿长江、富河流域的 8 个镇（场）33 个村的平湖地带。阳新湖蒿嫩茎产品最高亩产 2 000 kg，平均亩产 1 500 kg，年产鲜蒿 4.5 万 t，年总产值近 3 亿元，纯利润超过 1 亿元，数万户农民受益。作为阳新湖蒿发源地的宝塔村 2019—2020 年连续被评为"全国乡村特色产业亿元村"，成为远近闻名的"湖蒿第一村"。

（1）领导重视，媒体关注　阳新湖蒿产业的发展得到了各级领导和媒体的亲切关怀和指导。原湖北省委书记俞正声、李鸿忠，国家卫生部部长陈竺，湖北省委副书记杨松，副省长张岱梨、汤涛，湖北省人民代表大会副主任刘友凡曾先后来阳新湖蒿基地视察和指导工作。湖北省农业农村厅和黄石市委、市政府、市人大、市政协的主要领导几乎每年都来基地视察指导工作。《农民日报》《湖北日报》《黄石日报》《东楚晚报》《楚天金报》《长江蔬菜》《农村经济与科技》《阳新报》《今日阳新》、中央电视台、湖北电视台、黄石电视台、阳新电视台及网站新媒体从领导视察、交流合作、基地建设、政府扶持、先进典型、取得成绩、经验做法、问题与困难、栽培技术、培训指导、品牌等方面对阳新湖蒿进行了广泛的宣传报道。

（2）开展联合技术攻关，提高湖蒿生产水平　近年来，针对阳新湖蒿产业发展中存在的技术瓶颈，阳新县蔬菜产业发展中心与省内高校和科研院校开展联合攻关，完成省级科技成果登记 1 项，获得授权发明专利 5 项，为阳新湖蒿生产的提质增效和发展阳新湖蒿产业技术提供支持。一是针对蒿农分散种植和扦插繁殖导致的品种混杂、病害发生加重等问题，通过建立阳新湖蒿脱毒培养与离体快繁体系，研发脱毒苗培养技术，实现阳新湖蒿提纯复壮，使大规模生产阳新湖蒿脱毒苗成为可能。二是针对阳新湖蒿扦插人工成本较高等问题，研发阳新湖蒿直播栽培技术。该技术将蒿茎分割成若干带节茎段生产阳新湖蒿"人工种子"，通过撒播"人工种子"代替传统的扦插繁殖，取得了较好的试验示范效果。三是针对阳新湖蒿采收次数较少的问题，研发阳新湖蒿留根再生栽培技术。阳新湖蒿嫩茎采收后，采用促根、催芽、提苗等技术措施，将其采收次数从 1～2 茬增加到 3～4 茬，产量和收益得到大幅度提升。四是针对阳新湖蒿连作障碍导致的土壤板结、酸化等问题，利用阳新湖蒿老熟茎叶废弃物，研发蒿田土壤专用调理剂，田间试验结果显示，蒿田施用自制的土壤调理剂后，土壤有机质和土壤 pH 值均有了明显提升，阳新湖蒿品质、产量均优于未施用土壤调理剂的田块。该项技术不仅能够有效缓解蒿田土壤连作障碍，而且可以减少阳新湖蒿生产废弃物引起的面源污染问题。五是针对阳新湖蒿茎叶处理难问题，研发利用阳新湖蒿茎叶袋料生产平菇、提取阳新湖蒿黄酮等综合利用技术。通过筛选、优化平菇生产配方、工艺条件，利用阳新湖蒿茎叶袋料生产平菇，茎叶用料比为 40%，产出投入比达到 2.14∶1，经济效益十分明显；探索出以湖蒿叶为原材料，采用醇浸提法，提取黄酮的最佳的提取条件是乙醇浓度 70%，提取温度 80 ℃，提取时间 120 min，液固比 20 mL/g，该条件下黄酮类化合物平均得率为 35.39 mg/g。六是开展技术集成示范。将阳新湖蒿种苗脱毒生产、土壤改良与生态安全消毒活化、高效繁育、"三减一增"绿色生产、废弃物循环利用和标准化生产等关键技术与绿色阳新湖蒿产地环境控制、农业投入品、标准化生产、商品化处理等技术集成，形成阳新湖蒿全程绿色高效生产技术模式并进行示范。示范区内，生态安全土壤消毒 100%、集约化育苗 100%、水肥一体化 100%、统防统治 100%、农产品质量安全 100%、阳新湖蒿茎叶等废弃物还田率达 100%；土壤 pH 值由 4.92 提高到 5.67，增加 11.2%；土壤有机质由 26.5 g/kg 提高到 33.1 g/kg，增加 28.7%；产量提高 10% 以上，农药使用量减少 50%，化肥使用量减少 30%，产品抽检合格率 100%；人工成本减少 10%～15%，节约支出 150～240 元 / 亩，增收 1 600 元 / 亩，具有显著的经济效益、生态效益和社会效益。

（3）推进标准化建设，保障阳新湖蒿安全生产 各级农业和市场监督主管部门非常重视阳新湖蒿生产标准化和产品质量安全工作，从生产环节，到加工环节，再到销售环节，全链条把好阳新湖蒿质量安全关。一是加强标准建设工作，阳新县蔬菜产业发展中心编制申报了部颁标准《阳新湖蒿农产品地理标志质量控制技术规范》（AGI 2020-01-2940）；黄石市蔬菜科学研究所、湖北省农业科学院经济作物研究所、湖北理工学院、阳新县宝塔湖春潮湖蒿专业合作社等单位联合编制申报省级地方标准《大棚藜蒿栽培技术规程》（DB42/T 1825—2022）；阳新县蔬菜产业发展中心与湖北理工学院合作，编制了《阳新湖蒿脱毒苗生产技术规范》；阳新县宝塔湖春潮湖蒿专业合作社、湖北冠林农业生态科技有限公司、阳新县金镶园港农业综合开发有限公司等阳新湖蒿生产龙头企业都制定了企业内控标准，如《绿色食品阳新湖蒿生产操作技术规范》《绿色食品阳新湖蒿大棚栽培技术规范》等。二是加强对无公害阳新湖蒿基地进行认定和产品认证培训和申报管理，阳新县已有近万亩阳新湖蒿基地通过了无公害基地认定，通过了无公害湖蒿产品认证和绿色农产品认证。三是加强阳新湖蒿病虫害预测预报和综合防治工作，全面推广阳新湖蒿病虫害综合防控技术，推广生物源农药和低毒低残留农药，推广杀虫灯、粘虫板、性诱剂等绿色防控技术。同时，加强新发生病虫害发生规律和防治技术的研究，由于措施到位，有效地防治了近年来在阳新湖蒿产区流行的湖蒿青枯病和湖蒿白钩小卷蛾的大规模发生，大大降低了病虫害的防治成本，使阳新湖蒿的经济损失控制在最低水平。四是为了保证阳新湖蒿鲜蒿及系列产品质量，形成安全、优质、优价阳新湖蒿市场供应体系，采用政府投入引导资金，企业投入为主的方式，帮助阳新湖蒿大中型经营主体建立阳新湖蒿产品质量安全检测平台，改变多年来阳新湖蒿产品检测滞后于生产的不利局面，目前全县各主要阳新湖蒿生产基地均建立了质量检测室，各蔬菜批发市场、蔬菜经营超市以及各主要农贸市场都建立了蔬菜质量检测室，为阳新湖蒿进入市场提供了质量安全保障。

（4）多措并举，发展大棚设施湖蒿生产 阳新湖蒿产业发展早期，主要以露地栽培为主。近年来，阳新县委、县政府提出了"稳粮食、抓特色、建基地、搞加工、创品牌、保安全"的总体思路，制定相关配套政策，大力开展种植结构调整发展产业化经营，有力推动了全市大棚设施阳新湖蒿产业发展。截至目前，阳新湖蒿大棚设施生产也得到了全面发展，全县近3万亩阳新湖蒿生产基地中，大棚种植面积2.5万亩，占阳新湖蒿总面积的83.3%。采取的主要措施：一是阳新县主要领导重视阳新湖蒿产业发展，将阳新湖蒿生产纳入全县"菜篮子"工程统一部署，要求按照"量足、质优、价宜"的蔬菜产业目标来统筹建设，县财政每年安排的蔬菜产业专项资金中，统筹安排湖蒿产业发展项目，并要求县属农业部门、各镇及农场签订责任状，层层分解任务、落实责任。二是政府拨付引导资金支持设施湖蒿产业发展，县政府每年从大棚设施蔬菜生产基地及冷链流通体系建设、标准化生产资金中，切块引导支持湖蒿产业发展。近年来，市财政累计投入湖蒿产业发展引导资金1 000多万元，用于补贴钢架大棚设施湖蒿基地和冷链流通体系建设，有力拉动了全县设施湖蒿产业的投入，全县洗蒿池数、钢架大棚数和阳新湖蒿保鲜冷库规模等都有较大的提升。三是阳新湖蒿专业合作社带动设施阳新湖蒿产业发展。发展大棚设施阳新湖蒿生产，需要专业合作的示范与带动，靠农户单打独斗是无法发挥大棚设施湖蒿的产业优势的。合作组织内联农户、外联市场，通过统一组织生产、统一采购生产资料、统一防治病虫害、统一销售产品，在产品质量控制、保障销售渠道、抵御生产风险等方面发挥着重要作用。由于农户在合作组织框架下，尝到了甜头，由合作社牵头组织推广大棚设施湖蒿生产，很容易被蒿农认可和接受。例如阳新县宝塔湖春潮湖蒿专业合作社共有社员477户，覆盖宝塔村等7个村的近万亩湖蒿基地全部实行大棚生产，该村成为远近闻名的亿元村。四是强化技术服务保障设施湖蒿产业发展。大棚设施种植，对于广大蒿农而言，毕竟是新生事物，有一个消化吸收的过程，需要及时跟进技术指导。积极申报省（市）科技人才专项计划，湖北省科学技术厅将阳新湖蒿产业纳入湖北省"三区"人才专项计划，连续派驻相关专家指导阳新湖蒿生产；黄石市人才工作领导小组，向阳新县湖蒿种植基地派出农业科技人员，长年深入湖蒿生产一线进行技术指导；湖北省农业农村厅安排专项资金，落实阳新湖蒿地理标志产品安全保护，帮助县蔬菜主管部门开展湖蒿种、养、加技术培训。积极申报部级蔬菜绿色高质高效创建项目和湖北省2015年园艺作物标准化创建项目，依托省部项目，创建阳新湖蒿万亩示范园，推广设施湖蒿种植新技术，建立市镇、村、种植示范户四级技术服务网络，充分利用现代通信网络和新媒体技术，发布天气预报、病虫预报、农事安排、市场动态，聘请专家通过网络或者电话在线解答蒿农提出的技术难题。

（5）培植阳新湖蒿产业龙头企业，推进产业化发展进程　近年来，阳新县培植了一批阳新湖蒿种植大户和龙头企业，例如湖北富河润塔农业科技有限公司、湖北冠林农业生态科技有限公司、阳新县金镶园港农业综合开发有限公司等。实践证明，培植阳新湖蒿产业龙头企业，对于推进阳新湖蒿产业化发展进程具有积极的意义。首先，龙头企业运用先进的种植技术和农机设备，实行科学、轻简化生产，更有利于发展适度经营，通过带动其他经营主体，提升阳新湖蒿种植水平，推进阳新湖蒿生产向规模化、集约化发展。其次，培植龙头企业有利于加快阳新湖蒿标准化生产进程。一方面，龙头企业通过建立健全投入品档案管理和生产操作规程，实行阳新湖蒿生产安全全程控制和阳新湖蒿产品可追溯制度，为提高阳新湖蒿产品质量安全起到示范作用。另一方面，龙头企业进行质量管理体系建设和无公害农产品、绿色食品、有机农产品认证过程中，积累的经验和形成的技术或工作流程，为有关部门制定、建立湖蒿产品标准体系，提供了第一手资料和依据。再次，龙头企业在阳新湖蒿精深加工、延长产业链条和提高产品附加值方面，都形成了比较成熟的加工技术体系和产品销售渠道，解除了蒿农销售阳新湖蒿产品的后顾之忧。最后，培植龙头企业，有利于利用龙头企业综合利用阳新湖蒿废弃物资源化，以及节能、节水等的优势，充分发挥阳新湖蒿产业在循环经济产业链中的作用。

3.4　阳新湖蒿产业的问题与对策

3.4.1　阳新湖蒿产业发展面临的困难

（1）产业基础设施建设整体滞后　长期以来，阳新县城郊区及各乡镇（场、区）政府所在地周边区域，是蔬菜种植基地的密集区，也是城镇蔬菜供应的主要来源，而远郊及农村偏远地区，种植的蔬菜规模较小，主要供农户自用，对城镇居民蔬菜供应影响不大。因此，政府重视加强近郊蔬菜基地的基础设施建设，以保证城镇居民"菜篮子"足额供应。但是，随着城镇化建设进程的不断推进，城郊的一些菜地（包括湖蒿种植地）不可避免地被占用，迫使蔬菜种植基地向远郊地区延伸，其结果是原有的蔬菜基础设施被废除，新建的蔬菜基地因为资金等多方面原因，基础设施建设整体滞后于蔬菜产业的发展。这种情况对阳新湖蒿产业的影响尤为突出，一方面，阳新湖蒿产业基地除宝塔湖等核心产区大面积连片种植外，更多的经营主体分散在全县各乡镇（场、区），缺少统一建立基础设施的基本条件；另一方面，各经营主体对基础设施建设的认识和经济条件不一，不愿意或无力承担改善基础设施条件的费用，而政府财力有限，只能提供少量补贴，也不能包揽各经营主体的基础设施建设，这也是简易竹架大棚在生产中仍然使用比较普遍的原因之一。

（2）阳新湖蒿种质资源保护、新品种选育与种苗生产工作滞后　经过多年的努力，阳新湖蒿作为阳新县为数不多的国家农产品地理标志保护产品，已经建立了特色品牌，深受消费者青睐。然而，阳新湖蒿种质资源保护、新品种选育、种苗集约化生产等方面所作的工作，远不能适应阳新湖蒿产业发展的需要。在种质资源保护方面，存在重收集、轻保护利用的现象。近年来，农业主管部门、有关科研院所以及经营主体，都自发地从省内外蒌蒿主产区引种收集部分湖蒿品种，或者从阳新网湖湿地、富河流域采集了一些野生种质资源，但缺少有序管理，也未建立规范化的蒌蒿种质资源圃和进行系统的种质资源保护。在新品种选育方面，目前，阳新湖蒿生产基地大面积推广种植的只有早熟品种阳新湖蒿一号和中熟品种阳新湖蒿二号。研究表明，农作物品种长期单一种植，容易导致病虫害的暴发或新病虫害的发生。这种现象在阳新湖蒿生产上已经出现，例如青枯病是阳新地区茄子、番茄、辣椒等蔬菜作物的常见病害，较少为害蒌蒿，但从 2020 年开始，阳新湖蒿连年暴发青枯病，造成成片的阳新湖蒿枯死、绝收，严重挫伤蒿农种植的积极性。又如白钩小卷蛾最早出现在江苏南京八卦洲芦蒿产区，阳新地区之前没有发现该虫为害，但近年来已经在少数蒿田零星发生。阳新湖蒿病虫发生的新动向，已经引起当地农业主管部门的高度重视，并及时采取了相应的应对措施。在种苗生产方面，目前阳新湖蒿主要采取农户自繁自用方式，农户分散用种带来的后果是品种混杂、种性退化，并且由于病种、病苗、病土的交叉感染，对阳新湖蒿的产量和品质产生严重的影响。

（3）应对土壤连作障碍的技术推广工作滞后　据调查，阳新湖蒿核心产区（如宝塔湖湖蒿基地）大多数蒿田重茬种植 10 年左右，连作 15 年以上蒿田也不在少数。长期连续种植、长期施用化肥特别是单一氮肥，以及采用不恰当的秸秆还田等，导致蒿田土壤结构受到破坏，产生土壤板结、酸化等连作障碍。其结果是种植的阳新湖蒿根系不发达，植株长势差，产量下降，效益较低。

为了减轻或消除土壤连作障碍对阳新湖蒿产业发展的影响，长期以来阳新县蔬菜主管部门与相关科研院校合作，通过试验示范总结出了一系列应对土壤连作障碍的技术措施，例如利用两季阳新湖蒿的空余季节，配茬种植瓜果、蔬菜和玉米、黄豆等作物，或进行水旱轮作，配茬种植水稻；推广使用蒿田专用土壤调理剂等。然而，对中小型经营主体而言，受传统种植习惯和经济收益方面的考虑影响，他们更愿意选择撒播生石灰调节土壤酸度，或使用化肥尤其是速效氮肥替代土壤调理剂，增加了新技术推广应用的难度，制约了阳新湖蒿产业的高质量发展。

（4）深加工技术研发成果推广与应用滞后　目前，阳新湖蒿产业的主打产品是其新鲜嫩茎，产品加工特别是深加工还未全面展开。出售的新鲜嫩茎，以现金交易，方式简单，资金回笼快，但产品附加值低。目前的阳新湖蒿产品加工方面，已经开发出系列传统小菜和家常菜品，如干湖蒿、湖蒿酱、湖蒿炒腊肉、湖蒿饺子、湖蒿馒头等，但大都局限于家庭自用，餐饮行业使用规模较小。近年来，在阳新蔬菜产业发展中心的帮助和指导下，湖北冠林农业生态科技有限公司安装了蔬菜真空包装生产线，生产鲜蒿净菜，实现线上、线下同步销售，解决了长期以来产品线上销售的难题。虽然受生产能力所限，仅能满足本公司的产品包装所需，但为全县湖蒿线上销售提供了借鉴。湖北理工学院等与阳新县蔬菜产业发展中心合作开展阳新湖蒿废弃物综合利用技术研究，研发的利用老熟茎叶开发出的蒿田专用土壤调理剂，对缓解蒿田土壤连作障碍和增加阳新湖蒿产量具有明显的效果，该项技术获得国家授权发明专利；研发的利用阳新湖蒿老熟茎叶袋料生产平菇工艺，产出投入比达到1：2.14；研发的利用阳新湖蒿叶提取黄酮生产工艺，采用醇浸提技术，阳新湖蒿黄酮粗提物收益率达到 35.39 mg/g。遗憾的是，由于资金等因素，这些技术成果还停留在纸面上，不能得以大面积推广应用。

（5）抵御风险机制相关措施滞后　蔬菜行业是弱质产业，应对风险的能力较弱。就阳新湖蒿产业发展而言，存在 3 个方面的潜在风险：一是受蔬菜市场行情波动的影响，影响蔬菜市场行情的因素主要是来自区域性、季节性和结构性调整导致的蔬菜产量过剩或不足，湖蒿生产企业、专业合作组织和农户等经营主体应对这类风险的能力普遍偏弱。二是来自干旱、水涝、冰冻、雪灾等自然灾害的风险，例如 2020 年 7 月阳新县富河发生溃口，导致大面积蒿田淹没，影响当季湖蒿的种植；2021 年冬季雪灾，造成大批湖蒿大棚发生垮塌。三是来自突发性事件的风险，例如 2020 年春季暴发的新冠肺炎疫情，造成大量阳新湖蒿无法上市。由于没有建立完备或落实配套的风险防范机制，每当重大风险发生后，阳新湖蒿经营主体只能靠自救渡过难关。虽然各级财政都会及时启动应急救助，但在巨大的经济损失面前，只能是杯水车薪。

3.4.2 阳新湖蒿产业发展基本策略

（1）加强产业基础设施建设 重点从两个方面加强阳新湖蒿产业基础设施建设。一是加强核心产区公共基础设施建设，建设内容包括村、组道路硬化、农田灌溉系统、水库大坝及河道防洪堤加固、农村电网改造、农贸市场升级改造等。二是加强湖蒿种基地的基础设施建设，包括升级改造湖蒿种植基地的喷灌、水肥一体化设施、水利设施、用电设施，提高生产能力；改造提升原有简易竹架大棚，修复或完善原有大棚设施，新增建设一批经济实用的钢架大棚和日光温室；加快湖蒿产业的设施化、标准化、信息化水平，加快智能化监控系统建设；增设防虫网、诱虫灯、诱虫色板等。三是建立多元投入机制，结合乡村振兴、高标准农田基本建设等项目，采取"政府补贴＋经营主体自筹"等方式，落实湖蒿种植基地基础设施增设资金，用于补贴增设大棚设施、仓库、冷库、加工车间、道路工程等基础设施建设。

（2）提高产业集约化生产经营水平 集约化生产是指生产活动中，通过生产要素质量的提高、要素含量的增加、要素投入的集中以及要素组合方式的调整来增进效益的生产方式。阳新湖蒿产业集约化生产要重点从以下 5 个方面加以提升：一是实行生产标准化。严格执行阳新湖蒿农产品地理标志质量控制技术规范、阳新湖蒿脱毒苗生产操作技术规范、绿色食品阳新湖蒿生产操作技术规范和阳新湖蒿大棚栽培操作技术规范，并贯穿阳新湖蒿生产的全过程。二是种苗生产集约化。按照阳新湖蒿种植基地布局，依托龙头企业或大中型专业合作社，建立良种繁育基地，实行种苗生产集约化、种苗供应集中化，确保用种安全和种苗质量。三是农业投入品采购、使用一体化。生产中所需的肥料、农药、药械等投入品，由公司或合作社集中购买，化肥分散使用，农药集中施用，既保证了质量或防治效果，又节约了支出。四是实行生产轻简化。通过轻简化生产，简化作业工序，减少劳资投入，节约生产成本。例如推广机械化或半机械化栽培、使用除草剂、免耕少耕栽培、轮作套栽、水肥一体化节肥增效、秸秆综合利用等高效栽培技术。五是生产技术集成化。将阳新湖蒿种苗生产、土壤生态安全消毒活化、水肥一体化、病虫害综合防控、简化生产等高效栽培技术，与绿色阳新湖蒿产地环境控制、农业投入品、标准化生产、商品化处理等技术集成，形成阳新湖蒿全程绿色高效生产技术体系，在生产上推广应用。六是产品销售一体化。按照"统一定价，统一销售，风险共担，利益均沾"的原则，建立由公司牵头、合作社或社员参与的阳新湖蒿销售体系，降低生产经营风险。

（3）增强产业关键技术研发力度　围绕阳新湖蒿产业发展的"卡脖子"技术，开展技术攻关。一是新品种选育。利用现有的种质资源，建立阳新湖蒿种质资源圃，借助现代分子育种技术，加快选育阳新湖蒿新品种，通过试验示范，形成与之配套的栽培技术。二是研发阳新湖蒿周年生产技术。目前，每年阳新湖蒿大量上市主要集中在春节前后，仅 3 个月。亟待探索温室条件下建立水培生产技术模式，以改变市场供应季节短的不足，实现周年生产、周年上市。三是研发阳新湖蒿保鲜技术。阳新湖蒿主要投放在阳新、黄石、武汉等地的农产品批发市场，受保鲜贮藏技术及规模的限制，电商平台线上交易仍在起步阶段，研发适合电商远距离销售的保鲜技术，拓宽阳新湖蒿的销售半径。四是研发精深加工技术。继续做好阳新湖蒿传统小菜和净蒿加工产业的同时，开发阳新湖蒿茶、阳新湖蒿酒等生产工艺，延伸阳新湖蒿产业链，提高产品附加值。

（4）增加湖蒿种植业参加农业保险的覆盖面　众所周知，农业风险的不确定性和复杂性、农业风险的系统性使其具有广泛的伴生性、农业风险的区域性和季节性明显等特殊性，这就必然导致了农业风险的复杂性，使农业保险与一般意义上的财产保险具有很大的差异性。为了规范农业保险活动，保护农业保险活动当事人的合法权益，提高农业生产抗风险能力，促进农业保险事业健康发展，2012 年 10 月 24 日国务院第 222 次常务会议通过、2013 年 3 月 1 日起施行《农业保险条例》，并根据 2016 年 2 月 6 日国务院令第 666 号《国务院关于修改部分行政法规的决定》进行了修正。财政部下发了《关于印发〈中央财政农业保险保费补贴管理办法〉的通知》，湖北省财政厅、湖北省农业农村厅、中国银保监会湖北监管局、湖北省林业局印发《关于加快湖北省农业保险高质量发展的实施意见》，2023 年 4 月湖北省财政厅印发了《湖北省农业保险保费补贴管理实施办法》政策解读。上述文件均要求农业保险全覆盖，并对农业保险的相关补贴政策作出了明确规定，但由于地方财力有限，不能满足阳新湖蒿生产参加农业保险所需的配套资金，加上部分阳新湖蒿经营主体和农户参保意识不强，导致湖蒿保险参保率较低，未能做到应保尽保，降低了抵御湖蒿产业发展风险的能力，无法从政策层面上保障湖蒿经营主体的收益。

3.5　阳新湖蒿产业发展的市场调查

3.5.1　市场调查的目的意义

（1）调查目的　了解阳新湖蒿核心产区种植规模现状，预测种植规模发展趋势；了解阳新湖蒿核心产区产量现状，预测产量变化趋势；了解阳新湖蒿核心产区销售区域，预测市场分布及产品投向；了解阳新湖蒿核心产区产业产值现状，预测产业发展趋势。

（2）调查意义　通过调查阳新湖蒿核心产区种植规模、产量、市场分布和产值调查，提供足够、真实和有效的信息和基础数据，为阳新湖蒿经营主体制定湖蒿中长期生产计划提供参考依据，为当地蔬菜生产主管部门制定阳新湖蒿长远性的战略性发展规划提供决策依据。

3.5.2　调查原则与调查点分布

（1）调查原则　突出重点，兼顾一般；调查同生产情况相结合；线上、线下调查相结合。

（2）调查点分布　共计调查阳新湖蒿核心产区的 51 家经营主体，其中，农业公司 3 家，专业合作社（家庭农场）44 家，覆盖阳新县 22 个乡镇的 47 个行政村。

3.5.3　调查方法

（1）面谈调查　调查前拟定调查提纲，深入生产经营主体、农贸市场，通过个别面谈、群体座谈等方式面对面询问有关问题，收集第一手资料。

（2）问卷调查　设计、发放调查问卷，调查阳新湖蒿经营主体近 5 年来的种植面积、总产量、销售方式、销售额，以及绿色食品认证、无公害蔬菜认证、采后贮藏加工等情况。

（3）实地走访　选择阳新湖蒿主产区，实地走访调查重点经营主体种植情况，了解产量、生产成本、销售方式、销售区域、经济收益等数据。

（4）电话、微信圈调查　按照事先确定的抽样原则，随机选取调查对象，用电话或微信圈向被调查者询问阳新湖蒿的种植、经营状况。

（5）资料查找　选择重点经营主体并征得他们许可的条件下，通过查阅购销合同、交易明细、农业投入品购买使用记录等资料。

3.5.4　资料整理与数据分析

结合文献资料及走访调查记录，整理、分析阳新湖蒿产业市场现状及发展趋势。采用 SPASS 等软件分析相关数据，预测市场发展趋势。

（1）阳新湖蒿种植面积动态分析与预测　对阳新湖蒿核心产区 19 个镇（场、区）47 个行政村的调查结果表明（图 3.1），2018—2020 年，调查区域阳新湖蒿种植规模呈上升趋势，种植面积由 2018—2019 年度的 21 451 亩增加到 2019—2020 年度的 22 415 亩，增加了 964 亩，比上年增加 4.49%。种植面积增加的主要原因是湖蒿病虫害发生少、为害轻、产量高、品质优，加上销售行情好，价格稳中有升，带动了蒿农种植的积极性。

由图 3.2 可以看出，2020—2023 年阳新湖蒿核心产区种植面积呈现出先降后升的趋势。2020—2021 年度湖蒿种植面积出现了急剧下滑，种植面积由 2019—2020 年度的 22 415 亩下降至 20 010 亩，急剧减少 2 405 亩，比上年度减少 10.73%；之后，种植面积逐步增加，2021—2022 年度和 2022—2023 年度种植面积依次为 20 295 亩和 20 750 亩，分别较上年增加 285 亩和 456 亩，增长率分别为 1.42% 和 2.42%，但种植面积仍未达到 2019—2020 年的 22 415 亩水平。2020—2021 年度阳新湖蒿种植面积出现急剧下滑，一是 2020 年初春新冠肺炎疫情暴发后，由于疫情发展迅猛，加上各项防护措施未及时跟上，导致部分农户春季未能及时采收，夏秋时间部分蒿田未能及时耕种，造成种植面积减少。2021—2022 年度和 2022—2023 年度阳新湖蒿种植面积逐步上升，一方面得益于新冠肺炎疫情的有效缓解，阳新湖蒿生产逐渐得到恢复，特别是全面放开后，为生产恢复到正常秩序提供了保障，种植面积逐年增加。另一方面，针对阳新湖蒿长期连作造成土壤连作障碍，核心产区开展大面积水旱轮作、配套施用土壤改良技术，在一定程度上消除了部分农户因新冠肺炎疫情导致的发展生产的顾虑，促进了阳新湖蒿种植面积的增加。

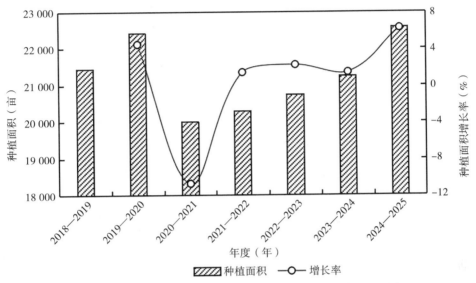

图 3.1 阳新湖蒿核心产区 2018–2025 年种植面积统计及预测

预测 2023—2025 年阳新湖蒿核心产区湖蒿种植面积变化趋势，综合考虑调查区域前期湖蒿种植面积变化趋势、现有技术措施和近 3 年湖蒿产业发展规划安排等要素，预计 2023—2025 年阳新湖蒿种植规模会持续呈上升趋势，到 2025 年核心产区种植面积恢复到疫情前的水平。分年度预测，2023—2024 年度种植面积达到 21 250 亩，较上年的 20 750 亩增加 500 亩，增长1.43%；2024—2025 年度种植面积将达到 22 580 亩，较上年的 20 750 亩增加1 330 亩，增长 6.26%。调查的阳新湖蒿核心产区中，兴国镇全镇共有种植户3 000 余户，2023 年种植面积达到 10 000 亩，该镇湖蒿种植面积、种植户最多，居全县之首。根据该镇"十四五"产业发展规划，全镇湖蒿种植面积将会进一步扩大，到 2025 年，湖蒿种植面积预计增长到 12 000 亩。

（2）阳新湖蒿核心产区总产量动态分析与预测 2018—2020 年阳新湖蒿核心产区湖蒿总产量基本保持稳定。对阳新湖蒿核心产区阳新湖蒿总产量分年度统计分析结果表明（图 3.2），2018—2020 年度调查区域阳新县 19 个镇

（场、区）、47 个行政村湖蒿总产量呈轻度下降趋势。2019—2020 年度湖蒿总产量为 26 586 t，较 2018—2019 年度湖蒿总产量的 26 628 t 减少了 42 t，减少 0.16%。存在的主要问题是，2020 年春季，阳新湖蒿的核心产区宝塔村部分蒿田暴发湖蒿青枯病，受害蒿田出现明显减产，有的地块甚至出现湖蒿成片死亡、绝收的等情况。因此，虽然调查区域该年度较上一年度湖蒿种植总面积增加，但总产量较上年略有下降。

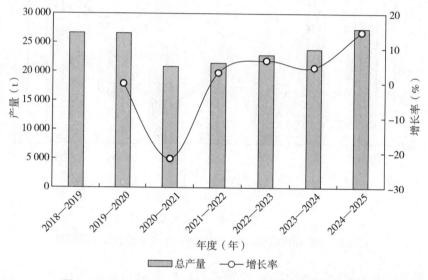

图 3.2　2018—2025 年阳新湖蒿核心产区总产量统计及预测

2020—2023 年阳新湖蒿核心产区湖蒿总产量稳步回升。由图 3.3 可以看出，阳新湖蒿核心产区总产量变化曲线与种植面积的变化曲线基本相似，总产量也呈现相似的变化趋势。2020—2021 年度湖蒿核心产区总产量为 20 819 t，较 2019—2020 年度湖蒿总产量的 26 586 t 减少 5 767 t，降幅高达 21.69%；2021—2022 年度和 2022—2023 年度湖蒿产量开始逐渐增长，总产量依次为 21 441 t 和 22 831 t，分别较上年增加 622 t 和 1 390 t，增长率分别为 2.99% 和 6.48%。其间，受新冠肺炎疫情影响，核心产区湖蒿产量虽逐步回升，但仍未恢复到 2019 年前 26 586 t 的水平。

2023—2025 年阳新湖蒿核心产区湖蒿总产量变化趋势预测。综合考虑调查区域前期湖蒿总产量变化情况、现有技术措施和近 3 年湖蒿产业发展规划安排等要素，预计随着 2023—2025 年阳新湖蒿种植规模的扩大，到 2025 年湖蒿总产量将恢复到 2019 年水平。分年度预测结论如下：2023—2024 年度和 2024—2025 年度阳新湖蒿核心产区总产量分别达到 23 863 t 和 27 373 t，较上年分别增加 2 422 t 和 3 510 t，分别增长 4.52% 和 14.71%。调查区域内各乡镇、各种植户阳新湖蒿种植水平参差不齐，产量也存在较大差异，平均亩产低的不足 1 000 kg，最高达到 2 000 kg，其中，兴国镇种植的阳新湖蒿产量基本保持在较高水平，亩平均达到 1 400 kg 以上。预计到 2025 年，兴国镇阳新湖蒿产量将赶超 2019—2020 年度的 14 360 t，达到 18 000 t。兴国镇阳新湖蒿栽培水平和产量高的主要原因是该镇宝塔村是阳新湖蒿引种、试种及繁育的发源地，种植起步早、种植技术好。特别是近年来在阳新县农业农村局、科技局等助力下，兴国镇与省内高校、科研院所开展了长期持续性的技术研发合作，着力解决生产中的技术瓶颈，依靠科技进步，成为全县发展阳新湖蒿产业的核心示范区。

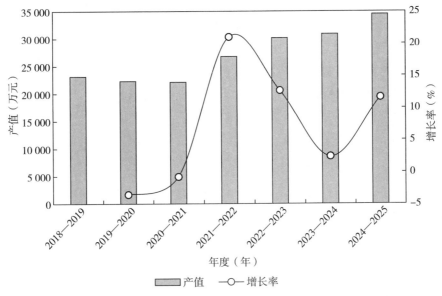

图 3.3　2018—2025 年阳新湖蒿核心产区湖蒿总产值统计及预测

（3）阳新湖蒿核心示范区湖蒿总产值动态分析与预测　如图 3.3 所示，2018—2021 年阳新湖蒿核心产区湖蒿总产值呈下降趋势，但下降趋势逐渐减小。2018—2019 年度湖蒿总产值 23 130 万元；2019—2020 年度湖蒿总产值 22 298 万元，较上年减少 832 万元，减少 3.59%；2020—2021 年度湖蒿总产值 22 127 万元，较上年减少 171 万元，减少 0.77%。如前所述，2019—2020 年度受新冠肺炎疫情影响，阳新湖蒿种植面积和产量、销售受到冲击较大，总产值大幅度减少；2020—2021 年度，疫情得到缓解后，总产值回升较快，销售渠道基本畅通，价格也比较稳定，同期产值虽然有所下降但是降幅并不大，总产值并未受到太大影响。

2021—2023 年，随着阳新湖蒿种植面积和总产量的逐渐回升，核心产区总产值呈大幅度上升趋势，2021—2022 年度总产值为 26 771 万元，比 2020—2021 年度的 22 298 万元增加 4 473 万元，增加 20.99%；比疫情前 2018—2019 年度的 23 130 万元增加 3 641 万元，增长 15.7%。2022—2023 年度湖蒿总产值达到 30 154 万元，比上年增加 3 383 万元，增加 12.64%。阳新湖蒿核心种植区兴国镇宝塔村 2020—2022 年连续 3 年被农业农村部推介为全国乡村特色产业亿元村。

2023—2025 年阳新湖蒿核心产区湖蒿总产值变化趋势预测。综合评价调查情况，预测 2023—2025 年阳新湖蒿核心产区湖蒿总产值变化趋势。分年度预测结论如下：2023—2024 年度总产值较 2022—2023 年度增加 3% 左右，约增加产值 900 万元，总产值将达到 31 000 万元；2024—2025 年度总产值较 2023—2024 年度增加 12% 左右，约增加产值 400 万元，总产值将接近 35 000 万元。

（4）阳新湖蒿市场销售区域分析　长期以来，阳新湖蒿因其嫩茎粗壮、颜色鲜亮、香味醇正、脆嫩爽口而有别于他处，历来为鄂东南特色蔬菜，深受消费者青睐。阳新湖蒿品质独特，销售市场十分火爆。2008 年以前，阳新湖蒿主要在阳新本地及黄石地区市场销售，随着交通、通信网络的日益发达，2008 年以后阳新湖蒿在本地市场销售的占比也越来越小，外地市场的销量逐步增加，核心产区生产的湖蒿 80% 销往外地市场，并且外地销售全部实行了订单销售，主要销往武汉、长沙、广州、深圳、上海、中国香港等，本地市场仅 20%。近年来，通过品牌创建和借助自媒体等平台进行宣传推介，阳新湖蒿知名度得到进一步提升，外地销售面也越来越广，外销量也越来越大。2021 年以来，阳新湖蒿外地销售份额达到湖蒿总产量的 85%（图 3.4）。预计 2025 年，阳新湖蒿外销比例仍然维持在 85% 以上。

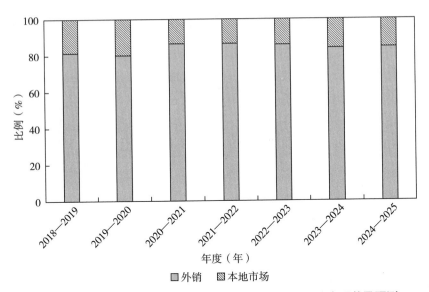

图 3.4　2018—2025 年阳新湖蒿核心产区湖蒿销售市场分布现状及预测

3.5.5　调查结论

（1）阳新湖蒿核心产区湖蒿产业基本趋势　种植面积呈增长趋势：2018—2019 年度的 21 451 亩增加到 2019—2020 年度的 22 415 亩，增加了 964 亩，同比增加 4.49%。2021—2022 年度和 2022—2023 年度阳新湖蒿种植面积依次为 20 295 亩和 20 750 亩，分别较上年度增加 285 亩和 456 亩，增长率分别为 1.42% 和 2.42%，但种植面积仍未达到 2019—2020 年度的 22 415 亩。

总产量呈前期下降、后期上升趋势：2019—2020 年度阳新湖蒿总产量为 26 586 t，较 2018—2019 年度总产量的 26 628 t 减少了 42 t，减少 0.16%；2020—2021 年度阳新湖蒿核心产区总产量为 20 819 t，较 2019—2020 年度总产量的 26 586 t 减少 5 767 t，减少 21.69%；2021—2022 年度和 2022—2023 年度阳新湖蒿产量开始逐渐增长，总产量依次为 21 441 t 和 22 831 t，分别较前一年增加 622 t 和 1 390 t，增长率分别为 2.99% 和 6.48%。

总产值前期逐渐降低，后期回升较快：2019—2020 年度阳新湖蒿总产值 22 298 万元，较上年减少 832 万元，减少 3.59%；2020—2021 年度阳新湖蒿总产值 22 127 万元，较上年减少 171 万元，减少 0.77%。2021—2022 年度阳新湖蒿总产值为 26 771 万元，比 2020—2021 年度的 22 298 万元增加 4 473

万元，增加 20.99%；比疫情前 2018—2019 年度的 23 130 万元增加 3 641 万元，增长 15.7%。2022—2023 年度湖蒿总产值达到 30 154 万元，比上一年度增加 3 383 万元，增长 12.64%。

2008 年以前，阳新湖蒿主要在阳新本地及黄石地区市场销售；2008 年后，阳新湖蒿在本地市场销售的占比也越来越小，外地市场的销量逐步增加，外地市场占比 80%，并且外地销售全部实行了订单销售，主要销往武汉、长沙、广州、深圳、上海、中国香港等，2021 年以来，阳新湖蒿外地销售份额达到湖蒿总产量的 85%。

（2）阳新湖蒿核心产区湖蒿产业 2023—2025 年主要指标发展趋势预测

种植面积预测：预计 2023—2024 年度种植面积达到 21 250 亩，较上一年度的 20 750 亩增加 500 亩，增长 1.43%；2024—2025 年度种植面积将达到 22 580 亩，较上一年度的 20 750 亩增加 1 330 亩，增长 6.26%。

总产量预测：预计 2023—2024 年度和 2024—2025 年度湖蒿总产量分别达到 23 863 t 和 27 373 t，较上一年度分别增加 2 422 t 和 3 510 t，分别增长 4.52% 和 14.71%。

总产值预测：预计 2023—2024 年度总产值较 2022—2023 年度增加 3% 左右，约增加产值 900 万元，总产值达到 31 000 万元；2024—2025 年度总产值较 2023—2024 年度增加 12% 左右，约增加产值 400 万元，总产值接近 35 000 万元。

销售区域预测：预计 2025 年，阳新湖蒿外销比例仍然维持在 85% 以上。

阳新湖蒿离体快繁 与脱毒苗大田试验示范 4

4.1 阳新湖蒿离体快繁与脱毒培养技术

4.1.1 概述

（1）植物组织培养的基本原理 植物组织培养是指在无菌和人工控制的环境条件下，利用适当的培养基和培养条件，对离体的植物器官、组织、细胞及原生质体进行培养，使其再生新的细胞或完整植株的技术。植物组织培养是植物细胞工程中研究较早、也较成熟的技术，是以植物细胞具有全能性为理论基础而发展起来的一种无性繁殖技术。植物的组织培养广义又叫离体培养，是指从植物体中分离出符合需要的植物器官（如根尖、茎尖、叶、花、未成熟的果实、种子等）、组织（如形成层、花药组织、胚乳、表皮、髓部细胞、皮层等）、细胞（如体细胞、生殖细胞等）、胚胎（如成熟和未成熟的胚）、原生质体培养等，通过无菌操作，置于人为控制的环境中进行培养，给予适宜的培养条件（如适宜的温度、光照），诱发产生愈伤组织、不定芽、不定根等，以获得再生完整植株的过程，或生产具有经济价值的其他产品的技术。狭义的组织培养是指用植物各部分组织，例如形成层、薄壁组织、叶肉组织、胚乳等进行培养获得再生植株，也指在培养过程中从各器官上产生愈伤组织的培养，愈伤组织再经过再分化形成再生植物。

采用植物组织培养技术，不仅可以获得优良性状的植株，保持种苗纯度、改善品质，而且可以在较短的时间内获得大量的种苗、降低生产成本。植物脱毒和离体快繁是目前植物组织培养应用最多、最有效的手段。植物的体细胞胚发生是指单倍体或双倍体的体细胞在特定条件下，未经性细胞融合，而通过与合子胚胎发生类似的途径发育出新个体的形态发生过程。离体培养下的胚胎发生有两种途径，即直接途径和间接途径。直接途径就是体细胞胚从外植体的某些部位上直接产生。间接途径有两种情况：一是外植体在固体培养基上先形成愈伤组织，再诱导出体细胞胚。二是悬浮培养中先产生胚性细胞团再形成体细胞胚。利用组织培养和体细胞发生技术快速克隆高品质农作物种苗，已成为加快现代高效农业产业发展的研究热点。

（2）*植物离体快繁及其原理*　植物离体快繁是植物组织培养在植物种苗生产上的具体应用。因此，植物离体快繁是植物生物技术的一个重要组成部分，通过离体培养，将植物的茎尖、鳞片、腋芽、叶片等器官、组织或细胞在离体条件下进行人工培养，是在较短的时间内获得遗传上稳定一致新植株的过程。

植物离体快繁的基本原理是利用植物细胞的全能性，具体是指每个植物细胞里都含有一整套遗传物质，并且能够在特定条件下表达形成新的植物个体。借助植物离体快繁技术可以将已经处于分化终端或正在分化的植物组织脱分化，诱导形成愈伤组织，再通过愈伤组织的再分化形成新的丛生芽或植株。与传统无性繁殖方式相比，植物离体快繁技术具有繁殖速度快、不受自然的干扰，以及便于大规模工厂化育苗等优势。

（3）*植物离体快繁的关键技术*　外植体选择与预处理。根据培养植物的特性和培养目标，选择生长健壮、生育旺盛的植物材料制备外植体。对外植进行预处理，一方面是为了获得比较清洁的材料便于后期消毒，另一方面是为了外植体的生理状态，使其接种后能更好地适应人工培养环境，快速进行生长和分化。对于某些需要低温打破休眠的植物，例如植物鳞茎和木本植物，低温处理有利于外植体接种后的生长和分化；而对于某些光周期敏感的植物，通过控制光周期培养母株，可以获得对培养条件反应适应性更好的外植体。

建立无菌培养体系。无菌培养植物离体快繁成功与否的关键因素之一。植物离体培养过程中的污染来源主要来自3个方面：一是外植体污染严重或消毒不彻底，外植体内部的微生物通过表面消毒处理，很难防止微生物杂菌伴随外植体进入培养过程。二是用于离体培养的实验器皿灭菌不彻底，造成培养物污染。三是实验操作人员自身消毒和操作不规范，造成污染。建立无菌培养体系，必须从上述3个方面把好关，才能避免污染。

芽的增殖。芽的增殖既是实现植物离体快繁目标的重要措施，又是植物离体快速繁殖过程中最主要的阶段之一。芽的增殖途径分为器官发生途径、侧芽（腋芽）途径和体细胞胚胎发生途径。侧芽途径包括单节腋芽和丛生芽两种。器官发生途径通过不定芽形成在外植体或愈伤组织上产生带芽的休眠器官（如小球茎、小鳞茎、小块茎等），其中，不定芽可从继代培养的愈伤组织上产生或从不定根上形成或直接来源于外植体。

根的诱导。除有些植物可以在芽分化和生长的同时在嫩枝或芽丛基部产生根外，多数都要经过一个独立的生根（或根诱导）阶段。根的诱导可以在离体条件下进行，也可以在试管外进行。离体培养条件下诱导生根时，需在培养基中加入一定量的生长素，或在不含任何生长素但加有活性炭（0.5%～1%）的培养基上诱导生根。对一些难生根的植物，可以用生长素与黑暗处理相结合的方法而获得较好的效果，有的还需要较长时间的黑暗处理。为促进根系更好地生长，经适宜浓度生长素诱导生根后，有时要将材料转移到无激素培养基上进行脱激素培养。

炼苗与移栽。离体诱导的无根瓶苗生长势弱，对自然环境的适应能力较差，移栽前需要进行炼苗。炼苗包括日光锻炼和湿度锻炼。方法是在瓶苗移栽前一周打开培养容器封口，进行锻炼。移栽时应将苗基部的培养基（主要是琼脂）冲洗干净，以免移栽后苗基发生腐烂。

再生植株的鉴定。采用形态学方法细胞学方法鉴定鉴定再生植株。形态学方法用于在田间鉴定再生植株的生物学性状，发现与其亲本不同的变异株时再进行细胞学鉴定。细胞学鉴定主要鉴定植物离体快繁后代植株的遗传背景是否与其亲本一致，主要检测根尖染色体数目和减数分裂期染色体行为。

（4）植物脱毒培养的基本原理

实践依据：具有分生能力的茎尖是用于植物脱毒的最为理想的材料，主要理由是：分生组织中维管组织发育还不完善，限制了病毒向分生组织的转移。分生组织细胞生理活性较强，对病毒核酸的复制具有抑制作用。分生组织中植物激素（如生长素和细胞分裂素）水平较高，对植物病毒的侵入与合成具有阻滞作用。

理论依据：Stace-Smith 提出（1969），分生组织中缺乏或还没建立病毒合成所需的酶系统，限制了病毒在分生组织中的复制。

Martin-Tanguy 等（1976）提出的抑制因子假说，认为在分生组织中存在某种抑制病毒增殖因子。

（5）植物脱毒的基本程序　外植体的选择和预处理；通过茎尖分生组织培养再生植株；检测再生植株脱毒效果；脱毒苗保存与扩繁。

（6）脱毒效果的影响因素　母体材料病毒侵染的程度；外植体的生理状态；起始培养的茎尖大小。

（7）植物离体快繁技术在蔬菜生产上的应用　美国在20世纪中期成功应用组培技术获得的芹菜苗取代种子繁殖的传统方法。我国在番茄、马铃薯、辣椒、人参、生菜和果品生产中，已广泛应用植物组织培养技术。目前，植物离体快繁技术在蔬菜生产上的主要应用在以下方面：一是改良蔬菜品种，成功的案例有通过单倍体育种培育辣椒新品种；借助体细胞杂交和遗传工程获得番茄的杂种植株；通过原生质体融合转移胞质的抗林可霉素因子培育转基因大豆和油菜。二是繁殖无病毒植物。组织培养中从一个单细胞、一块愈伤组织、一个芽（或其他器官）都可以获得无性系。无性系就是用植物体细胞繁殖所获得的后代，例如培养油菜、大蒜等蔬菜作物的无病毒植株。自1952年法国 Morel 用生长点培养法获得无病毒植株成功以来，许多国家都在开展这方面的工作。我国获得的马铃薯无病毒苗，成功地进行了大规模推广种植。三是生产"人工种子"。所谓"人工种子"，是指以胚状体为材料，经过人工薄膜包装的种子，在适宜条件下萌发长成幼苗。据美国遗传公司报道，美国科学家已成功地把芹菜、花椰菜的胚状体包装成人工种子，并得到较高的萌发率，这些人工种子已生产并投放市场。我国科学工作者成功研制出水稻人工种子。

（8）湖蒿离体快繁与脱毒培养研究进展　湖蒿栽培种由野生种驯化而来，由于栽培时间较短，迄今有关湖蒿离体快繁技术的研究报道相对不多，少见湖蒿脱毒培养的研究报告。涂艺声等（2005）以江西进贤县大棚种植的鄱阳湖湖蒿叶片、茎段为外植体诱导湖蒿的幼叶和茎段脱分化愈伤组织和植株再生。筛选出诱导湖蒿叶片、茎段产生愈伤组织及愈伤组织分化再生不定芽的最适培养基为 MS+NAA 0.5 mg/ L+6-BA 0.5 mg/L+ 蔗糖3%，最适生根培养基为 MS+NAA 0.5 mg/L，其中，1/2MS 培养基对无根苗的生根作用十分明显。同时，采用水培试验，筛选出了适合于湖蒿再生植株工厂化生产的营养液配方及其适培养条件。黄白红等（2007）以大棚种植的云南湖蒿幼叶、幼茎茎段、幼嫩花絮为外植体，借助植物组织培养技术，建立湖蒿离体再生技术体系。研究结果表明，先用70%酒精消毒5 s，再用0.1%升汞消毒8 min，外植体消毒效果更好；诱导湖蒿茎叶形成愈伤组织的适宜培养基为MS+6–BA 1 mg/L+2,4–D 4 mg/L，诱导叶外植体丛生芽分化、继代培养的最适培养基为MS+6–BA 4 mg/L+NAA 0.4 mg/L，丛生芽生根培养的最适培养基为1/2 MS+NAA 0.5 mg/L+IAA 0.5 mg/L。乔乃妮等（2008）以云南湖蒿幼叶、嫩茎外植体及再分化的愈伤组织为实验材料，采用常规的石蜡制片法制片，对其进行细胞组织学研究。结果表明，湖蒿幼叶、嫩茎愈伤组织的形成经历了启动期、分裂期和形成期；嫩茎愈伤组织的来源有两种：第一种是由表皮及以下多处皮层薄壁细胞脱分化而产生；第二种是由切口处维管组织周围基本组织的薄壁细胞脱分化产生；湖蒿愈伤组织芽分化大多数为外起源。韩晓勇等（2019）选取云南湖蒿的上中部带节茎段作为外植体，经过腋芽诱导、脱毒培养、生根培养和移栽定植，最后形成了完整的脱毒芦蒿种苗。研究结果申请了发明专利"一种芦蒿脱毒苗的快繁方法"。

不同植物或者同种植物不同外植体对植物生长调节剂都有一个最适合浓度，当培养基中的植物生长调节剂浓度超过湖蒿培养物的最适合浓度时，则会对培养物起到抑制作用，使生长和分化缓慢，浓度过高时甚至会导致培养物停止生长；低于最适浓度时，则起不到完全诱导作用，生长和分化同样缓慢。马宗新等（2003）以芦蒿离体茎尖为材料，进行组织培养研究，结果发现茎尖脱分化培养基MS+BA 0.2～0.8 mg/L+ NAA 0.01～0.05 mg/L，增殖培养基MS+BA 0.5～0.8 mg/L+NAA 0.02～0.05 mg/L，茎段快繁培养基及生根培养基为MS+ABT 0.01～0.07 mg/L。王新华等（2002）以蒌蒿嫩芽为材料研究不同植物生长调剂浓度对蒌蒿生长分化的影响，表明BA 0.5 mg/L+ NAA 0.1 mg/L 的植物生长调节剂配比更适合于蒌蒿生长、分化。涂艺声等对鄱阳湖湖蒿的组织培养研究表明，茎段是作为诱导愈伤组织分化为幼苗的最适合外植体材料，得出适合鄱阳湖湖蒿组织培养的培养基是MS+NAA 0.5 mg/L+6–BA 0.5 mg/L。黄白红等（2007）报道云南湖蒿叶片和茎段产生致密胚性愈伤组织的诱导培养基是MS+BA 1 mg/L+2,4–D 4 mg/L，丛芽分化和增殖培养基为MS+BA 1 mg/L +NAA 0.4 mg/L，试管苗生根及根状茎的形成培养基为1/2 MS+NAA 0.5 mg/L+IAA 0.5 mg/L。蒋向辉等（2007）以湘西野生湖蒿幼叶为外植体，探讨了 6–BA、NAA、2,4–D 和蔗糖对湘西野生湖蒿丛生芽诱导的影响，试验结果表明，6–BA 与蔗糖的浓度对湘西野生湖蒿丛生芽诱导的影响最大，高浓度的 2,4–D 对于愈伤组织的诱导和增殖具有良好的促进作用，但对芽的分化有抑制作用，筛选出的湘西野生湖蒿丛生芽诱导的最适培养基为 MS+6–BA 2.0 mg/L+NAA 1.5 mg/L+ 蔗糖 25 g/L+ 琼脂 7 g/L。

目前，未见阳新湖蒿组织与脱毒苗培养的相关报道。

（9）阳新湖蒿种苗繁育中存在的主要问题　种苗带菌、带毒，产量品质下降问题。根茎扦插进行无性繁殖是阳新湖蒿的传统种植方式，长期的扦插繁殖，使湖蒿病毒病、青枯病等的发生逐年加重，导致阳新湖蒿生产出现产量下降、品相退化、品质良莠不齐等问题，亟须进行种苗的提纯复壮与脱毒培养，以确保阳新湖蒿固有的风味、品质改善、增产增收和保障大面积种植需要。品种混杂问题。目前，阳新湖蒿尚未建立完备的种苗生产基地和种苗供应体系，农户和专业合作社种苗自繁自用现象十分普遍，品种混杂严重，无法保证阳新湖蒿的优质种源在生产上得到大面积推广应用，影响了阳新湖蒿产业化的发展。

4.1.2　阳新湖蒿悬浮细胞系建立

植物悬浮细胞培养是将植物活体组织或离体组织培养物如愈伤组织、多芽体等转至合适的液体培养基中，置于特定转速的摇床上进行振荡悬浮培养，经过周期的继代培养和筛选后形成稳定均一的悬浮细胞系。一个良好的悬浮细胞系通常具备以下 3 个特征：悬浮培养物易分散，细胞团相对较小，一般由数十个以内的细胞聚合而成；细胞大小均一、形态一致，细胞颜色呈鲜艳的乳白色或淡黄色，培养基清澈透亮；细胞快速生长，生长周期呈典型的"S"形。

植物悬浮细胞具备的这些特征使其不仅是易于诱导体细胞胚大量同步发生的理想材料，也是许多作物进行原生质体培养和体细胞杂交的重要材料，此外，在生产上还可用来制造人工种子，进行大规模工厂化育苗，或者筛选突变体以及生产次生代谢物质等。可见，植物悬浮细胞培养体系的建立是非常有应用前景和实用价值的生物技术手段之一。

1. 材料与方法

（1）实验仪器　实验中所需的主要仪器设备如表 4.1 所示。

表 4.1　实验所需主要仪器设备

名称	型号	厂家
倒置荧光显微镜	IX73	OLYMPUS
高速冷冻离心机	5424R	Eppen d rof
双向磁力搅拌器	JB-3	金坛精达
全温摇床培养箱	BS-2F	金坛国旺
干燥箱	WG-43	天津泰斯特
多功能电磁炉	C21-ST2110	广州美的
超净工作台	SW-CJ-2F	苏州净化
恒温植物培养室	自制	自主研发
低温冰箱	BC d -214KAW	青岛海尔
高压灭菌锅	LS-B75L-I	江阴滨江
万分之一电子天平	FA2140N	上海民桥
超纯水仪	WG-43	天津泰斯特
专用组培瓶	MBW-7	上海稼丰
微孔滤膜	0.22μm	Millipore Intertech
微波炉	G80F23N1PM8	顺德格兰仕
微量移液器	1-5000 μL	Eppendrof

本实验所用植物组织培养用试剂均购至上海稼丰园艺，其他试剂如植物生长激素等均为化学分析纯。本试验所用植物材料阳新湖蒿二号优株由阳新县蔬菜产业发展中心提供，采自阳新县兴国镇宝塔村湖蒿种植基地。

（2）基本培养基配制　试验用植物组织培养用基本培养基为 MS（配方见表 4.2）。配制方法：取母液Ⅰ 50 mL，母液Ⅱ、Ⅲ、Ⅳ各 5 mL，溶于 1 L 纯水中，煮沸后加入 25 g 蔗糖、6.5 g 琼脂（MS 液体培养基不加），待完全溶解后调 pH 值至 6.0 左右，121℃灭菌 20 min。冷却后待用。

表 4.2　MS 培养基配方

母液类型	试剂名称	浓度（g/L）	培养基用量（mL/L）
	NH_4NO_3	33.000	
	KNO_3	38.000	
母液Ⅰ	$CaCl_2 \cdot 2H_2O$	8.800	50
	$MgSO_4 \cdot 7H_2O$	7.400	
	KH_2PO_4	3.400	

续表

母液类型	试剂名称	浓度（g/L）	培养基用量（mL/L）
	KI	0.166	
	H_3BO_3	1.240	
	$MnSO_4 \cdot 4H_2O$	4.460	
母液Ⅱ	$ZnSO_4 \cdot 7H_2O$	1.720	5
	$Na_2MoO_4 \cdot 2H_2O$	0.050	
	$CuSO_4 \cdot 5H_2O$	0.005	
	$CoCl_2 \cdot 6H_2O$	0.005	
母液Ⅲ	$FeSO_4 \cdot 7H_2O$	5.560	5
	Na_2-EDTA $\cdot 2H_2O$	7.460	
	Inositol	20.000	
	Nicotinic acid	0.100	
母液Ⅳ	Pyritoxine · HCL	0.100	5
	Thiamine · HCL	0.020	
	Glycine	0.400	

（3）外植体制备　将阳新湖蒿优株栽植在花盆内，待植株成活发出新芽后，取嫩顶端生长点为外植体，经无菌水中冲洗 3 ～ 5 次，0.1% 升汞处理 1 ～ 2 min，再用无菌水冲洗 3 ～ 5 次，置于无菌滤纸吸干水分，备用。

（4）外植体启动培养及胚性愈伤组织诱导　以 MS+ 蔗糖 25 g/L ＋琼脂 6.5 g/L（pH 6.0）为基本培养基，设置不同浓度的 6-BA（0.1 mg/L、0.5 mg/L、1.0 mg/L）与 2,4-D（0.1 mg/L、0.2 mg/L/、0.4 mg/L）进行配比实验，将处理后的无菌外植体接入培养基中进行启动培养，20 d 后统计愈伤组织诱导率，筛选外植体诱导胚性愈伤组织最适培养基。每个处理接种 25 个外植体，3 次重复，培养条件为温度（25±2）℃，相对湿度 85%、光照强度 3 000 lx，光照时间 10 h/d。

（5）悬浮细胞培养　胚性愈伤诱导成功后，取疏松、分散性好的胚性愈伤组织，用 150 mL 三角瓶悬浮培养阳新湖蒿悬浮细胞。细胞悬浮培养基以 MS ＋蔗糖 30 mg/L ＋ 350 mg/L 水解酪蛋白为基本培养基，分别添加不同浓度的 6-BA 和 NAA，观察悬浮细胞生长情况。每瓶 50 mL 悬浮培养基，分别接种不同重量的胚性愈伤组织（2.0 g、2.5 g、3 g），避光，120 r/min 悬浮振荡培养。每隔 7 d 继代 1 次，继代时摇匀培养物并静置 30 s，待大块的愈伤组织和细胞团下沉后，转移上清部分 10 mL 至新鲜的悬浮培养基中，培养条件同上。连续继代 7～10 次后，每隔 2～3 d，静置后按照悬浮培养液上清：新鲜培养基 4∶5 比例传代，弃掉底部大颗粒，待悬浮细胞生长旺盛，能按照 1∶3 比例传代后，即可获得悬浮细胞。

悬浮细胞以优化后的悬浮培养基继代，吸取均一性较好、生长旺盛的悬浮细胞 5～10 mL 转入新鲜悬浮培养基中，每隔 3 d 按照 1∶3 比例传代。

（6）测定悬浮细胞生长曲线　取 30 个 150 mL 三角瓶，每瓶加入 25 mL 悬浮培养基，按 2.5 g/ 瓶接种悬浮细胞并避光振荡培养 3 d 后，每瓶补充 25 mL 新鲜悬浮培养基再连续培养 20 d。培养过程中，每 2 d 取出 3 瓶培养液测悬浮细胞干重和鲜重，每瓶测 3 次，取平均值。显微镜观察悬浮细胞形态。

悬浮细胞鲜重、干重的测定：用滤纸过滤培养液并抽滤多余的水分称重后，分别将细胞置于干燥箱内 55℃烘干至恒重，称量干重。计算公式：

细胞干重 = 烘干滤纸 + 悬浮细胞之和 - 干滤纸重量；

细胞鲜重 = 过滤培养液滤纸 + 细胞重量 - 湿滤纸重量。

（7）悬浮细胞形态观察　吸取一滴悬浮细胞培养液，放在载玻片上，置于显微镜下观察细胞形态。

（8）悬浮细胞增殖能力检测　将阳新湖蒿悬浮细胞转移到愈伤组织诱导培养基上，2～4 周后观察是否有愈伤组织的再生。

2. 实验结果与分析

（1）不同植物激素及配比对胚性愈伤组织诱导的影响　一般植物外植体经诱导后通常可产生 3 种类型的愈伤组织：Ⅰ型，质地柔软、含水量高、不规则或棉絮状的白色愈伤组织，这种类型的愈伤组织为典型的非胚性愈伤组织，在继代培养过程中极易褐化死亡，或经长期继代后仍不发生明显变化，不适用于悬浮培养；Ⅱ型，质地坚硬、块状、颜色鲜黄的愈伤组织，经过较长时期的继代培养后，可转变为易碎、透明的胚性愈伤组织，这类愈伤组织在进行悬浮培养后往往需经较长时间的继代筛选才有可能建立均一稳定的细胞系；Ⅲ型，质地疏松易碎、小颗粒状、颜色呈白色或黄色的愈伤组织，在继代培养过程中表现为分裂能力强，增殖速度快，且具有较强的胚胎发生能力，这种类型的愈伤组织为典型的胚性愈伤组织，最适合用于启动悬浮培养并且能快速建立稳定悬浮细胞系。

实验同时表明，适当的植物生长激素对植物愈伤组织的质量起着关键作用。本实验中不同浓度的 6-BA 和 2,4-D 配比对外植体愈伤组织诱导启动时间和所获得愈伤组织质地均有较大的差异。由表 4.3 可知，6-BA 和 2,4-D 的浓度变化对愈伤组织诱导有明显差异。尤其是高浓度 6-BA 对愈伤组织的生长有明显抑制作用。当 6-BA 和 2,4-D 的浓度分别为 1.0 mg/L 和 0.2 mg/L 时，愈伤组织生长速度较慢，且生长一段时间后愈伤组织质地坚硬褐化明显，为典型的 I 型非胚性愈伤组织；而随着 6-BA 浓度的下降，愈伤组织诱导率明显升高，当 6-BA 和 2,4-D 的浓度分别为 0.1 mg/L 和 0.4 mg/L 时，愈伤组织呈黄绿色、松脆状，属于 II 型胚性愈伤组织；而当 6-BA 和 2,4-D 的浓度分别为 0.5 mg/L 和 0.2 mg/L 时，愈伤组织诱导率高达 93.6%，且愈伤组织质地疏松，呈现典型的 III 型胚性愈伤组织状，且生长迅速可用于多次继代培养，基本符合悬浮细胞培养所需愈伤组织的要求。

表 4.3　6-BA 和 2,4-D 浓度变化对胚性愈伤组织的影响

激素组合（mg/L）		愈伤组织诱导率（%）	愈伤组织生长状况	愈伤组织类型
6-BA	2,4-D			
1.0	0.2	53.4	生长较慢，结构松散，呈褐色	I 型
0.5	0.2	93.6	生长较快，结构较松散，呈淡黄色	III 型
0.1	0.4	85.2	生长速度快，松脆状，呈黄绿色	II 型

（2）不同植物激素及接种量对悬浮细胞培养的影响　在获得良好的胚性愈伤组织进行细胞悬浮培养时，培养基中外源激素是影响悬浮细胞系建立成败的关键性因素。对 6-BA、NAA 用量和胚性愈伤组织接种量进行 $L_9(3^3)$ 正交试验和极差分析结果表明（表 4.4、表 4.5），对湖蒿悬浮细胞鲜重和干重增长量影响最大的是愈伤组织接种量，其次是 NAA 用量，6-BA 的影响相对小一些。因此，阳新湖蒿悬浮细胞系的优化培养条件为：以 MS + 6-BA 0.4 mg/L + NAA 0.2 mg/L + 蔗糖 50 mg/L + 水解酪蛋白 350 mg/L 为培养基，接种量 2.5 g/50 mL。在此条件下，悬浮培养细胞的鲜重和干重都增长最快，培养 20 d，悬浮细胞经过滤后，细胞鲜重和干重的平均增长量分别达到 4.580 g/50 mL 和 0.491 g/50 mL，并且继代后生长速度及状态较好。

表4.4　L9（33）正交试验结果

试验编号	因素／水平			细胞增长量 g/（50 mL·20 d）	
	6–BA（mg/L）	NAA（mg/L）	接种量（g）	鲜重增加量	干重增加量
1	0.8	0.5	2.0	2.974	0.287
2	0.8	0.2	2.5	4.552	0.435
3	0.8	0.1	3.0	2.963	0.274
4	0.4	0.5	2.0	3.453	0.322
5	0.4	0.2	2.5	4.580	0.491
6	0.4	0.1	3.0	3.966	0.388
7	0.2	0.5	2.0	2.670	0.255
8	0.2	0.2	2.5	3.856	0.378
9	0.2	0.1	3.0	2.621	0.258

表4.5　极差分析

	细胞鲜重增加量			细胞干重增加量		
	A	B	C	A	B	C
$\overline{X_1}$	2.435	2.353	3.237	0.258	0.247	0.312
$\overline{X_2}$	1.568	3.024	3.164	0.165	0.296	0.307
$\overline{X_3}$	3.284	1.896	2.453	0.279	0.189	0.243
R	1.716	1.128	0.784	0.114	0.107	0.069

悬浮细胞系生长曲线。湖蒿悬浮细胞的鲜重和干重增长曲线差别不大，基本都呈"S"形（图4.1）。悬浮培养的前6 d为延迟期，细胞的鲜重和干重增长较慢，分别为1.54 g/50 mL和0.18 g/50 mL；鲜重的快速增长期为6～14 d，在第14 d时，鲜重增加量达到最大值4.58 g/50 mL，之后进入生长静止期；干重的快速增长期为6～16 d，比干重延长2 d，在第16 d时，干重增加量达到0.49 g/50 mL，从第18 d开始进入生长静止期。综合考虑，中熟青秆湖蒿细胞悬浮培养时，每16 d更换1次培养液较为合适。

悬浮细胞形态及其增殖能力。通过显微观察发现，悬浮细胞在当前的培养条件下生长状态较好，且细胞形状规则一致，近圆形，内含物丰富。将悬浮细胞重新接种于固体培养基上，20 d后可见淡黄色、结构松散的Ⅲ型愈伤组织，表明所获悬浮细胞有较好的增殖能力。

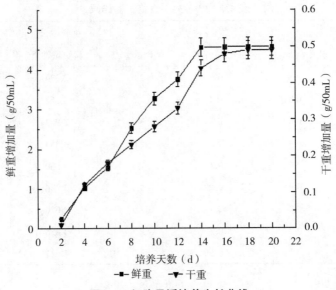

图 4.1　细胞悬浮培养生长曲线

实验过程中注意到，阳新湖蒿二号在胚性愈伤组织诱导及悬浮细胞系建立过程中，植物生长调节剂的种类和浓度对该过程有明显的作用。结果表明，在胚性愈伤组织诱导和继代过程中，以 MS+6–BA 0.5 mg/L+2,4–D 0.2 mg/L+蔗糖 25 g/L＋琼脂 6.5 g/L（pH 6.0）为培养基，诱导的愈伤组织颜色呈淡黄色、质地疏松、生长速度快，呈现典型的Ⅲ型胚性愈伤组织状，可用于悬浮细胞培养；在悬浮细胞培养和继代过程中，以 2.5 g/50 mL 的比例进行接种，MS＋6–BA 0.4 mg/L＋NAA 0.2 mg/L＋蔗糖 50 mg/L＋水解酪蛋白 350 mg/L 为培养基，可获得细胞均一性好、生长状态稳定的悬浮细胞。通过对悬浮细胞生长曲线测定，发现悬浮细胞的生长为典型的"S"形，并在培养 16 d 达到稳定期；对悬浮细胞的形态观察发现，悬浮细胞生长状态较好、细胞形状规则一致，近圆形，内含物丰富；对悬浮细胞的增殖能力检测结果表明，所获悬浮细胞可在愈伤组织诱导培养基上快速繁殖，生长出Ⅲ型胚性愈伤组织。上述结果进一步验证了本研究所获悬浮细胞可用于建立阳新湖蒿二号悬浮细胞系，为后续分化获得无菌组培苗及建立阳新湖蒿种质资源库提供积累基础数据。

4.2 阳新湖蒿脱毒快繁技术

4.2.1 仪器与材料

（1）实验仪器 同本章"4.1.4"。

（2）实验材料 实验所需外植体阳新湖蒿悬浮细胞，由本章"4.1.4"实验制备。

4.2.2 实验方法

（1）愈伤组织增殖培养 以 MS+ 蔗糖 25 g/L + 琼脂 7 g/L（pH 6.0）为基本培养基，设置不同浓度的 6–BA（0.5 mg/L、1.0 mg/L、2.0 mg/L）与 NAA（0.1 mg/L、0.5 mg/L、1.0 mg/L）进行配比实验，将阳新湖蒿细胞团外植体接入培养基中进行启动培养，20 d 后统计愈伤组织增殖率，筛选外植体诱导愈伤组织最适培养基。

愈伤组织增殖率（%）=（产生愈伤组织细胞团数 / 接种外植体总数）×100

每个处理接种 25 个外植体，3 次重复，培养条件为：温度（25±2）℃，相对湿度 85%、光照强度 3 000 lx，光照时间 12 h/d（下同）。

（2）愈伤组织分化不定芽 以 MS+ 蔗糖 25 g/L + 琼脂 7 g/L（pH 6.0）为基本培养基，以不同浓度的 6–BA（0.1 mg/L、0.3 mg/L、0.6 mg/L）与 NAA（0.05 mg/L、0.1 mg/L、0.2 mg/L）进行配比实验，培养 30 天，计算统计外植体分化率及不定芽分化率，筛选外植体分化不定芽最适培养基。

外植体分化率（%）=（分化外植体数量 / 接种外植体总数）×100

不定芽分化率 = 分化不定芽总数 / 接种外植体总数

（3）不定芽病毒检测 采用间接酶联免疫法检测阳新湖蒿再生芽脱毒效率，目标检测抗原为湖蒿黄化病毒和花叶病毒，主要步骤如下：点样，使样品中病毒抗原与微孔板结合。加入抗原的特异抗体，使抗原与抗体结合，未结合的洗掉。加入与酶结合的非特异性第二抗体，使其与一抗充分结合，未结合的洗掉。加入显色剂，用酶标仪测颜色深浅。

（4）不定芽伸长培养 以 MS+ 蔗糖 25 g/L + 琼脂 7 g/L（pH 6.0）为基本培养基，以不同浓度的 6–BA（0.02 mg/L、0.04 mg/L、0.08 mg/L）与 NAA

（0.01 mg/L、0.02 mg/L、0.03 mg/L）进行配比实验，培养 20 d 后统计不定芽的茎伸长情况，筛选不定芽生长最适培养基。

（5）生根培养　以 1/2 MS+ 蔗糖 25 g/L + 琼脂 7 g/L（pH 6.0）为基本培养基，以不同浓度 NAA（0.01 mg/L、0.05 mg/L、0.1 mg/L、0.2 mg/L、0.4 mg/L）进行生根试验，培养 15 d 后统计生根情况，筛选不定芽最适生根培养基。

（6）炼苗与移栽　在通风良好、无直射光的室内进行炼苗，再移栽至无菌基质中。移栽前，将组培苗根部的培养基冲洗干净，移栽基质按照菜园土∶蛭石以体积比 3∶1 的比例配制。移栽 7 d 后，统计存活率。

4.2.3　结果与分析

（1）不同浓度 6–BA 与 NAA 配比对愈伤组织增殖的影响　以阳新湖蒿细胞团为外植体，进行愈伤组织增殖培养，不同植物激素浓度及配比对愈伤组织的增殖有明显差异。由表 4.6 可知，6–BA 浓度对愈伤组织增殖培养影响显著，在 6–BA 浓度为 1.0 mg/L 时，培养天数明显少于其他浓度，仅为 6～9 d（处理Ⅳ、处理Ⅴ、处理Ⅳ），愈伤组织颜色呈黄绿色、质地较软、结构致密、生长速度也更快，增殖率总体高达 95% 以上；6–BA 浓度为 0.5 mg/L 时次之，当 6–BA 浓度为 2.0 mg/L 时，培养天数需 12～15 d（处理Ⅶ、处理Ⅷ、处理Ⅸ）、愈伤组织呈黄褐色、质地较硬且结构松散、前期生长速度较快后期迅速褐化，增殖率较低，仅为 50% 左右。一般来说，愈伤组织质地松软结构紧密更容易在后期分化形成不定芽。不同 6–BA 和 NAA 配比对愈伤组织增殖也存在一定的影响。在 6–BA 浓度为 1.0 mg/L 时，当 NAA 浓度为 0.5 mg/L 时，愈伤组织的增殖率最高，达 100%，稍高于其他两种浓度。综合上述结果，愈伤组织增殖的合适植物激素配比为 6–BA 1.0 mg/L+NAA 0.5 mg/L。

表 4.6　不同植物激素配比阳新湖蒿愈伤组织增殖情况

处理	6–BA（mg/L）	NAA（mg/L）	启动天数（d）	愈伤组织生长情况	愈伤组织增殖率（%）
Ⅰ	0.5	0.1	10±3.4	淡绿色，质地偏软，结构较致密，生长较快	86.7±2.3
Ⅱ	0.5	0.5	12±3.5	淡黄绿色，质地偏硬，结构较为松散，生长较快	80.0±4.7
Ⅲ	0.5	1.0	13±4.2	淡黄绿色，质地偏硬，结构较为松散，生长较快	76.7±1.6

处理	6-BA (mg/L)	NAA(mg/L)	启动天数 (d)	愈伤组织生长情况	愈伤组织增殖率（%）
Ⅳ	1.0	0.1	6±2.3	淡绿色，质地较软，结构致密，生长快	95.0±2.6
Ⅴ	1.0	0.5	6±1.2	淡黄绿色，质地较软，结构较致密，生长快	100±3.3
Ⅵ	1.0	1.0	9±3.7	淡黄色，质地中偏软，结构较致密，生长较快	96.7±3.4
Ⅶ	2.0	0.1	15±4.6	黄褐色，质地较硬，结构松散，生长前期快，后期褐化死亡	46.7±2.7
Ⅷ	2.0	0.5	12±3.8	黄褐色，质地偏硬，结构松散，生长前期快，后期褐化死亡	56.7±1.8
Ⅸ	2.0	1.0	13±4.3	黄褐色，质地偏硬，结构松散，生长前期快，后期褐化死亡	53.3±2.1

（2）不同 6-BA 与 NAA 浓度配比对愈伤组织分化不定芽的影响 将愈伤组织接种在不同处理的不定芽分化培养基上，30 d 后统计结果表明，各处理都有不定芽分化，但分化程度表现出较大差异（表4.7）。总体来看，随着 6-BA 浓度的增加，不定芽分化率及分化系数明显下降，且不同浓度的植物激素配比也影响着不定芽的分化。6-BA 和 NAA 浓度均为 0.1 mg/L 时（处理②），培养 14 d 后开始出现大量不定芽，其不定芽分化率和分化系数分别最高可达 70.6% 和 7.42；其次是 6-BA 和 NAA 浓度分别为 0.1 mg/L 和 0.05 mg/L 时（处理①），不定芽分化率和分化系数分别为 57.3% 和 4.87；当 6-BA 和 NAA 浓度分别为 0.6 mg/L 和 0.05 mg/L 时，培养至 26 d 左右才出现零星不定芽分化，不定芽分化率和分化系数最低，仅为 2.7% 和 0.2（处理⑦）。综合考虑，添加 6-BA 0.1 mg/L 和 NAA 0.1 mg/L 为愈伤组织分化不定芽的合适激素配比，该浓度下不定芽的分化最优。

不定芽经酶联免疫法检测，未发现目标抗原为湖蒿黄化病毒和花叶病毒。

表 4.7　不同植物激素配比对愈伤组织分化不定芽的影响

处理	6-BA（mg/L）	NAA（mg/L）	启动天数 (d)	不定芽分化率（%）	分化不定芽数（个）	分化系数
①	0.1	0.05	17±3.0	57.3±5.3	121.7±5.2	4.87±0.21
②	0.1	0.1	14±2.1	70.6±3.9	185.6±6.3	7.42±0.26

续表

处理	6-BA(mg/L)	NAA(mg/L)	启动天数(d)	不定芽分化率(%)	分化不定芽数(个)	分化系数
③	0.1	0.2	19±3.5	43.3±4.9	86.6±4.7	3.46±0.19
④	0.3	0.05	23±4.7	36.0±4.5	47.6±3.4	1.90±0.14
⑤	0.3	0.1	21±5.0	29.3±3.6	51.9±2.8	2.08±0.11
⑥	0.3	0.2	17±3.6	46.7±5.8	95.9±5.4	3.84±0.22
⑦	0.6	0.05	26±6.4	2.7%±0.7	5.0±0.84	0.20±0.03
⑧	0.6	0.1	24±5.8	22.7±2.8	29.3±2.6	1.17±0.10
⑨	0.6	0.2	22±4.2	18.7±2.3	31.9±1.3	1.28±0.05

（3）不同 6-BA 与 NAA 浓度配比对不定芽伸长的影响　愈伤组织分化为不定芽丛后，因培养基中植物激素浓度为不定芽分化的合适配比，还需要进行不定芽伸长的激素配比。经观察发现，6-BA 和 NAA 浓度对芽的伸长有显著影响（图 4.2），低浓度的 6-BA 和 NAA 均有利于不定芽的伸长，反之，高浓度会抑制芽的生长。在 6-BA 和 NAA 浓度均为 0.02 mg/L 时（处理 2），经 20 d 培养后，不定芽伸长最快，可达 5.3 cm，且该浓度下不定芽茎秆粗壮，叶片舒展，生长状态较好；6-BA 和 NAA 浓度分别为 0.02 mg/L 和 0.01 mg/ 时（处理 1）次之，不定芽伸长 4.6 cm；随着两者浓度的增加，不定芽的生长速度明显下降，在 6-BA 和 NAA 浓度均为处理组最高，分别为 0.08 mg/L 和 0.03 mg/ 时（处理 9），不定芽仅伸长 1.8 cm，不定芽茎秆较细、叶片卷缩，生长势较差。上述结果表明，不定芽生长的合适激素浓度及配比为 6-BA 0.02 mg/L 和 NAA 0.02 mg/L。

（4）不同浓度 NAA 对不定芽生根的影响　在植物组织培养技术中，NAA 常被用作根的分化。选择茎长 4～5 cm、生长健壮、经病毒检测合格的无根组培苗接种在生根培养基上，15 d 后统计发现，低浓度 NAA 对组培苗生根促进作用明显（图 4.3）。在 NAA 浓度小于 0.1 mg/L 时，组培苗生根率在 95% 以上，其中，NAA 浓度为 0.01～0.05 mg/L 时，生根率高达 100%；随着浓度升高，生根率急剧下降，在 NAA 浓度为 0.4 mg/L 时，生根率仅为 21%。同样地，当 NAA 浓度为 0.05 mg/L 时，组培苗根长最长，平均为 4.8 cm；0.05 mg/L 时次之，根长为 4.5 cm；NAA 浓度为 0.4 mg/L 时，平均根长最短，仅为 1.4 cm。结果表明，组培苗生根的合适 NAA 浓度为 0.05 mg/L。

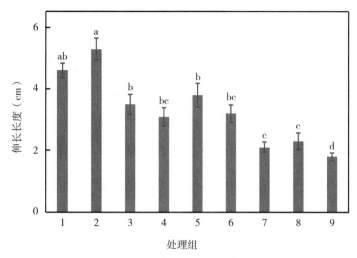

图 4.2　不同植物激素配比对不定芽伸长的影响

注：处理组 1–9，分别表示 6–BA 与 NAA 的不同配比。1 为 6–BA 0.02mg/L+NAA 0.01mg/L；2 为 6–BA 0.02mg/L+NAA 0.02mg/L；3 为 6–BA 0.02mg/L+NAA 0.03mg/L；4 为 6–BA 0.04mg/L+NAA 0.01mg/L；5 为 6–BA 0.04mg/L+NAA 0.02mg/L；6 为 6–BA 0.04mg/L+NAA 0.03mg/L；7 为 6–BA 0.08mg/L+NAA 0.01mg/L；8 为 6–BA 0.08mg/L+NAA 0.02mg/L；9 为 6–BA 0.08mg/L+NAA 0.03mg/L；$P < 0.05$。

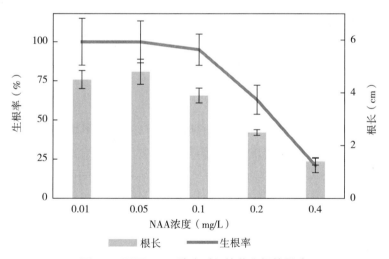

图 4.3　不同 NAA 浓度对组培苗生根的影响

（5）生根苗移栽　待生根苗长至 5～8 cm，选择叶片舒展、长势较好的组培苗连同组培瓶移至人工气候箱进行炼苗。炼苗 7～10 d 后，移栽至苗床，一周后幼苗成活率达 95% 以上。

4.2.4　实验结论

以阳新湖蒿二号嫩芽顶端生长点为外植体，经脱菌处理后，通过植物激素配比，成功筛选了愈伤组织增殖、不定芽分化、不定芽伸长及生根培养的合适培养基。结果表明，愈伤组织诱导的合适培养基为 MS+6–BA 1.0 mg/L+NAA 0.5 mg/L+蔗糖 25 g/L+琼脂 7 g/L，不定芽分化的适宜培养基为 MS+6–BA 0.1 mg/L+NAA 0.1 mg/L+蔗糖 25 g/L+琼脂 7 g/L，不定芽伸长的合适培养基为 MS+6–BA 0.02 mg/L+NAA 0.02 mg/L+蔗糖 25 g/L+琼脂 7 g/L，生根培养基为 1/2 MS+NAA 0.05 mg/L+蔗糖 25 g/L+琼脂 7 g/L。建立了阳新湖蒿脱毒快繁体系。经酶联免疫法检测，脱毒苗未发现目标抗原为湖蒿黄化病毒和花叶病毒。

研究成果从技术层面有效解决了阳新湖蒿生产上长期无性繁殖导致的品种混杂、种苗带病毒以及由此引发的产量和品质下降等问题，为阳新湖蒿种苗的提纯复壮及大规模快繁与工厂化育苗奠定基础。

4.3　阳新湖蒿脱毒苗繁殖技术

4.3.1　实验仪器设备与材料

（1）实验仪器　同本章"4.1.4"。

（2）实验材料　实验所需材料阳新湖蒿不定芽，由本章"4.1.5"实验制备；实验所需苦瓜，从集贸市场上购买。

（3）培养条件　温度（25±2）℃、湿度 75%、光照时数 14 h/ 昼夜、光照强度 3 000 lx。

4.3.2　实验方法

阳新湖蒿不定芽继代专用培养基的制备，包括如下步骤：制备苦瓜汁。用自来水将苦瓜洗净、去籽、切碎后放入盛有 600 ～ 800 mL 自来水的钢精锅中，置于电磁炉上煮沸到 100℃后，再连续煮 15 min。之后，待煮沸的苦瓜汁冷却至 45℃时用纱布过滤，备用。

制备基础培养基，制备本实验所需基础培养基的液为 1/5MS ～ 1/2MS 培养基，配制基础培养基，配制方法参照李浚明编译的《植物组织培养教程》。

将 6-BA、NAA 加入 1/3MS 培养基中，得到具有生长调节功能的基础培养基。其组成成分：1/3MS 培养基 1 L、6-BA 0.01～0.03 mg、NAA 0.01～0.03 mg、蔗糖 20～30 g、琼脂 6～7 g。将上述组分充分混匀后，调节 pH 值为 5.6～6，即可获得所需基础培养基。

制备不定芽专用培养基，湖蒿不定芽继代培养的专用培养基，包括基础培养基、苦瓜汁、6-BA、NAA、蔗糖、琼脂和水等组分。将基础培养基、蔗糖和琼脂混合后，定容，加热直至琼脂融化即可。具体配制方法为：将琼脂放入 1 L 水中，加热融化煮沸到 100℃后，再连续煮 3～7 min，依次加入苦瓜汁、6-BA、NAA、蔗糖后，煮沸，调节 pH 值为 5.6～6，冷却至 40～50℃时，分装至组培瓶中。

下面结合实施案例对本发明提供的技术方案进行详细的说明，但是不能把它们理解为对本发明保护范围的限定。

4.3.3 实验结果与分析

（1）阳新湖蒿不定芽继代专用培养基中基础培养基用量筛选结果 采用单因子试验法。按照配制 1 L 基本培养基中基础培养基所添加 MS 培养基的比例，分别设置为 1/5MS、1/4MS、1/3MS、1/2MS 的 4 种处理，以 MS 培养基为对照。用纯净水依次将湖蒿不定芽继代培养的培养基设置为：① 1/5MS 培养基、6-BA 0.02 mg/L、NAA 0.02 mg/L、蔗糖 25 g/L、琼脂 6.5 g/L 构成的 pH 值 5.8 的 1/5MS 的湖蒿不定芽继代培养基；② 1/4MS 培养基、6-BA 0.02 mg/L、NAA 0.02 mg/L、蔗糖 25 g/L、琼脂 6.5 g/L 构成的 pH 值 5.8 的 1/3MS 的湖蒿不定芽继代培养基；③ 1/3MS 培养基、6-BA 0.02 mg/L、NAA 0.02 mg/L、蔗糖 25 g/L、琼脂 6.5 g/L 构成的 pH 值 5.8 的 1/3MS 的湖蒿不定芽继代培养基；④ 1/2MS 培养基、6-BA 0.02 mg/L、NAA 0.02 mg/L、蔗糖 25 g/L、琼脂 6.5 g/L 构成的 pH 值 5.8 的 1/2MS 的湖蒿不定芽继代培养基；⑤对照，由 MS 基本培养基、6-BA 0.02 mg/L、NAA 0.02 mg/L、蔗糖 25 g/L、琼脂 6.5 g/L 构成的 pH 值 5.8 的 MS 基础培养基的湖蒿不定芽继代培养基。

分别将 5 种培养基置于 121℃、0.11 Mpa 条件下进行高温湿热灭菌处理 20 min。以阳新湖蒿不定芽为外植体，接种到不同处理的培养基中进行培养，3 次重复。接种培养 20 d 后测定湖蒿不定芽生长量。所述的每个处理的培养基中接种外植体 150 株。实验结果见表 4.8。

表 4.8　阳新湖蒿不定芽继代专用培养基中 MS 用量筛选结果　　　单位：cm

评价指标	处理（配制 1 LMS 所需母液 I ～ Ⅳ量的比例）				
	1/5 MS	1/4 MS	1/3 MS	1/2 MS	MS
不定芽平均生长量	4.5	4.9	5.1	5.2	5.2

从表 4.8 可以看出，1/4MS 的湖蒿不定芽继代培养基、1/3MS 湖蒿不定芽继代培养基、1/2MS 湖蒿不定芽继代培养基与对照 MS 湖蒿不定芽继代培养基相比，培养湖蒿外植体 20 d 后，不定芽的平均生长量都没有明显差异。1/5MS 的湖蒿不定芽继代培养基较对照组不定芽的平均生长量减少 0.7 cm。

（2）阳新湖蒿不定芽继代专用培养基中苦瓜用量筛选结果　按苦瓜的添加量设置 100 g/L、150 g/L、200 g/L、250 g/L、300 g/L 5 种处理，以不加苦瓜为对照，以 MS 湖蒿不定芽继代培养基进行培养，用纯净水配制培养基。配制培养基时，按照不同苦瓜添加量，依次加入 6–BA 0.02 mg/L、NAA 0.02 mg/L、蔗糖 25 g/L、琼脂 6.5 g/L，分别配制成：①苦瓜含量 100 g/L 的湖蒿不定芽继代培养基；②苦瓜含量 150 g/L 的湖蒿不定芽继代培养基；③ 200 g/L 的湖蒿不定芽继代的培养基；④苦瓜含量 250 g/L 的湖蒿不定芽继代培养基；⑤苦瓜含量 300 g/L 的湖蒿不定芽继代培养基；⑥对照 CK1 为未灭菌、不含苦瓜的湖蒿不定芽继代培养基；⑦对照 CK2 为灭菌、不含苦瓜的湖蒿不定芽继代培养基，灭菌条件：121℃、0.11 Mpa 条件下 20 min。各培养基的 pH 值为 5.8。以阳新湖蒿不定芽为外植体，接种到不同处理的培养基中进行培养，3 次重复。接种培养 20 d 后测定湖蒿不定芽生长量和培养基染菌率。所述的每个处理的培养基中接种外植体 150 株。结果见表 4.9。

表 4.9　湖蒿不定芽继代专用培养基中苦瓜用量筛选结果

评价指标	处理（培养基苦瓜含量）					CK1（灭菌，不含苦瓜）	CK2（未灭菌，不含苦瓜）
	100g/L	150g/L	200g/L	250g/L	300g/L		
不定芽平均生长量（cm）	4.5	5.1	6.3	0.4	4.9	5.3	3.6
培养基染菌率（％）	12.67	0	0	0	0	0	100

由表 4.9 可以看出，处理苦瓜用量 100 g/L，培养基染菌率为 12.67%，受污染的影响，不定芽生长量较少，仅为 4.5cm；处理苦瓜用量 150 ～ 300 g/L，

各处理培养基都没有污染，染菌率均为 0，但不定芽生长量存在差异，其中，处理苦瓜用量 200 g/L 和处理苦瓜用量 250 g/L 的不定芽生长量较优；处理苦瓜用量 150 g/L 的不定芽生长量次之，不定芽生长量与对照 CK1（培养基不含苦瓜，常规灭菌）接近；处理苦瓜用量 300 g/L，不定芽生长量明显低于对照 CK1，这可能是苦瓜含量过高对不定芽的抑制作用所致。与对照 CK1（培养基不含苦瓜，灭菌）相比，苦瓜含量为 200～250 g/L 时，各处理不定芽生长量都明显优于 CK1。然而 CK2 由于未添加具有杀菌作用的苦瓜，也未进行灭菌，培养基中含有的菌与湖蒿外植体进行竞争生长，导致不定芽平均生长量大大降低。表明一定量的苦瓜与 MS 培养基配合使用，不仅能够防止培养基污染，而且对不定芽生长具有增效作用。

（3）纯净水和自来水配制阳新湖蒿不定芽继代专用培养基的效果比较

分别采用纯净水和自来水配制湖蒿不定芽继代培养基，培养基组分为：MS 培养基、BA 0.02 mg/L、NAA 0.02 mg/L、蔗糖 25 g/L、琼脂 6.5 g/L。培养基 pH 值都为 5.8。分别将两种培养基置于 121℃、0.15 Mpa 条件下高温湿热灭菌处理 20 min。以阳新湖蒿不定芽为外植体，接种到不同处理的培养基中进行培养，3 次重复。培养条件为：温度 25℃±2℃、湿度 75%、光照时数 14 h/ 昼夜、光照强度 3 000 lx。接种培养 20 d 后，比较用纯净水制备的培养基和用自来水制备的培养基湖蒿不定芽伸长生长量和长势。所述的每个处理的培养基中接种外植体 150 株。

表 4.10 结果表明，用自来水和纯净水制备的培养基，湖蒿不定芽的继代培养效果没有明显差异，从成本考虑，用自来水更为经济。

表 4.10　自来水和纯净水配制湖蒿不定芽继代培养效果比较

处理组	不定芽平均生长量（cm）	不定芽生长状态
自来水	5.3	叶片舒展，嫩茎壮实
纯净水	5.3	叶片舒展，茎秆壮实

（4）阳新湖蒿不定芽继代专用培养基配比优化实验　根据表 4.8 至表 4.10 的实验结果，按照湖蒿不定芽继代培养中 MS 用量选取 1/4MS、1/3MS、1/2MS 3 个水平和苦瓜用量选取 150 g/L、200 g/L、250 g/L 3 个水平，进行配比实验，筛选湖蒿不定芽继代专用培养基中 MS 用量与苦瓜用量最优配比，3 次重复，用自来水配制培养基。培养基的 pH 值都设置为 5.8。培养基免灭

菌。以阳新湖蒿不定芽为外植体，接种到不同处理的培养基中进行培养，每个处理的培养基中接种外植体150株。培养条件为：温度25℃±2℃、湿度75%、光照时数14 h/昼夜、光照强度3 000 lx。接种培养20 d后测定不定芽生长量，比较各处理中培养基的污染情况及湖蒿不定芽伸长生长量。结果见表4.11。

实验结果显示，处理5组和处理6组以1/3MS的用量与苦瓜200～250 g/L的用量进行配比培养得到的湖蒿不定芽的长度最长，较表4.11不加苦瓜单独的1/3MS配制成的湖蒿不定芽继代培养基培养的湖蒿不定芽的长度的5.1 cm，增加了1 cm以上的长度，增加18.9%。

表4.11　MS用量与苦瓜用量配比湖蒿不定芽继代优选效果比较

处理 （培养基中MS用量与苦瓜用量配比）	培养基 染菌率（%）	湖蒿不定芽长度 （cm）
T1：1/4MS + 苦瓜150 g/L	0	4.3
T2：1/4MS + 苦瓜200 g/L	0	5.7
T3：1/4MS + 苦瓜250 g/L	0	5.5
T4：1/3MS + 苦瓜150 g/L	0	5.6
T5：1/3MS + 苦瓜200 g/L	0	6.2
T6：1/3MS + 苦瓜250 g/L	0	6.3
T7：1/2MS + 苦瓜150 g/L	0	5.7
T8：1/2MS + 苦瓜200g/L	0	5.6
T9：1/2MS + 苦瓜250g/L	0	5.5

（5）阳新湖蒿不定芽继代培养基培养效果验证实验　根据上述实验结果，选择阳新湖蒿不定芽继代培养基3种不同的配方进行优化实验，3种配方的组成分别如下。

A：1/3MS培养基、200 g/L苦瓜、0.01 mg/L 6-BA、0.02 mg/L NAA、30 g/L蔗糖、7 g/L琼脂。

B：1/3MS培养基、250 g/L苦瓜、0.02 mg/L 6-BA、0.02 mg/L NAA、25 g/L蔗糖、6 g/L琼脂。

C：1/3 MS培养基、225 g/L苦瓜、0.03 mg/L 6-BA、0.01 mg/L NAA、20 g/L蔗糖、6.5 g/L琼脂。

将湖蒿不定芽继代培养的专用培养基放冷至50℃时，尽快分装到200个干净的组培瓶中。以阳新湖蒿不定芽为外植体，每个组培瓶中接种 10 个外植体。接种后定期观察不定芽生长和培养基染菌情况，接种后定期观察不定芽生长情况，培养 20 d 后测定不定芽生长量，统计培养基污染率，比较培养成本。实验结果见表 4.12。

对照为 MS 基本培养基、6–BA 0.02 mg/L、NAA 0.02 mg/L、蔗糖 25 g/L、6.5 g/L 琼脂、自来水组成。常规灭菌。实验结果表明（表 4.12），培养基 A、B、C 继代培养阳新湖蒿不定芽 20 d 后，染菌率为 0 与对照经过高压高湿灭菌后的染菌率相当；芽的平均生长和成苗率也与对照相当。但是每株外植体的培养成本较对照的单株培养成本减少 54.8%。

表 4.12 阳新湖蒿不定芽继代培养的专用培养基的培养效果

培养基配方	培养基量（L）	接种瓶数（瓶）	染菌率（%）	接种芽数（个）	芽平均生长（cm）	成苗率（%）	培养成本（元/株）
A	5	50	0	500	6.2	100	1.2
B	10	100	0	1 000	6.3	99.9	1.1
C	20	200	0	2 000	6.3	99.8	1.1
平均值					6.3	99.9	1.13
对照	10	100	0	100	5.3	99.9	2.5
与对照比较			0		0	0	–54.8%

4.3.4 实验结论

（1）本实验筛选出阳新湖蒿不定芽继代培养的专用培养基为：① A：1/3MS 培养基、苦瓜 200 g/L、6–BA 0.01 mg/L、NAA 0.02 mg/L、蔗糖 30 g/L、7 g/L 琼脂；② B：1/3MS 培养基、苦瓜 250 g/L、6–BA 0.02 mg/L、NAA 0.02 mg/L、蔗糖 25 g/L、琼脂 6 g/L；③ C：1/3 MS 培养基、苦瓜 225 g/L、6–BA 0.03 mg/L、NAA 0.01 mg/L、蔗糖 20 g/L、琼脂 6.5 g/L。

（2）与常规方法相比，使用本实验筛选的阳新湖蒿不定芽继代培养的专用培养基繁殖阳新湖蒿脱毒苗，具有以下优点。①培养基免灭菌，利用本发明制备湖蒿不定芽继代的专用培养基，不经过灭菌也能达到培养基灭菌后同样的效果，培养 20 d 后培养基染菌率均为 0。②生产成本降低，本发明制备湖蒿不定芽继代的专用培养基中，基础培养基用 1/3MS 培养基加入苦瓜代替

MS 培养基，用自来水代替纯水制备培养基，以及减少培养基灭菌设施和能源的投入，组培苗生产成本降低 54.8%。③简化操作程序，本发明培养基制备过程中省去了灭菌环节，组培苗生产工序明显简化。④促进不定芽生长。利用本发明制备湖蒿不定芽继代的专用培养基，不定芽生长量比对照灭菌、不加苦瓜的 MS 培养基增加了 1 cm，增加 18.9%。

4.4 阳新湖蒿脱毒苗大田试验示范

4.4.1 阳新湖蒿脱毒瓶苗扩繁

（1）脱毒瓶苗炼苗 2019 年 3 月，选择根茎叶发育健壮的脱毒苗，置于温室大棚内，按每畦 150 瓶均匀摆好，先揭开瓶盖置放静置 1 周，使瓶苗逐步适应大田生产环境，共计炼苗组培瓶苗 1 000 余瓶，脱毒苗 16 000 株。

（2）第 1 次分苗 选择地势高燥、土壤肥沃，近 3 年没有种过湖蒿的地块为定植地，经两犁两耙后，施入腐熟的饼肥作底肥（30 kg/ 亩），畦面整平待用。于 2019 年 3 月 25 日分苗，株距 5 cm。行距 10 cm，分苗地面积 60 m²，叶面喷施甲基阿维菌素防治蚜虫、粉虱。4 月 23 日，现场调查，组培苗分苗后，长势旺盛、苗齐苗壮，根分蘖能力强。

（3）第 2 次分苗 5 月 4 日进行第 2 次分苗，分苗地亩施 50 kg 腐熟的饼肥作底肥，经翻整后待用。按株距 10 cm、行距 20 cm 的密度进行分苗，分苗面积 400 cm²。分苗后及时浇足水分，每 10 ～ 15 d 追施尿素 5 kg/ 亩，期间叶面喷施高效氯氰菊酯和甲基地阿维菌素等药剂防治斜纹夜蛾和粉虱、蚜虫等害虫。

4.4.2 阳新湖蒿脱毒苗田间试验示范

以阳新湖蒿常规种苗为对照，检验大田环境下阳新湖蒿脱毒苗的增产效果。

（1）种蒿处理 7 月 10 日，选择长 80 ～ 90 cm、茎粗 0.6 ～ 0.7 cm 的无病无虫健壮的组培苗茎秆，去掉老茎和茎尖，按长 20 cm 截成小段，直径 15 cm 扎成捆，放入多菌灵和氯氰菊酯配制的消毒液中浸泡 3 ～ 5 min，沥干后置于阴凉处，进行种苗遮阴培育。7 月 19 日调查，组培苗其根及叶芽萌发力强、生长势强、生根整齐，其萌发新根洁白，须根较对照长 1 ～ 2 cm；新叶发芽整齐，生长速度快，新叶叶片长度较对照长 2～3 cm。

（2）大田定植　8 月 16 日进行大田定植，扦插密度 15 cm×20 cm，平均亩扦插 2.2 万株。10 月 8 日田间调查，组培苗植株长势强，叶色浓绿，平均株高较对照高 3～5 cm，其根分蘖能力强，每株分蘖数较对照多 2～3 个分蘖株。

（3）产量比较　2020 年 1 月 21 日采收、测产。脱毒苗亩产量 1 075 kg，较对照亩产量 935 kg，增产 14.9%，增产明显。大田试验示范结果表明，与对照种苗比较，脱毒组培苗种性好、整齐度高、萌发力强、生长势强，产量高，达到了预期各项技术指标，具有进一步大面积推广的应用价值。

阳新湖蒿实用栽培技术与新技术试验 5

5.1 野生湖蒿繁殖方法

5.1.1 嫩枝扦插法

一年中除气温较低的冬、春季节，都可进行嫩枝扦插，阳新地区一般在谷雨前后进行。选择生长粗壮、充实、无病虫害的半木质化茎秆扦插。具体做法是：将所选用的茎秆剪成长 12 cm 左右的插条，每个插条腋芽均未萌发，顶端至少有 1～2 个饱满芽。扦插前最好用 100～150 mg/kg ABT 生根粉溶液浸插条基部 4 h，以促进生根，提高成活率。扦插时按行距 20 cm，株距 10～15 cm，将插条插入土中，地上部留 2 cm 左右。扦插后压实基部土壤，立即浇透水，2～3 日后补浇 1 次水。经 1 周左右插条萌芽生根。当新梢长到 3 cm 左右时，每亩浇稀粪水 1 500 kg 或复合肥 25～30 kg。以后适时中耕除草 2～3 次，土壤保持见干见湿。植株封行前，再用同量复合肥追施 1 次即可成苗。嫩枝扦插繁殖系数高，节约种苗，生根、发芽、发棵快，植株分布均匀，栽植密度大，始收期早，产量高。

5.1.2 根茎扦插法

挖取地下根状茎，去掉老茎、老根及病残茎，理顺。将粗壮、健康的根状茎剪成 10 cm 左右的段。按行距 20 cm 开浅沟，沟深 6～8 cm。将根茎大头朝下斜放在沟内，株距 15 cm，然后回土封沟，保留根茎顶端有 1 cm 在土面上。封沟后浇透水，保持土壤呈湿润状态。7～10 d 后即可萌芽长出新株。此后，加强中耕除草和肥水管理。根茎扦插繁殖全年均可进行，成活率和繁殖系数高，栽培密度大，分布均匀，节约种苗，但较费工。

5.1.3 分株法

清明节前后，在离地面 5～6 cm 处剪去湖蒿植株上部，然后将湖蒿成蔸挖出，分成若干单株，去掉老根、老茎，使每一单株带有一定数量的根，按规定行株距栽植，加强田间管理。此法比枝插容易成活，早熟性好，产量高，但需要较多的原始株苗，可用作品种选育，不适用于大面积繁殖。

5.1.4 埋条法

6 月中旬前后，选择健壮的湖蒿植株，取其地上茎。具体做法是：将地上部从基部割下，去掉基部过于老化的一段和顶端不够 0.5 cm 粗的部分。按规定行距开 3～4 cm 深的浅沟，将选取的茎秆（条）头尾相连平放于沟内，回土封沟。封沟时使茎秆顶端翘出土面，立即浇透水。以后保持土壤湿润，促进茎秆在土中生根，20 d 左右即可萌发新芽。夏秋加强肥水管理，促使地上部茎叶生长，利于地下部根状茎积累养分。翌年春天惊蛰时大量萌发新株，春分后即可采收。此种繁殖方法，因茎秆上芽的发育程度差异，以致萌芽生长参差不齐，密度也不一致，新植株生长缓慢。

5.1.5 种子繁殖法

春季选取优良种株栽植，当年不采收嫩茎，让其开花结籽。10 月底至 11 月初摘下湖蒿老熟吐白花序，晒干搓出种子。翌年春天，于 2 月下旬至 3 月上旬在大棚内播种育苗，露地于 4 月播种育苗。播种时每 1 g 种子掺 5 kg 干细土撒于 2 m² 的苗床上。播后即浇水，保持苗床湿润，约 10 d 出苗。苗高 10 cm 左右时定植于大田。

5.2 阳新湖蒿种苗繁殖技术

5.2.1 茎段沙培育苗

茎段沙培育苗是阳新湖蒿生产上常用的种苗繁育方法。由于农户习惯于将长有根和芽的茎段斜插入土壤里，阳新人一般也称作扦插繁殖。茎段沙培育苗的具体步骤如下。

（1）制备湖蒿茎段　6月下旬至7月下旬，从留种田内选取上季无病虫害、生长健壮的种蒿茎秆，去掉叶片、嫩梢和老茎，将茎秆截成切口整齐的长约20 cm的茎段。

（2）药剂处理茎段　将制备好的茎段立即放入50%多菌灵500倍液、25%杀虫双300倍液和ABT生根粉200倍液中，浸泡15～20 min灭菌灭虫、并促进插条生根发芽。

（3）沙培催根催芽　将浸泡后的茎段捞出，按上下顺序整理齐整（形态学上端朝上），每200～300根将茎段捆成一捆，紧密地置于阴凉潮湿的砂土上催根催芽。置于阴棚内潮湿的砂土上催根催芽。催根催芽期间，注意通风降温和遮阳保湿，15～20 d茎段生根发芽后即可移栽至大田。

5.2.2　种子直播育苗

（1）播种时间　正常年份下，阳新湖蒿在秋季7—8月种植，播种育苗时间应控制在6月中下旬。

（2）整地作畦　播种前先对苗圃地进行翻整、细耙、作畦，结合整地建议每亩施入2 500～3 500 kg的农家粪肥+50～60 kg的过磷酸钙（或40～50 kg的过磷酸钙或20～30 kg的磷酸二铵）作基肥，整地施肥完成后要起垄作畦或作成平畦，畦长与畦宽一般分别为10～15 m和1.2～1.5 m。

（3）种子处理　播种前先要处理好种子，可以在播种前2～3 d时，先用50～53 ℃的温水或500倍的50%多菌灵、2%的氢氧化钠浸种15～20 min，然后把种子捞出用清水冲洗干净、风晾干后，再进行播种或把种子放在25度左右的温湿环境中进行催芽待播。

（4）播种方法　播种前浇透底水，等水分完全渗透到地下后，然后把种子均匀撒播在湿土上，播种完成后立即撒上0.5～0.8 cm的细薄土或草木灰进行盖种，播种深度以2～3 cm为佳，以防种子被大风吹散或吹跑。

（5）苗期管理　在出苗前应当保持苗床土壤始终温暖湿润，种子经过5～7 d后即可发芽出苗，幼苗长出2～3片真叶或株高3 cm左右时应当及时进行间苗，或者在幼苗长出3～4片真叶时进行移栽定植。

5.2.3 "人工种子"直播繁殖

阳新湖蒿"人工种子"直播繁殖见本章"5.5"。

5.2.4 组培育苗

阳新湖蒿组培苗培育技术见本书"4.2"。

5.3 阳新湖蒿露地栽培技术

5.3.1 选地和整地

露地栽培湖蒿，应选择土质疏松肥沃、富含有机质，且排灌方便的砂质壤土或冲积土为种植地。冷浆田、渗水田或无法排干水的渍水田均不宜栽种湖蒿。

湖蒿栽种前，下足基肥，翻耕土壤。翻耕深度 20 cm，翻耕前每亩施猪牛粪 1 500 ～ 2 000 kg。干鸡粪 500 kg，饼肥 100 kg，石灰 50 ～ 100 kg，土壤与肥混合耙匀后耙平做矮畦，畦长 30 ～ 40 m、宽 1.3 ～ 1.5 m、高 12 ～ 15 cm，将畦面土耙细整平，并使肥料保留在 5 ～ 10 cm 的表土层中。畦面喷除草剂封闭进行芽前除草，乙草胺、都尔、地乐胺、乃斯等均可。用量为每亩除草剂 100 ～ 150 mL，兑水 20 ～ 30 kg。

5.3.2 扦插定植

（1）制备插条　6月下旬至7月下旬，从留种田内选取上季无病虫害、生长健壮的早熟湖蒿种蒿茎秆，去掉叶片、嫩梢和老茎，将茎秆截成切口整齐的长约 20 cm 的茎段为插条。

（2）扦插时间　阳新湖蒿扦插繁殖选用早熟品种阳新一号湖蒿。扦插过早（6月中旬以前），配茬作物尚未成熟，不利于经济利用土地；扦插过晚（8月以后），采收期推迟，影响产量，减少经济收益。最适合的扦插时期是6月下旬至7月上旬，此时扦插，湖蒿的茎秆生长粗壮、充实、扦插后成活高，新植株生长快。

（3）扦插密度　扦插密度行距 20 cm，株距 10 cm，每亩 3.5 万～ 4 万株。扦插时，将插条形态学下端朝下，插条与地平面成 45° 左右夹角，斜插入地里，插条顶端露出地面 2 ～ 3 cm。

5.3.3　扦插后养护

（1）灌水　插完后应及时向田内灌透水，防止插条干枯。灌水时间应在 7 时以前，17 时以后灌水时不能让水漫过畦面，以免造成土壤养分流失和土壤板结。灌水后，保持畦沟内有半沟水，畦面土壤湿润、疏松，切忌畦面干裂。为了使田间出苗整齐和管理方便，同一块田内尽量用粗度一致的插条种植。

（2）中耕施肥　蒿田经多次灌水或遭受大雨后，容易土壤板结，需要赶在晴天及时进行中耕，中耕时宜浅锄，以免伤及须根和锄断地下根茎。对于幼苗瘦弱、发黄的地块，要及时追施 1 ～ 2 次腐熟的稀粪水，一般用量为每亩 10% ～ 15% 复合肥 15 kg 或粪水 1 500 ～ 2 000 kg。

（3）及时除草　扦插成活后，幼苗生长缓慢，田间杂草容易滋生，要及时除草。单子叶杂草可喷施喹禾灵杀死，用量为每亩 100 ～ 110 mL，双子叶杂草要结合中耕人工拔除。喷施除草剂应在土壤潮湿的情况下进行，若土壤干燥，要先灌水后喷药。除草剂喷施时间应选择晴天 8 时以前，如果喷药后 4 h 以内遇大雨，要重新补喷 1 次。

5.3.4　科学刈茬

湖蒿扦插后，经过 2 个月左右生长期（8 月中下旬），沿畦面刈割茎秆（俗称刈茬）。刈茬后，标志着湖蒿种植从根茎养护期进入到投产采收期。通过刈茬，割去地上老茎秆，促使地下根茎腋芽萌发，抽生嫩茎，形成商品湖蒿。割茬时间最好在 8 月下旬。刈茬后立即进行中耕除草，并于刈茬 2 ～ 3 d 后，每亩追施腐熟的 30% 的枯饼水或畜禽粪水 3 000 kg。当长出 2 ～ 3 片叶时，喷 1 ～ 2 次 1% 的绿芬威叶面肥补充微量元素，促使嫩茎粗壮快速生长，一般刈茬后 25 ～ 30 d 即可开始采收。

5.3.5　嫩茎采集及采后管理

（1）嫩茎采集　当嫩茎长约 20 cm 时，应立即采割。若嫩茎长得过长，基部已经老化，商品价值降低，造成浪费。采割时间最好是早晚（冬天例外）。及早采割，可以增加采割次数，从而提高湖蒿产量。若人工充足，最好逐日选择长的嫩茎采割；人工不足，可集中采割，即待绝大部分嫩茎达到20 cm 长时，用镰刀一齐割下。嫩茎的采割与刈茬方式一样，要贴近地面割下，不留残桩。要将割下的嫩茎摆放整齐，并遮阴保湿。

（2）软化及整理　将田间收割的湖蒿嫩茎及时转运到通风良好的屋内，或者转运到阴凉的树荫下、屋檐下码垛堆放。垛高 60～80 cm，垛长根据堆放的地形和嫩茎的多少而定。每垛摆两排，顶部朝外，基部朝里，并且紧密相靠。码垛前，先用清水将嫩茎淋湿。码好垛后，用湿的麻袋或编织袋、布块等覆盖在嫩茎上，视气温而定遮光 1～2 d。每日淋净水数次，保持嫩茎湿度。观察垛内嫩茎的变化，待垛内发热，叶片发黄时，打开垛，去除嫩茎叶片，保留顶芽，并按照将嫩茎长度，分别捆扎，每捆重约 500 g，捆扎完后就可投放市场。嫩茎从田间采后到码垛遮光堆沤的过程，就是嫩茎的软化处理。经过软化处理的嫩茎，色泽鲜艳，质地更脆嫩，叶片容易去除，提高蒌蒿的商品价值。

湖蒿嫩茎软化处理的注意事项：一是码垛的场地要干净，要避免强光照射，并且干燥不积水。二是要保持嫩茎的湿润，防止嫩茎发生风干。三是码垛上的遮盖物，要透气性好，透光性差。四是注意观察，经常检查、测量垛内温度湿度，避免发生腐烂。

（3）加强采后管理　湖蒿每采收 1 次嫩茎后，都要进行中耕松土、除草和施肥，方法同刈茬后的管理。

5.3.6　病虫害防治

截至目前，已发现为害阳新湖蒿的病害主要是藜蒿青枯病，虫害主要有白钩小卷蛾、斜纹夜蛾、玉米螟、蚜虫等。藜蒿青枯病发病初期，可选用 0.5% 青枯立克（小檗碱）水剂 150 倍液 +80% 大蒜油乳油 1 000 倍液 + 荧光假单胞杆菌粉剂 1 500 倍液或 3% 中生菌素可湿性粉剂 800 倍液喷雾，每 2～3 d 喷 1 次，连喷 2～3 次。白钩小卷蛾发生在 4—6 月，主要危害在湖蒿留种田。斜纹夜蛾及玉米螟发生时期在 7 月至 9 月初，这时是养护根茎时期，不影响藜蒿产量，故不需用药防治。蚜虫危害严重，周年可发生，使叶片、嫩茎萎缩变黄甚至变黑，损失严重，要积极防治。害虫防治，要根据害虫预测预报，及时用药。可以交替使用 48% 乐斯本乳油 4 000 倍液，灭杀毙

6000 倍液，50% 抗蚜威 2 000 ～ 3 000 倍液，1∶1∶8 乐果食醋液。每 5 ～ 7 d 喷施 1 次，连喷 2 ～ 3 次。

5.4 阳新湖蒿大棚高产栽培技术

5.4.1 品种选择

阳新湖蒿大棚栽培可分为阳新一号湖蒿和阳新二号湖蒿，这两个品种分别属于大叶白藜蒿和大叶青藜蒿，最适合大棚早中熟高产栽培。它们的共同特点是高产、抗病、香味较浓、茎秆粗壮、商品性状好。不同之处是阳新一号湖蒿，早熟，叶为柳叶形，嫩茎浅绿色、扦插繁殖或育苗定植长出的嫩茎因纤维含量少，可直接采收上市；阳新二号湖蒿属于大叶青藜蒿，中熟，叶为柳叶形或羽状分裂、嫩茎绿色或中上部浅紫红色、扦插繁殖或育苗定植长出的嫩茎因纤维含量多，不宜食用，采用育苗移栽及进一步刈茬后，收割根部长出的嫩茎，上市销售。

5.4.2 整地作畦

选择地势平坦、水源充足、排灌方便、土质疏松、土壤肥沃的砂壤耕地作藜蒿的栽培地。先将种植地深翻晒垄，每亩施入腐熟猪牛粪 3 000 kg 或腐熟菜饼 150 kg 或进口三元复合肥 70 kg，精耕细耙，平整作畦，畦宽 1.5 ～ 2 m，畦高 30 cm，畦长 10 ～ 20 m。

5.4.3 移栽定植

采用茎段沙培法或种子直播育苗方法，培育阳新湖蒿。将培育好的种苗，用小挖锄在地面上向下斜挖，将种苗按顺上下方向斜栽入土中 2/3，地上只露出幼苗的 1/3，植株与地面夹角为 35° ～ 40°，每穴插 2 根，定植后踏紧土壤，浇足水。大叶白藜蒿的株行距均为 10 cm；大叶青藜蒿的株行距均为 15 cm。

5.4.4 田间管理

（1）灌水　藜蒿适合在湿润的土壤中生长。阳新湖蒿 7 月下旬至 8 月初移栽定植，在移栽后的 1 个多月时间，正值盛夏干旱季节，由于气温高，蒸发量大，要经常灌水保湿；9 月以后则根据土壤墒情适时灌水；采收季节每收割一次要灌一次透水，以促进根茎部嫩茎快速萌发。但整个生长期不要渍水。

（2）除草　湖蒿移栽前，每亩用 72% 都尔 60 mL 封闭防除芽前草。移栽后约 2 个星期时，可用盖草能、精稳杀得等除草剂喷雾除草 1 次，以后的杂草主要采取人工方式，除草要及时。

（3）追肥　藜蒿是需肥量特别大的作物。当植株上的新生嫩芽生长至 3～5 cm 长时，结合浇水，每亩施用 10 kg 尿素提苗；10 月上旬每亩追施进口三元复合肥 50 kg；在割除老茎秆后，每亩及时追施进口三元复合肥 50～70 kg；可食用的地上嫩茎生长至 10～15 cm 长时，每亩用磷酸二氢钾 0.5 kg 或尿素 0.5 kg 进行叶面追肥一次。采收前 15～18 d 用 100 mg/kg 的赤霉素喷雾 1 次，以促进高产。

（4）打顶摘心　10 月中下旬，湖蒿的大部分植株陆续开始抽薹开花，为有利于地下茎积累养分，一旦有花薹出现要及时摘除，以提高湖蒿产量。

（5）割除老茎秆　大叶青藜蒿在 11 月上旬至 12 月上旬，根据植株长势、地下茎养分积累情况和市场需要分期平地面割除老茎秆，并及时清除田间枯叶、残叶和杂草，以便湖蒿兜上迅速长出地上嫩茎上市。

大叶白藜蒿根据市场的需要，可将插条上长出的嫩茎直接采收一次或两次，再让其植株继续生长，给地下茎积累养分。如市场行情不好，可不采收插条上长出的嫩茎，让地下茎早日积累养分。11 月上旬至 12 月上旬根据植株长势、地下茎养分积累情况和市场需要，分批平地面割除老茎秆，并及时清除田间枯叶、残叶和杂草，以便藜蒿兜长出地上嫩茎上市。

（6）盖棚　11 月上旬搭建好或配套完善好大棚骨架，11 月中旬至 12 月上旬根据气温下降情况及时用塑料薄膜盖好大棚，用地膜对棚内的湖蒿进行浮面覆盖，当气温低于 10℃ 时，可在大棚内加盖拱棚保温，并注意及时通风换气，将棚内温度控制在 30℃ 以下，以促进湖蒿快速、健康生长。

（7）病虫害防治

藜蒿的主要害虫有钻心虫、棉铃虫、斜纹夜蛾、菜青虫、刺蛾、蚜虫、虫瘿、猿叶虫、大肚象等害虫。移栽前，将湖蒿种苗浸入 25% 杀虫双 300 倍液中浸泡 15～20 min 对钻心虫有很好的防治效果。其他害虫可用灭多威、抑太保、卡斯克、菊酯类等高效低毒农药防治。

湖蒿的主要病害有白粉病、菌核病。防治白粉病可用多菌灵、粉锈灵或 1% 的生理盐水喷雾于叶背面，7 d 喷 1 次，共进行 2 ～ 3 次。菌核病则采取轮作、选择无病种株、用速克灵喷雾等措施综合防治。近年来，藜蒿青枯病在阳新湖蒿主产区有上升的势头，田间零星发病可采用人工清除病株，或喷撒石灰对土壤进行局部处理。最有效的方法是湖蒿收获后，配茬种植一季早稻。

5.4.5　采收

根据采收嫩茎的部位，湖蒿采收分为两种方式。一种是直接从移栽种苗上采收嫩茎的（如阳新一号湖蒿），可于 9 月下旬至 11 月在嫩茎生长至 15 ～ 20 cm 长时分批采摘。另一种是从蒿蔸上采收嫩茎的（如阳新二号湖蒿），则于 12 月至翌年 4 月中旬当地上嫩茎生长至 20 ～ 25 cm 长时，用刀平地面从基部割取。采收嫩茎除留下顶部少许心叶外，嫩茎上其余叶片全部抹除后，即可上市。湖蒿嫩茎一般采收 2 批，如水肥管理措施得当的话，可采收 3 批。

蒿蔸上的嫩茎采收完毕后，根据市场行情，用钉耙逐步挖取，通过加强水肥管理，其采收期一般可延续至翌年的 2 月中旬至 4 月下旬。

5.4.6　留种

春季阳新湖蒿嫩茎采收结束后，根据下季湖蒿种植计划，按比例选好留种田，留种田应选择无病虫为害、长势好的田块。阳新二号湖蒿按留种地与生产地 1 : 8 的比例留种，阳新一号湖蒿按留种地与生产地 1 : 3 的比例留种。留种地的藜蒿则任其生长，主要的工作是田间管理和病虫防治。田间管理方面要及时搞好排灌，病虫害防治的重点是藜蒿青枯病和钻心虫的防治。

5.5　阳新湖蒿直播栽培技术试验

5.5.1　试验目的意义

分株、压条、扦插、栽茎和播种是藜蒿的常用繁殖方法。生产上，阳新湖蒿主要采用扦插法繁殖，具体做法是：选择粗壮的枝条，切成长 15 ～ 20 cm 的插条，按株行距（8 ～ 10）cm×（10 ～ 12）cm 扦插。用扦插法繁殖具有保持原品种的优良特性、成苗快、繁殖系数高等优势，但也存在发根慢、根系弱等不足，并且随着人工成本的不断上升，扦插成本越来越高，影响了蒿农种植湖蒿的积极性。

针对上述问题，开展阳新湖蒿直播栽培试验，探讨用直接播种"人工种子"（带芽茎段）替代传统的扦插繁殖方法种植阳新湖蒿，从而达到减少用工成本、提高植株发根率和根系生长能力的目的。

5.5.2　试验方法与步骤

（1）选种与留种　选择阳新湖蒿一号或阳新湖蒿二号为栽培品种。每年 3 月下旬至 4 月上旬，湖蒿采收结束后，选择土壤肥沃、植株长势优、无病虫为害的湖蒿种植地为留种田。

（2）施基肥与整地　7 月下旬至 8 月上旬，播种前，亩施生物有机肥 1 200 ～ 1 500 kg、复合肥 80 ～ 100 kg 作基肥，用旋耕机深耕地块 2 ～ 3 遍；做宽平畦（适方便冬季盖棚），畦宽 10 m，畦间安装滴灌带（管）。

（3）制备阳新湖蒿"人工种子"　挑选生长健壮、无病虫为害的阳新湖蒿老熟茎秆为繁殖材料，用酒精消毒过的园林枝剪，去掉阳新湖蒿茎秆顶端嫩梢和根茎部，将茎秆剪成长 3 ～ 5 cm 带 2 ～ 3 个节的茎段，即为阳新湖的为"人工种子"。

（4）撒播种子　8 月上中旬，选择晴天撒播"人工种子"，用种量为 35 ～ 40 个 /m²；播种后，用旋耕机浅耕 1 遍，犁刀深度为 4 ～ 7 cm。接着滴灌浇一次水，以畦面湿润不见水为宜；畦面晾干后，用除草剂封闭防除芽前草。亩施用丙草胺 100 ～ 115 mL 的 30% 丙草胺乳油加水 30 kg 与 20 kg 细潮土混合匀称后，全田撒施，可有效防止稗草、秃头稗、千金子、牛筋草、窄叶地骨皮、水苋菜、异型莎草、碎米沙草、丁香花蓼、鸭舌草等一年生禾本科杂草和阔叶植物野草。

（5）提苗与促根　播种后 7 ～ 10 d，结合移栽间苗、人工除草，追施提苗肥 1 次，半个月后再追施 1 次，用量为尿素 20 ～ 25 kg/ 亩、复合肥 25 ～ 30 kg/ 亩；之后，用滴灌带滴施生根肥促根，用法用量为水溶性根多宝 10 ～ 15 kg 兑水 1 200 ～ 1 500 kg 搅拌均匀后，随滴灌带滴施。

（6）齐地割与留根再生　11月上中旬，选择晴天，用秸秆收割粉碎机将田间生长的阳新湖蒿齐地（贴近畦面）收割粉碎，使其均匀撒播在畦面，保留阳新湖蒿根茎部完整。

（7）促芽和提苗　用含"NAA 0.01 ～ 0.05 mg/kg + 6–BA 0.05 ～ 0.1 mg/kg"的水溶液滴灌，促进阳新湖蒿根茎发芽；待70% ～ 80% 藜蒿根部发出的新芽长3 ～ 5 cm时，追施提苗肥提苗，提苗肥用量用法同上。

（8）盖棚　11月中下旬，夜间气温低于10 ℃或初霜前，扣上棚膜，晴天棚内温度控制在20 ～ 25 ℃，中午气温高时打开两端棚门通风换气。

（9）采收　12月中下旬，当阳新湖蒿嫩茎绝大部分高度15 ～ 25 cm、顶端心叶尚未展开、颜色为淡绿色时，贴近畦面一次性收割完畦面的所有阳新湖蒿。

5.5.3　田间试验过程与结果

（1）阳新湖蒿早熟品种试验　2015—2017 年，选择连作 3 年的湖蒿种植地进行直播栽培田间试验，以阳新湖蒿一号早熟品种为试验材料；试验地面积直播栽培和扦插栽培各 10 亩，对照为扦插栽培。7 月下旬亩施生物有机肥1 200 kg、复合肥 80 kg 作基肥，接着用旋耕机深耕 1 遍，犁刀深度 7 cm；做10 m 宽平畦，畦间安装滴灌带；挑选生长健壮、无病虫为害的阳新湖蒿老熟茎秆制备长 3 cm 带 2 个节的"人工种子"；8 月上旬，选择晴天播种，"人工种子"播种量 35 个 /m²；播种后，立即用旋耕机浅耕 1 遍，犁刀深度 4 cm，接着用滴灌带浇 1 次水，以畦面湿润不见水为宜；畦面晾干后，每亩用 30%丙草胺 100 ～ 115 mL 封闭防除芽前草；播种后 7 d，施提苗肥 1 次，半个月后再追施 1 次，每次撒施尿素 20 kg/ 亩、复合肥 25 kg/ 亩；每亩用水溶性根多宝 10 kg 兑水 1 500 kg 搅拌均匀，滴灌促根；11 月上旬，选晴天用秸秆收割粉碎机将阳新湖蒿植株齐地收割粉碎，使其均匀分布在畦面，保留植株根茎部完整；用 1 500 kg "NAA 0.01 mg/kg+6–BA 0.05 mg/kg"水溶液滴灌，待70% 以上根茎部发出的新芽长约 3 cm 时，每亩施尿素 25 kg、复合肥 30 kg提苗；11 月中旬，当夜间气温低于 10℃时，扣上棚膜，晴天棚内温度控制在20 ～ 25℃，中午气温高时打开两端棚门通风换气；12 月中旬，当嫩茎绝大部分长 20 ～ 25 cm 时，收割所有嫩茎。试验效果见表 5.1。

试验结果表明，早熟品种阳新湖蒿一号采用直播栽培技术，比常规扦插栽培株平不定根发生数多 3.5 条，增加 74.5%；亩平均种植成本低 233.3 元，减少 70%；亩平均多采收湖蒿 290 kg，增产 20.3%。

表 5.1　早熟品种阳新湖蒿一号直播栽培效果

试验时间	处理	调查株数（株）	不定根发生数		直播或扦插成本		湖蒿产量	
			（条/株）	增加/%	（元/亩）	节约（%）	（kg/亩）	增产（%）
2015 年	直播	50	8.5	80.9	80	73.3	1 760	23.1
	扦插	50	4.7	—	300	—	1 430	—
2016 年	直播	50	7.8	85.7	100	66.7	1 680	19.2
	扦插	50	4.2	—	300	—	1 410	—
2017 年	直播	50	8.2	60.8	120	70	1 720	18.6
	扦插	50	5.1	—	400	—	1 450	—
3 年平均	直播	50	8.2	74.5	100	70	1 720	20.3
	扦插	50	4.7	—	333.3	—	1 430	—

（2）阳新湖蒿中熟品种试验　2015—2017 年，选择连作 3 年的蒿田为直播试验地，种植中熟品种阳新湖蒿二号；对照采用扦插繁殖，直播和扦插面积各 10 亩。7 月下旬亩施生物有机肥 1 500 kg、复合肥 100 kg 作基肥，然后用旋耕机深耕 1 遍，犁刀深度 10 cm；做 10 m 宽平畦，畦间安装滴灌带；挑选生长健壮、无病虫为害的阳新湖蒿老熟茎秆制备长 5 cm 带 3 个节的 "人工种子"；8 月上旬，选择晴天播种，播种量 40 个 /m²；播种后，立即用旋耕机浅耕 1 遍，犁刀深度 7 cm，接着用滴灌带浇一次水，以畦面湿润不见水为宜；畦面晾干后，亩用 30% 丙草胺 100～115 mL 封闭防除芽前草；播种后 10 d，施提苗肥 1 次，半个月后再追施 1 次，每次撒施尿素 25 kg/ 亩、复合肥 30 kg/亩；每亩用水溶性根多宝 15 kg 兑水 1 500 kg 搅拌均匀，滴施促根；11 月上旬，选晴天用秸秆收割粉碎机将植株齐地收割粉碎，使其均匀分布在畦面，保留植株根茎部完整；用 1 500 kg "NAA 0.01 mg/kg + 6–BA 0.05 mg/kg" 水溶液滴灌，待 80 % 以上根茎部发出的新芽长约 3 cm 时，每亩施尿素 25 kg、复合肥 30 kg 提苗；11 月下旬，当夜间气温低于 10℃，扣上棚膜，晴天棚内温度控制在 20～25 ℃，中午气温高时打开两端棚门通风换气；12 月下旬，当嫩茎绝大部分长 20～25 cm 时，贴近畦面一次性收割完嫩茎。试验果见表 5.2。

试验结果表明，与扦插繁殖方法相比，中熟品种阳新湖蒿二号采用直播栽培技术株平均不定根发生数多 3.3 条，增加 68.8%；亩平均种植成本低 233.3 元，减少 70%；亩平均多采收湖蒿 230 kg，增产 15.3%。

表 5.2　阳新湖蒿青秆中熟品种直播栽培效果

试验时间	处理	调查株数（株）	不定根发生数		直播或扦插成本		湖蒿产量	
			（条/株）	增加（%）	（元/亩）	节约（%）	（kg/亩）	增产（%）
2015 年	直播	50	8.1	76.1	80	73.3	1 690	11.9
	扦插	50	4.6	—	300		1 510	—
2016 年	直播	50	8.3	66	100	66.7	1 780	14.8
	扦插	50	5.0	—	300		1 550	—
2017 年	直播	50	7.9	64.6	120	70	1 740	19.2
	扦插	50	4.8	—	400		1 460	—
3 年平均	直播	50	8.1	68.8	100	70	1 736.7	15.3
	扦插	50	4.8	—	333.3		1 506.7	—

5.5.4　试验小结

综合 3 年试验结果表明（表 5.3），采用直播栽培技术种植阳新湖蒿，与扦插繁殖方法相比，株平不定根发生数多 3.4 条，增加 71.7%；亩平均种植成本低 233.3 元，减少 70%；亩平均多采收湖蒿 260 kg，增产 17.7%。

采用极差分析，对阳新湖蒿不同品种采用直播栽培技术的效果发现（表 5.4），采用直播栽培技术，阳新湖蒿一号不定根发生条数、增加率分别比阳新湖蒿二号多 0.1 条和 5.7%，用工成本相当，两者之间没有显著差异；阳新湖蒿产量阳新湖蒿一号比阳新湖蒿二号低 16.7 kg/亩，差异不显著。但是，从增产率看，阳新湖蒿一号比湖蒿二号高出 5%，具有显著的差异，造成这种结果的可能原因是，直播栽培技术更适合于早熟品种阳新湖蒿一号，这一现象有待在后续工作中加以验证。

表 5.3　阳新湖蒿直播栽培试验 3 年综合效果

试验品种	处理	调查株数（株）	不定根发生数		直播或扦插成本		湖蒿产量	
			（条/株）	增加（%）	（元/亩）	节约（%）	（kg/亩）	增产（%）
早熟品种	直播	150	8.2	74.5	100	70	1 720	20.3
	扦插	150	4.7	—	333.3	—	1 430	—

续表

试验品种	处理	调查株数（株）	不定根发生数		直播或扦插成本		湖蒿产量	
			（条/株）	增加（%）	（元/亩）	节约（%）	（kg/亩）	增产（%）
中熟品种	直播	150	8.1	68.8	100	70	1 736.7	15.3
	扦插	150	4.8	—	333.3	—		15.7
平均	直播	150	8.15	71.7	100	70	1 728.4	17.7
	扦插	150	4.75	—	333.3	—	1 468.4	

表 5.4　阳新湖蒿不同品种直播栽培效果比较

试验品种	调查株数（株）	不定根发生数		直播成本	扦插成本	湖蒿产量	
		（条/株）	增加（%）	（元/亩）	（元/亩）	（kg/亩）	增产（%）
阳新湖蒿一号	150	8.2	74.5	100	333.3	1 720	20.3
阳新湖蒿二号	150	8.1	68.8	100	333.3	1 736.7	15.3
效果比较	—	+0.1	+5.7%	0	0	−16.7	+5.0

注："+"表示阳新湖蒿一号超过阳新湖蒿二号；"−"表示阳新湖蒿一号低于阳新湖蒿二号。

5.6　阳新湖蒿留根再生栽培技术试验

5.6.1　试验目的意义

阳新湖蒿上市期一般在当年 10 月下旬至翌年 3 月，为了满足市场的连续供应，通常采用两种栽培模式：一种是早、中、晚品种搭配种植，满足不同时期的市场供应；另一种是传统的再生栽培模式，即阳新湖蒿第一茬成熟采收上市后，蒿田通过自然萌芽再生，然后蒿农采收大的嫩茎上市，留下小的嫩茎继续生长。这种再生栽培模式，虽然可以连续采收一段时间，但前后次采收间界限不明显，且缺乏相应的配套技术措施，产量低、卖相差，效益不高。

本试验通过技术措施，探索大棚条件下阳新湖蒿留根再生栽培方法，实现阳新湖蒿生产上"一次植苗、多次采收、增产增收"的栽培技术模式。

5.6.2 试验方法与步骤

（1）选种与留种 选择早熟品种阳新湖蒿一号和中晚熟品种阳新湖蒿二号为试验材料，每年3月下旬至4月上旬选择土壤肥沃、蒿苗长势优的田块为留种田。

（2）施基肥与整地 7月下旬至8月上旬扦插植苗前，每亩施基肥，整地，用旋耕机深耕地块2遍，做宽平畦，畦宽10 m，畦间安装滴灌带（管）。

（3）扦插植苗 8月中下旬扦插植苗，从留种田选择生长健壮、无病虫的已经结籽但籽粒尚未成熟的阳新湖蒿种株，去掉茎秆上的叶片，用锋利的园林枝剪，将茎秆剪成长15～20 cm的茎段制备插条，进行扦插；将插条斜插入畦内（距离地面45°～60°），插入深度为插条没入畦内2/3，种植密度：株距8～10 cm，行距10～12 cm。扦插后，用滴灌带浇一次水，以畦面湿润不见水为宜，如遇雨天，及时排渍。

（4）提苗与促根 扦插后7～10 d，施追肥1次提苗，半个月后再追施1次；之后，随滴灌带滴施促根肥。追施提苗肥为：撒施尿素20～25 kg/亩、复合肥25～30 kg/亩；滴施生根肥为：每亩用水溶性根多宝10～15 kg兑水1 200～1 500 kg，搅拌均匀后，随滴灌带滴施。

（5）齐地割留根 12月上中旬，选择晴天，用秸秆收割粉碎机将田间生长的阳新湖蒿植株齐地收割粉碎、留根。特别强调的是，齐地割留根操作时要贴近畦面将阳新湖蒿植株收割粉碎均匀分布在畦面，并保持植株根茎部完整。

（6）第1次促芽和提苗 每亩用1 500 kg "NAA0.01～0.05 mg/kg + 6-BA0.05～0.1 mg/kg" 的水溶液滴灌，促进植株根茎发芽；待70%～80%根茎部发出的新芽长3～5 cm时，每亩施尿素25～35 kg、复合肥40～50 kg追施提苗肥。

（7）盖棚 12月中下旬，当夜间气温低于10℃或初霜前，扣上棚膜，晴天棚内温度控制在20～25℃，中午气温高时打开两端棚门通风换气，棚膜一直延续到翌年夜间温度稳定在15℃以上。

（8）第1次采收 翌年1月上中旬，当阳新湖蒿嫩茎绝大部分高度长15～25 cm、顶端心叶尚未展开、颜色为淡绿色时，贴近畦面一次性收割完畦面的嫩茎，并将畦面植株清理干净。

（9）第2次促芽和提苗 重复"步骤6"。

（10）第 2 次采收　距第 1 次采收 20 ～ 25 d 后，当阳新湖蒿嫩茎绝大部分长 15 ～ 25 cm、顶端心叶尚未展开、颜色为淡绿色时，仿照"步骤（8）"贴近畦面一次性收割完畦面的嫩茎。

……

之后，重复"步骤（9）"和"步骤（10）"，每隔 25 ～ 35 d 采收阳新湖蒿嫩茎一次，一直延续至翌年 3 月中下旬，一个生产周期内可连续采收嫩茎 4 茬。

5.6.3　田间试验过程与结果

（1）阳新湖蒿早熟品种试验　2015—2017 年，以早熟品种阳新湖蒿一号为试验材料。每年 3 月下旬，按种植面积的 1/5 准备留种田。在阳新湖蒿主产区选择连作 3 年的蒿田为试验地，试验地面积 10 亩，对照为传统种植方式，面积 10 亩。7 月下旬，亩施鸡粪有机肥 1 200 kg、复合肥 80 kg 作基肥，旋耕机深耕 2 遍，做 10 m 宽平畦；8 月中旬，选择生长健壮、无病虫的藜蒿种株，去掉茎秆上的叶片，将茎秆剪成长 15 cm 左右的插条，斜插入畦内，株行距 8 cm×10 cm；扦插后，立即用滴灌带浇一次水；扦插 7 d 后，施追肥 1 次提苗，半个月后再追施 1 次，每次撒施尿素 20 kg/ 亩、复合肥 25 kg/ 亩；亩用根多宝 10 kg 兑水 1 500 kg，滴施促根；12 月上旬，齐地收割粉碎阳新湖蒿植株，保留根茎部完整，滴灌 150 kg "NAA 0.01 mg/kg+6–BA 0.05 mg/kg"水溶液，待 70% 植株根茎部发出的新芽长约 3 cm 左右时，亩施尿 25 kg、复合肥 40 kg 提苗；12 月中旬，扣上棚膜；翌年 1 月上旬，齐地收割阳新湖蒿嫩茎（第 1 次采收），清理畦面，用 1 500 kg "NAA 0.01 mg/kg+6–BA 0.05 mg/kg"水溶液滴灌，待 70% 植株根茎部发出的新芽长约 3 cm 时，亩施尿素 20 kg、复合肥 25 kg 提苗；翌年 1 月上旬，齐地收割嫩茎蒿（第 2 次采收），清理畦面，用 1 500 kg "NAA 0.01 mg/kg+6–BA 0.05 mg/kg"水溶液滴灌，70% 根茎部发出的新芽长约 3 cm 时，亩施尿素 20 kg、复合肥 25 kg 提苗；翌年 2 月上旬，齐地收割嫩茎（第 3 次采收），清理畦面，用 1 500 g "NAA 0.01 mg/kg+6–BA 0.05 mg/kg"的水溶液滴灌，70% 根茎部发出的新芽长约 3 cm 时，亩施尿素 20 kg、复合肥 25 kg 提苗；翌年 3 月上旬，齐地收割嫩茎（第 4 次采收）。

试验结果表明（表 5.5），早熟品种阳新湖蒿一号采用留根再生可比常规栽培方法多采收湖蒿 3 茬，每亩多采收湖蒿 1 244 kg，亩平均增收 11 196 元。

表 5.5　阳新湖蒿早熟品种留根再生栽培效果

试验 时间	处理 / 对 照	面积 （亩）	采收 次数（次）	湖蒿单产 （kg/ 亩）	湖蒿单价 （元 /kg）	平均收入 （元 / 亩）	平均增收 （元 / 亩）
2015 年	处理	10	4	2 760	10	27 600	11 400
	对照	10	2	1 620	10	16 200	—
2016 年	处理	10	4	2 680	8	21 440	8 880
	对照	10	2	1 570	8	12 560	—
2017 年	处理	10	4	2 710	9	24 390	10 620
	对照	10	2	1 530	9	13 770	—
3 年 平均	处理	10	4	2 717.3	9	24 455.7	11 196
	对照	10	2	1 473.3	9	13 259.7	—

（2）阳新湖蒿中熟品种试验　2015—2017 年，以中熟品种阳新湖蒿二号为试验材料，每年 3 月下旬按种植面积的 1/5，准备留种田。在阳新湖蒿主产区选择连作 3 年的蒿田为试验地，试验地面积 10 亩，对照为传统种植方式，面积 10 亩。8 月上旬，亩施鸡粪有机肥 1 500 kg、复合肥 100 kg 作基肥，旋耕机深耕 2 遍，做 10 m 宽平畦；8 月下旬，选择生长健壮、无病虫的阳新湖蒿植株，去掉茎秆上的叶片，将茎秆剪成长 20 cm 左右的插条，斜插入畦内，株行距 10 cm 12 cm；扦插后，立即用滴灌带浇水；扦插 10 天后，施追肥 1 次提苗，半个月后再追施 1 次，每次撒施尿素 25 kg/ 亩、复合肥 30 kg/亩；亩用根多宝 15 kg 兑水 100 kg 滴灌促根；11 月中下旬，齐地收割粉碎阳新湖蒿植株，保留根茎部完整，滴 1 500 kg "NAA 0.01 mg/kg + 6–BA 0.05 g/kg" 水溶液，待 80% 以上根茎部发出的新芽长约 5 cm 时，亩施尿素 35 kg、复合肥 50 kg 提苗；11 月上中旬，扣上棚膜；12 月中下旬，齐地收割阳新湖蒿嫩茎（第 1 次采收），清理畦面，滴灌 1 500 kg "NAA 0.01 mg/kg+6–BA 0.05 mg/kg" 水溶液促芽，80% 根茎部发出的新芽长约 5 cm 时，亩施尿素 25 kg、复合肥 30 kg 提苗；翌年 1 月下旬，齐地收割嫩茎（第 2 次采收），清理畦面，用 1 500 kg "NAA 0.01 mg/kg+6–BA 0.05 mg/kg" 水溶液滴灌促芽，80% 根茎部发出的新芽长约 5 cm 时，亩施尿素 25 kg、复合肥 30 kg 提苗；翌年 2 月中旬，齐地收割嫩茎（第 3 次采收），清理畦面，用 1 500 kg "NAA 0.01 mg/kg+6–BA 0.05 mg/kg" 水溶液滴灌，80% 根茎部发出的新芽长约 5 cm

左右时，亩施尿素 25 kg、复合肥 30 kg 提苗；翌年 3 月上旬，齐地收割嫩茎（第 4 次采收）。

试验结果表明（表 5.6），中熟品种阳新湖蒿二号采用留根再生可比常规栽培方法多采收湖蒿 3 茬，每亩多采收湖蒿 756 kg，亩平均增收 6 796.7 元。

表 5.6　阳新湖蒿中熟品种留根再生栽培效果

试验时间	处理对照	面积（亩）	采收次数（次）	嫩茎单产（kg/亩）	嫩茎单价（元/kg）	平均收入（元/亩）	平均增收（元/亩）
2015 年	处理	10	4	2 320	10	23 200	7 400
	对照	10	2	1 580	10	15 800	/
2016 年	处理	10	4	2 260	8	18 080	6 240
	对照	10	2	1 480	8	11 840	/
2017 年	处理	10	4	2 240	9	20 160	6 750
	对照	10	2	1 490	9	13 410	/
3 年平均	处理	10	4	2 273.3	9	20 480	6 796.7
	对照	10	2	1 516.7	9	1 683.3	/

5.6.4　试验小结

综合 3 年试验结果表明（表 5.7），采用留根再生栽培技术种植阳新湖蒿，每年一个生产周期内采收湖蒿嫩茎增加 2 茬，平均增产 1 000.3 kg/亩，亩平均增收 8 996.4 元。同时，留根再生栽培操作简单，不需要额外增加投入，普通农户经过简单的培训都能很快掌握技术要领，非常适合普通农户种植阳新湖蒿。

表 5.7　阳新湖蒿留根再生栽培试验 3 年综合效果

试验品种	处理对照	面积（亩）	采收次数（次）	湖蒿单产（kg/亩）	平均增产（kg/亩）	湖蒿单价（元/kg）	平均收入（元/亩）	平均增收（元/亩）
阳新湖蒿一号	处理	30	6	2 717.3	1 244	9	24 455.7	11 196
	对照	30	3	1 473.3	/	9	13 259.7	/
阳新湖蒿二号	处理	30	5	2 273.3	756.6	8	20,480	6 796.7
	对照	30	3	1 516.7	/	8	13,683.3	/
平均	处理	30	6	2 495.3	1 000.3	9	22 467.9	8 996.4
	对照	30	3	1 495	/	9	13 471.5	/

5.7 阳新湖蒿—绿肥轮作栽培技术试验

5.7.1 试验目的意义

阳新湖蒿一般每年7月中下旬开始播种，翌年3月下旬至4月上旬采收结束，中间有近3个月的空余生长季节，由于时间较短，可选择种植的作物类型有限，加上短期种植其他作物投入产出比较低，因此，阳新湖蒿采收结束后，蒿田一般处于闲置状态。另外，为了追求产量，阳新湖蒿种植过程中施用化肥十分普遍，以致蒿田土壤板结、酸化越来越严重，有机质含量偏低，影响了阳新湖蒿的产量和品质。

本试验针对上述问题，利用两季阳新湖蒿间的空余季节种植绿肥作物玉米和黄豆，探索一种阳新湖蒿—绿肥轮作方法，实现既解决空余生长季的土地闲置、撂荒问题，以达到改善土壤理化性质、增加土壤有机质的目的。

5.7.2 试验方法

阳新湖蒿—绿色作物轮作模式选择玉米、黄豆为绿肥作物，与阳新湖蒿轮作种植。具体方法是：春季湖蒿采收结束后，施基肥、深耕整地，种植玉米和黄豆；玉米和黄豆采用间作方式，即两行玉米间种植3行黄豆，玉米、黄豆青禾期旋耕发酵，使秸秆在土壤中熟悉，作为下季湖蒿的基肥。玉米、黄豆的间作模式见图5.1。

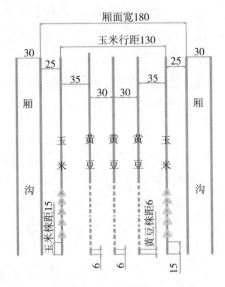

图5.1 玉米—黄豆间作种植模式（cm）

5.7.3 试验步骤

（1）施基肥与整地 3月下旬至4月上旬，阳新湖蒿采收结束后，一次性施足基肥，整地，开厢。基肥用量为每亩30 kg复合肥（N、P_2O_5、K_2O各含12%）；

整地用旋耕机深耕地块 2 遍；厢宽 1.8 m。

（2）播种绿肥作物 玉米和黄豆采用间作方式，即两行玉米间种植 3 行黄豆，玉米行距 130 cm、株距 15 cm，黄豆行距 30 cm、株距 6 cm；玉米和黄豆均采用穴播，播种量均为每穴 2～3 粒。播种前用除草剂封闭防除芽前草。

（3）翻耕绿肥 6 月下旬至 7 月上旬，黄豆结荚期或玉米扬花期，用旋耕机深翻 1～2 遍（犁刀深度 7～10 cm），将绿肥作物玉米、黄豆青禾翻耕入土，然后立即灌水淹没表土，保持浅水层使绿肥作物在土壤里自然发酵 10～15 d。

（4）施基肥与整地 7 月中下旬藜蒿播种前，亩施复合肥 25～45 kg 作基肥，然后用旋耕机深耕 1 遍，犁刀深度 7～10 cm，整地，做 10 m 宽平畦（以备后期盖棚用），畦间安装滴灌带（管）。

（5）制备"人工种子" 挑选生长健壮、无病虫为害的阳新湖蒿老熟茎秆为繁殖材料，用酒精消毒过的园林枝剪，去掉茎秆顶端嫩梢和根部，将茎秆剪成长 3～5 cm 带 2～3 个节的茎段，即为制备好的"人工种子"。

（6）撒播"人工种子" 8 月上中旬，选择晴天播种；"人工种子"播种量 35～40 个/m²；播种后，用旋耕机浅耕 1 遍，犁刀深度 4～7 cm，接着滴灌浇一次水，以畦面湿润不见水为宜；畦面晾干后，用除草剂封闭防除芽前草；如遇雨天，及时排渍。

（7）提苗与促根 播种后 7～10 d，结合移栽间苗、人工除草，施第一次提苗肥；之后，滴灌生根肥促根；提苗肥亩撒施尿素 10～20 kg；生根肥用水溶性根多宝 10～15 kg 兑水 1 500 kg 搅拌均匀后，随滴灌带滴施。

（8）齐地割与留根再生 11 月上中旬，选择晴天，用秸秆收割粉碎机将田间生长的阳新湖蒿植株齐地（贴近畦面）收割粉碎，使其均匀分布在畦面，保留根茎部完整。

（9）促芽和提苗 用 0.01～0.05 mg/kg NAA 与 0.05～0.1 mg/kg 6-BA 的水溶液滴灌，促进根茎发芽；待 70 %～80 % 以上根茎部发出的新芽长 3～5 cm 时，施第二次提苗肥。提苗肥亩撒施尿素 10～20 kg。

（10）盖棚 11 月中下旬，夜间气温低于 10 ℃或初霜前，扣上棚膜，晴天棚内温度控制在 20～25 ℃，中午气温高时打开两端棚门通风换气。

（11）采收 12 月中下旬，当阳新湖蒿绝大部分嫩茎长 20～25 cm、顶端心叶尚未展开、颜色为淡绿色时，开始采收。

5.7.4 试验设置

本试验于 2017 年在阳新县兴国镇宝塔村湖蒿基地进行，试验设三个处理（三个试验区，分别为试验区 1、试验区 2 和试验区 3），对照区（CK）为前茬湖蒿采收后，闲置未种植绿肥的地块。每个处理区和对照区面积均为 15 亩。试验结束后，分别测产、测定土壤有机质含量，统计氮肥用量和节本增收情况。

5.7.5 试验过程

（1）试验区 1　用青饲青贮玉米品种华玉 2 号、黄豆优良品种鄂豆 6 号为绿肥作物。阳新湖蒿与"玉米＋黄豆"轮作。阳新湖蒿采收结束后，迎茬种植玉米和黄豆，玉米和黄豆采用间作方式；3 月下旬，阳新湖蒿采收结束后，撒施 30 kg/ 亩复合肥（N、P_2O_5、K_2O 各含 12%），用旋耕机深耕地块 2 遍，按 1.8 m 开厢，亩用乙草胺 150 mL 兑水 45 kg 喷施封闭防芽前草；按照两行玉米间栽种 3 行黄豆播种，玉米行距 130 cm、株距 15 cm，黄豆行距 30 cm、株距 6 cm，每穴 2 粒；播种面积 15 亩；6 月下旬至 7 月上旬，黄豆结荚期或玉米扬花期，用旋耕机深翻 1 遍（犁刀深度 7 cm），将玉米、黄豆青禾翻耕入土中，随即，保持浅水层使绿肥作物在土壤中自然发酵 10 d。7 月中旬（阳新湖蒿播种前），亩施复合肥（N、P_2O_5、K_2O 各含 12%）25 kg；施基肥后，用旋耕机深耕 1 遍；做 10 m 宽平畦，畦间安装滴灌带；8 月中旬，用阳新湖蒿老熟茎秆制备长 3 cm 带 2 个节的茎段；选择晴天播种茎段，茎段播种量 35 个 /m^2；播种后，用旋耕机浅耕 1 遍，犁刀深度 4 cm，接着滴灌浇水一次，以畦面湿润不见水为宜；畦面晾干后，每亩用 72% 都尔 60 mL 兑水 50 kg 封闭防除芽前草；播种半个月后，亩施尿素 10 kg 提苗（第 1 次）；11 月上旬，用秸秆收割粉碎机将田间生长的阳新湖蒿植株齐地（贴近畦面）收割粉碎，使其均匀分布在畦面，保留植株根茎部完整；待 70 % 以上根茎部发出的新芽长约 3 cm 时，亩施尿素 10 kg 提苗（第 2 次）；11 月中旬，扣上棚膜；12 月中旬，当阳新湖蒿绝大部分嫩茎长 20 ～ 25 cm、顶端心叶尚未展开、颜色为淡绿色时，采收嫩茎，测产，测定土壤有机质含量，并比较不同复合肥、尿素使用量的差异。

（2）试验区2　用青饲青贮玉米品种华玉 2 号、黄豆优良品种鄂豆 6 号为绿肥作物，阳新湖蒿与"玉米＋黄豆"轮作。阳新湖蒿采收结束后，迎茬种植玉米和黄豆，玉米和黄豆采用间作方式；4 月上旬，阳新湖蒿采收结束后，每亩撒施 30 kg 复合肥（N、P_2O_5、K_2O 各含 12%）；用旋耕机深耕 2 遍，按 1.8 m 开厢，亩用乙草胺 150 mL 兑水 45 kg 喷施封闭防芽前草；按照两行玉米间栽种 3 行黄豆播种，玉米行距 130 cm、株距 15 cm，黄豆行距 30 cm、株距 6 cm，每穴 3 粒；播种面积 15 亩；6 月下旬至 7 月上旬，黄豆结荚期或玉米扬花期，用旋耕机深翻 2 遍（犁刀深度 10 cm），将玉米、黄豆青禾翻耕入土中，随即保持浅水层使绿肥作物在土壤中自然发酵 15 d。7 月下旬（阳新湖蒿播种前），亩施复合肥（N、P_2O_5、K_2O 各含 12%）35 kg；施基肥后，用旋耕机深耕 1 遍；做 10 m 宽平畦（以备后期盖棚用），畦间安装滴灌带；8 月上旬用阳新湖蒿老熟茎秆制备长 5 cm 带 3 个节的茎段；选择晴天播种茎段，茎段播种量 40 个 /m^2；播种后，用旋耕机浅耕 1 遍，犁刀深度 7 cm，接着滴灌浇一次水，以畦面湿润不见水为宜；畦面晾干后，每亩用 72% 都尔 60 mL 兑水 50 kg 封闭防除芽前草；播种半个月后，亩施尿素 15 kg 提苗（第 1 次）；11 月中旬，用秸秆收割粉碎机将田间生长的阳新湖蒿植株齐地（贴近畦面）收割粉碎，使其均匀分布在畦面，保留根茎部完整；待 80% 以上根茎部发出的新芽长约 5 cm 时，亩施尿素 15 kg 提苗（第 2 次）；11 月下旬，扣上棚膜；12 月下旬，当阳新湖蒿绝大部分嫩茎长 20～25 cm、顶端心叶尚未展开、颜色为淡绿色时，采收嫩茎，测产，测定土壤有机质含量，并比较不同复合肥、尿素使用量的差异。

（3）试验区3　用青饲青贮玉米品种华玉 2 号、黄豆优良品种鄂豆 6 号为绿肥作物，阳新湖蒿与"玉米＋黄豆"轮作。阳新湖蒿采收结束后，迎茬种植玉米和黄豆，玉米和黄豆采用间作方式；4 月上旬，阳新湖蒿采收结束后，撒施 30 kg/ 亩复合肥（N、P_2O_5、K_2O 各含 12%）；用旋耕机深耕 2 遍，按 1.8 m 开厢，亩用乙草胺 150 mL 兑水 45 kg 喷施封闭防芽前草；按照两行玉米间栽种 3 行黄豆播种，玉米行距 130 cm、株距 15 cm，黄豆行距 30 cm、株距 6 cm，每穴 3 粒；播种面积 15 亩；6 月下旬至 7 月上旬，黄豆结荚期或玉米扬花期，用旋耕机深翻 1 遍（犁刀深度 8 cm），将玉米、黄豆青禾翻耕入土中，随即保持浅水层使绿肥作物在土壤中自然发酵 15 d。7 月下旬（阳新湖蒿播种前），亩施复合肥（N、P_2O_5、K_2O 各含 12%）45 kg；施基肥后，用旋耕机深耕 1 遍；做 10 m 宽平畦，畦间安装滴灌带；8 月中旬，用阳新湖蒿老熟茎秆制备长 5 cm 带 3 个节的茎段；选择晴天播种茎段，茎段播种量 35 个 /m²；播种后，用旋耕机浅耕 1 遍，犁刀深度 8 cm，接着滴灌浇一次水，以畦面湿润不见水为宜；畦面晾干后，每亩用 72% 都尔 60 mL 兑水 50 kg 封闭防除芽前草；播种半个月亩施尿素 20 kg 提苗（第 1 次）；11 月下旬，用秸秆收割粉碎机将田间生长的阳新湖蒿植株齐地（贴近畦面）收割粉碎，使其均匀分布在畦面，保留植株根茎部完整；待 80 % 以上根部发出的新芽长约 5 cm 时，亩施尿素 20 kg 提苗（第 2 次）；12 月上旬，扣上棚膜；次年 1 月上旬，当阳新湖蒿绝大部分嫩茎长 20～25 cm、顶端心叶尚未展开、颜色为淡绿色时，采收嫩茎，测产，测定土壤有机质含量，并比较不同复合肥、尿素使用量的差异。

（4）对照试验区　3 月下旬，阳新湖蒿采收结束后，不种植绿肥，蒿田闲置。7 月中旬用旋耕机深耕地块 1 遍，7 月下旬（阳新湖蒿播种前），施复合肥（N、P_2O_5、K_2O 各含 12%）50 kg/ 亩；施基肥后，再用旋耕机深耕 1 遍；做 10 m 宽平畦，畦间安装滴灌带；8 月中旬用阳新湖蒿植株老熟茎秆制备长 5 cm 带 3 个节的茎段；选择晴天播种茎段，茎段播种量 40 个 /m²；播种后，用旋耕机浅耕 1 遍，犁刀深度 7 cm，接着滴灌浇一次水，以畦面湿润不见水为宜；畦面晾干后，每亩用 72% 都尔 60 mL 兑水 50 kg 封闭防除芽前草；播种半个月亩施尿素 25 kg 提苗（第 1 次）；11 月下旬，用秸秆收割粉碎机将田间生长的阳新湖蒿齐地（贴近畦面）收割粉碎，使其均匀撒播在畦面，保留植株根茎部完整；待 80 % 以上根茎部发出的新芽长约 5 cm 时，亩施尿素 25 kg 提苗（第 2 次）；12 月上旬，扣上棚膜；翌年 1 月上旬，当阳新湖蒿绝大部分嫩茎长 20～25 cm、顶端心叶尚未展开、颜色为淡绿色时，采收嫩茎，测产，测定土壤有机质含量，并比较不同复合肥、尿素使用量的差异。

5.7.6　试验结果

试验结果表明（表 5.8），阳新湖蒿采收结束后，与对照未种植绿肥的闲置蒿田相比，选用玉米、黄豆作为绿肥作物，与阳新湖蒿轮作，土壤有机质平均增加 5.7%，可有效提高土壤肥力。经济效益分析显示，亩平尿素用量减少 20 kg，节约化肥支出 40 元，亩平复合肥用量减少 15 kg，节约复合肥支出 37.5 元，合计亩平节约化肥支出 77.5 元。与此同时，种植绿肥作物的田块迎茬种植湖蒿，亩平均增产 250 kg，亩平均增收 2 000 元。综合计算（复合肥 2.5 元 /kg、尿素 2 元 /kg、湖蒿 8 元 /kg），采用阳新湖蒿—绿肥轮作模式，亩平均节本增收 2 077.5 元。

表5.8　阳新湖蒿—绿肥轮作试验效果

处理对照	复合肥用量（kg/亩）	尿素用量（kg/亩）			土壤有机质含量（%）	湖蒿产量（kg/亩）	节本增收（元/亩）		
		第1次	第2次	小计			节本	增收	累计
试验区 1	25	10	10	20	15.3	1 830	122.5	160	282.5
试验区 2	35	15	15	30	14.9	2 180	77.5	2 960	3 037.5
试验区 3	45	20	20	40	15.1	2 170	32.5	2 880	2 912.5
平均值	35	15	15	30	15.1	2 060	77.5	2 000	2 077.5
对照区	50	25	25	50	9.4	1 810	—	—	—
轮作效果	−15	—	—	−20	5.7	250	77.5	2 000	2 077.5

阳新湖蒿配茬作物栽培技术 6

6.1 阳新湖蒿与茄果类蔬菜配茬栽培技术

6.1.1 品种选择

（1）茄子 汉宝1号、2号、3号紫长茄。

（2）辣椒 飞跃6号、湘研812、湘早秀、杭椒3号、9号等。

（3）番茄 中研红2号、906、903或以色列番茄等。

6.1.2 种苗繁育

（1）育苗地选择 选择异地育苗。选择避风向阳、地势高、土质肥沃、水源方便、上季没有种过辣椒、茄子、番茄的大棚作为育苗棚，进行育苗。

（2）育苗方式 一般用营养钵或基质穴盘育苗，也可苗床育苗。苗床育苗待幼苗长至2叶1心时，分苗至钵或盘内。

（3）播种时间 茄子10月上旬；辣椒11月上旬；番茄11月中旬至12月上旬。

6.1.3 茄果类蔬菜栽培技术要点

（1）整地施肥 畦宽1.5 m（连沟），沟0.3 m，畦中挖深沟埋入足够的有机肥和一半的复合肥，另一半复合肥作面肥施入，作好畦，有机肥数量根据土壤肥力情况（50～80担）而定。

（2）定植 3月上中旬定植。定植密度：每畦种两行，株距茄子稀些，番茄、辣椒稍密些，30～40 cm不定。

（3）整枝与摘叶 番茄实行整株整枝，或者一干、二干或一半干整枝都可，具体因根据种植密度而定，一干半整枝时，留靠近第一档果下的侧枝，待侧枝上座一档果留二片叶后侧枝除去。茄子栽培对门茄以下的侧芽摘除，并重点做好打叶工作，有利于通风透光。辣椒一般不采取整枝和摘叶。

（4）肥水管理 茄果类蔬菜3月上中旬栽培时，气温低，不易坐果，应采用激素点花，2,4-D或脱落素。在第一档果实坐牢后要及时追肥，可用复合肥或尿素，以后每采收一档应追肥一次。

（5）病虫害防治 3月上中旬栽培，番茄、茄子的灰霉病发生比较常见，是影响茄子产量的一个致命病害。大棚栽培中，用烟熏剂防治，效果较好，每个标准大棚（180 m²）用烟熏剂4颗，防治灰霉病效果较明显。喷施杀菌剂时，一般要每隔5 d喷1次，连喷3次以上。番茄叶霉病、早疫病、茄子黄萎病等也是常见病害，可用百菌清、硫菌灵等防治，青枯病、枯萎病是土壤传播病害，除了药剂防治，最好是采用嫁接换根的方法。

6.1.4 具体实例——阳新湖蒿配茬杭椒高产优质高效栽培技术

杭椒为杂交一代早熟品种，植株长势旺，果实生长快、商品性好。株高70 cm，开展度80 cm，第一花序生长于第8节，果长12～14 cm，横径1.5 cm，淡绿色，辣味中等，品质特优，但上市的商品辣椒以5～6 cm的长度为佳。适宜保护地栽培，亩产2 000～3 000 kg。主要栽培技术要点如下。

（1）播种育苗 种子用55℃温水浸种30 min，待种子自然冷却后再浸种7～8 h，或用高锰酸钾500倍液浸种7～8 min，洗净后用清水再浸种7～8 h，然后在28～30℃条件下保温催芽，当种子70%露白时，即可播种。播种：冬季播种的苗床，选择前茬未种过茄果类、瓜类作物的温室或大棚内；浇足底水后，撒0.5%的多菌灵药土1～2 cm厚，播种后均匀覆盖药土0.5 cm，播种后覆盖拱棚和地膜；有条件的先铺好电热线，以备寒冷时给苗床加温。夏播的则直接将催好芽的种子播于10 cm×10 cm的营养钵中，然后盖好棚顶和遮阳网，以防雨防暴晒。育苗管理：出苗前要控温保湿，白天温度尽量控制在25～30℃，60%～70%幼苗出土时，冬季苗要及时揭去地膜。出苗后适当降低温度，白天尽量控制在18～25℃，夜间尽量控制在

12～15℃，要及时通风换气，注意防冻害、日灼、倒苗、线苗。冬季幼苗破心后移入 10 cm×10 cm 营养钵中。浇水一次不宜过多，要少量多次，尤其是冬季要保持床土下湿上干，过湿时，可适当撒施干细土。冬春季在 10—15 时浇肥水，夏秋季在傍晚浇施肥水，土壤和空气湿度宁干勿湿。

（2）整地移栽　整地施足基肥：选用前茬未种过茄果类的温室或大棚，翻耕前亩施腐熟厩肥 5 000 kg，精耕细耙，1.2 m 包沟开畦，畦中间每亩沟施复合肥 50 kg、菜饼 50 kg；畦面盖好地膜。覆膜：春栽的定植前 10 d 左右覆盖棚膜、地膜，提高地温；秋冬栽培的在定植前扣顶膜加遮阳网降温。合理密植：每畦种植 2 行，行距 30 cm，株距 20～25 cm，亩栽 5 000 株。春栽的中午定植，夏秋栽培的傍晚定植，定植后浇足定根水，封好地膜的四周和定植口。

（3）田间管理　肥水管理：缓苗后每亩施磷酸二铵或进口复合肥 5kg 或清粪水提苗，直到初次采收嫩椒时再视植株长势及土壤干湿情况浇水施肥。整枝保花保果：待辣椒发棵后及时摘除根椒以下的侧枝。生长期间喷施硼肥和硫酸锌微肥以减少落花落果。温湿管理：通过通风换气、覆盖、遮阴等措施，尽量保持棚内温度白天 25～30℃、夜间 12～18℃。遇旱及时灌水，并注意尽量降低棚内湿度，控制病害发生。4—5 月视气温上升情况及时去掉大棚四周的裙膜，只留棚顶的薄膜防暴雨；11—12 月视气温下降情况及覆盖大棚膜和无纺布保温。

（4）病虫害防治　苗期病害为猝倒病、立枯病和疫病，可采取种子消毒、撒药土等措施防治；灰霉病可用速克灵药剂防治；病毒病发病初期可用 83 增抗剂或病毒 A600 倍液防治；根腐病可用根腐灵 700 倍液防治；夜蛾类害虫可用 5% 卡死克 1000 倍液，10% 除尽 2000 倍液或安打 3000 倍液防治。

（5）及时采收　杭椒以 5～6 cm 长的嫩果最受市场欢迎，果长 5～6 cm 时采收其单产也最高，所以当杭椒嫩果达到 5～6 cm 长时就要及时采收，并包装整齐上市。

6.2　阳新湖蒿与瓜果类蔬菜配茬栽培技术

6.2.1　品种选择

（1）黄瓜　鄂黄瓜 1 号、欧宝、金胚 99。

（2）西瓜　84-24、西农 8 号等。

（3）苦瓜　碧玉、绿秀等。

6.2.2　种苗繁育

（1）育苗地选择　采用异地育苗。选择避风向阳、地势高、土质肥沃、水源方便、上季没有种过瓜果类的大棚作为育苗棚，进行育苗。

（2）育苗方式　一般用营养钵或基质穴盘育苗，也可苗床育苗。苗床育苗待幼苗长至 2 叶 1 心时，分苗至钵或盘内。

（3）播种时间　黄瓜、瓠子：1 月上旬至 2 月上旬；西瓜、甜瓜：2 月上中旬；苦瓜、丝瓜：2 月上中旬。

6.2.3　瓜果类蔬菜栽培技术要点

（1）种子消毒　播种前，采用温汤消毒或药剂消毒的方式，对种子进行消毒，杀灭或减少附着在种子表面及潜伏在种子内部的病菌，减少种传病害。如温汤消毒：把种子放在 55 ～ 60℃的温水中浸 15min，并不断搅拌，使种子均匀受热。但种子消毒前要在常温水中预浸 15min，以便激活附着的病菌，达到较理想的灭菌效果。

（2）整地与施肥　前茬湖蒿收获后，亩施熟石灰 50 ～ 100 kg，并及时深耕，调节土壤酸度的同时，减少土传病害的发生。

采用深沟窄厢、高垄栽培，使雨水能及时排除，防止积水。一般厢沟深 30 cm，厢宽 80 cm。合理密植，保持良好的通风透光条件。

重施底肥：底肥应多施有机肥。每亩施腐熟人畜粪尿 4 000 kg，复合肥 50 kg。人畜粪尿一定要充分腐熟后才能使用。

覆盖地膜：提倡覆盖地膜，减少草害和病害的发生。

（3）定植后田间管理　抽蔓后，要及时吊蔓、绑蔓。及时清除枯枝败叶，病株和病叶，并带出蒿田，集中销毁。未覆盖地膜的要适时中耕除草。及时追肥：瓜类蔬菜连续结果能力强，产量高，应根据长势及时追肥，每采收 1 次追 1 次肥，追肥以复合肥为主。中后期增施磷钾肥，并叶面追施以磷酸二氢钾为好。盛果期勤浇水，但要用清洁水，生活污水不能用来浇灌。适时整枝、摘心：瓠瓜在主蔓 6 ～ 7 叶时摘心，促侧蔓生长；侧蔓结果后，留 1 果，保留 2 ～ 3 叶摘心。苦瓜摘除 1.5 m 以下的侧蔓。

（4）病虫害防治　瓜类蔬菜病害主要有霜霉病、疫病、炭疽病、病毒病等。病毒病在发病初期用病毒 A、病毒 K 等农药喷药，每 7 ～ 10 d 1 次；枯萎病在发现中心病株后立即拔除，在穴内撒石灰消毒，用多菌灵、甲基硫菌灵等农药灌根；霜霉病、疫病、炭疽病等用百菌清、瑞毒霉、可杀得、多菌灵等农药防治。

瓜类蔬菜害虫主要有蚜虫、斑潜蝇、黄守瓜、黑守瓜等，用虫螨克、敌百虫、顺反氯氰菊酯、甲维盐等农药防治。

（5）采收清洗　适时采收清洗后上市。根瓜要早摘，禁止用生活污水清洗。

6.2.4　具体实例——鄂黄 3 号黄瓜栽培技术

鄂黄 3 号黄瓜系黄石市蔬菜科学研究所选育的杂交一代黄瓜新品种，该品种极早熟，植株长势强，茎粗叶大，叶色深绿，主茎节间短，平均 5 ～ 7 cm，较抗枯萎病，耐霜霉病，不容易产生大幅度减产，第一雌花节为 2 ～ 4 节，黄瓜膨大速度快，前期产量高。一般亩产 5 000 kg。瓜条顺直，瓜长 30 cm 左右、直径 4 ～ 5 cm，瓜把粗短，果皮嫩绿白色，刺瘤刺毛很少，单瓜重约 250 g；后期瓜畸形少，采收后 4 ～ 5 d 仍味浓质脆，口感特别好，宜于黄石市蔬菜标准园早春保护地栽培。

（1）播种育苗　苗床准备：播种期一般在 12 月下旬至 2 月上旬，要提前准备好育苗的大棚套拱棚，每 10 m² 苗床铺设 1 根 1 000 W 的地热线。并提前准备好营养钵。浸种催芽：将黄瓜种子用 55 ～ 60℃ 的温水浸种消毒 15 min，接着用清水浸种 4 ～ 6 h，再捞起冲洗干净，用网袋装好再用湿毛巾包好放入恒温箱中催芽，催芽温度控制在 25 ～ 32℃；如果没有恒温箱可用电热毯或保温瓶代替；催芽 24 ～ 36 h 后，种子就基本出芽。播种：种子催芽后即播种，播种前先将营养钵浇透水，每钵播种 1 粒，用消过毒的干细土覆盖 1 ～ 2 cm 厚，用薄膜覆盖保湿，再将地热线通电 3 d，并盖好拱棚和大棚，约 90% 的幼苗出土后就揭去营养钵上的薄膜，如不是天气过于寒冷，就可停止供电。苗期管理：苗期管理除适时通风透气外，应特别注意防寒防冻，若遇 5℃ 以下的低温天气，将地热线及时通电增温。黄瓜苗期需水量不大，只要营养土不过于干燥就不要浇水，确需浇水也只能轻浇。苗期还要注意防猝倒病。

（2）整地施基肥　选择前两年未种过瓜类的大棚，将耕地翻晒后，按1.2 m包沟开畦，在畦中间开沟每亩深施腐熟猪粪2 000 kg或菜饼100 kg再加进口复合肥50 kg作基肥，然后盖好地膜、盖好大棚膜待栽。

（3）定植　3月上中旬当气温稳定回升时就要及时定植，一般每亩定植3 500株；定植前先用与营养钵配套的打孔器按定植密度打好定植孔，再从营养钵中连土带苗取出植株放入定植孔，在追施一次清粪水或稀尿素作提苗肥后及时用土盖好地膜定植口，并及时盖好拱棚和大棚保温。

（4）田间管理

温湿度调控：每天要注意适时通风透气；阴雨天和气温较低时，通风透气时间适当缩短，晴好天气时，通风透气时间适当延长；白天要尽量使棚内温度保持在18～27℃，夜间要尽量使棚内温度保持在13～18℃。4月上旬完全拆除塑料拱棚，5月中旬拆除大棚裙膜，只留大棚上部薄膜防大雨、防强光照。黄瓜在开花以前，结合施提苗肥浇水1次。在进入开花结果期后，每15 d左右要灌水一次，灌水的方法是将水灌入畦沟，但不可浸过畦面，再让水渗入畦内土壤，注意不要让栽培地渍水，高温季节灌水宜在早晚进行。

植株和果实调整：黄瓜以主蔓结果为主，一旦发生侧蔓要及时摘除，以减少养分损失。第一苞瓜由于节位较低，容易抵着地面生长而弯曲，以致严重影响商品性状，故应及时手工调整第一苞瓜的生长方向。

搭架：当黄瓜蔓长20 cm时搭架，架材选择较粗壮2.2 m长的竹竿，大棚内部两侧的架材则适当短一点，以插架后不顶住大棚为准，搭架时先将每畦的两头插好"人"字架，并加两根竹竿作斜向支撑，每畦中间每隔4排植株（每排2株）搭一"人"字架，即每畦每行的每两根竹竿中间有3株不插架，插好"人"字架后，将"人"字架上端的交叉处和两侧的中部分别用尼龙绳相连，棚内相同方向的纵向畦间的同向尼龙绳也相连。

引蔓：旁边插有"人"字架的植株则顺着竹竿及时引蔓上架；旁边没有插架的植株，则每株用一根约2 m长的塑料包装带在"人"字架上端的尼龙绳上绑好，在"人"字架侧面中间的尼龙绳上绕一圈后，再将黄瓜植株吊蔓上架；以后每个星期要及时引蔓、绕蔓一次，使黄瓜的藤蔓均匀向架上生长。

追肥：黄瓜除苗期追施一次提苗肥外，在其进入开花结果期，每10 d左右用0.5%的尿素加0.3%的磷酸二氢钾溶液进行叶面追肥1次，共进行4～5次。

防病防虫除草：黄瓜的主要病害有霜霉病、细菌性角斑病和白粉病；可用大生、雷多米尔等农药防治霜霉病，可用可杀得等农药防治细菌性角斑病，可用白粉净等农药防治白粉病。其主要虫害有黄守瓜和瓜实蝇，可用绿晶、吡虫啉等农药防治。只要地膜的四周和植株定植口用土封盖严实，地膜破损处也能用土及时封严，畦面一般不会长出杂草，畦沟的杂草则要工人及时锄去。

采收：采收期一般在4月中旬至6月中旬，若前期天气晴好，始收期可提早到4月上旬；当黄瓜约有250 g时即可采收，前期为了抢早并促进植株生长和中后期果实发育，第一苔果可提前至150～200 g时采摘。

6.3 阳新湖蒿与十字花科蔬菜配茬栽培技术

6.3.1 品种与种植方式

与阳新湖蒿配茬的十字花科蔬菜主要是包菜、菜花（松花、紧花、西兰花）、小白菜、娃娃菜、快菜、广东菜心、胡萝卜、萝卜等春播—夏收蔬菜。主栽品种有广良55大白菜、CR卡罗、绿抗9号甘蓝、CR捷如美4号花叶萝卜、雪单一号花叶萝卜、川岛60松花菜等。

根据种植方式，配茬的十字花科蔬菜分为育苗移栽和直播栽培。育苗移栽的有包菜、菜花、娃娃菜、快菜等。直播栽培的有小白菜、娃娃菜、快菜、广东菜心、萝卜、胡萝卜等。

6.3.2 阳新湖蒿与菜花配茬栽培技术要点

（1）配茬时间　菜花喜欢温暖气候，既不耐高温也不耐低温，与湖蒿配茬一般在春季2月中下旬播种，在3月下旬阳新湖蒿采收完成后移栽，从播种到菜花采摘80～120 d，6月下旬完成采收菜花。

（2）播种育苗　采用苗床育苗。播种前先将种子消毒杀菌，取1 g高锰酸钾兑水浸泡15 min，将种子取出冲洗干净，把种子摊开晒干即可播种。育苗地要求较高，选择前茬未种植蔬菜的无病虫的地块，育苗前深翻晒干泥土，投入100 kg腐熟农家肥，将农家肥和泥土翻打细碎整平，取出一部分的细土备用。将种子均匀撒播入土，再覆盖1 cm的细土，撒上一薄层草木灰，轻浇水一次至泥土渗透湿润。育苗地选在大棚内，或采用简易拱棚保温保湿。白天气温回升打开地膜通风，夜间低温时关闭。育苗期不用施肥，见土干浇小水，苗龄 20 ～ 30 d 移栽定植。

（3）整地施基肥　湖蒿采收后，每亩使用 50 ～ 100 kg 生石灰粉后及时翻晒，调节土壤酸度并杀灭土壤中的病菌、虫卵。定植前几天，再次精细整地，整地时施足基肥，每亩施入腐熟粪便 2 500 kg，农家土杂肥越多越好，过磷酸 15 ～ 20 kg 或者氮磷钾复合肥 30 kg，再次进行深耕耙细整平，做成平畦面的地块，长宽高可以根据地势而定。

（4）菜花幼苗移栽定植　当菜花幼苗生长至有 4 ～ 5 片真叶时，就可以移栽定植，起苗时一定要轻拿轻放，避免甩土伤根。一般挖穴种植，株行距为 30 ～ 40 cm，定植密度为每亩 3 000 棵左右。定植后浇定根水，每天浇小水一次，直至生长稳定后，再减少浇水次数，以见土干浇水，一般无雨天气一个星期浇 1 次水。

（5）田间管理措施　菜花生长稳定后，田间管理主要就是肥水管理和病虫害预防。

水肥管理：菜花在整个生长期追肥 2 ～ 3 次，结合中耕除草一起，第一次以氮肥为主，每亩使用尿素 10 kg 兑水施浇。最好是和腐熟粪水一起施浇，因为粪水含有微量元素，对菜花生长发育有着极大的好处。第二次追肥在菜花结球形成"莲座"期，再追一次复合肥，每亩使用 30 kg 根外深施。这个时候要逐渐加大浇水量，保持泥土湿润状态，无雨天气应每隔 4 ～ 5 d 浇 1 次水，多雨天气要及时排水，预防菜园积水。为了提高菜花球茎膨大上色，提质增产，每亩可使用磷酸二氢钾 3 kg 兑水 500 kg 冲施。

病虫害预防：菜花主要病虫害有猝倒病、立枯病、甜菜夜蛾、斜纹夜蛾和跳甲等。育苗期，播种前用 95% 绿亨 1 号可湿性粉剂 3000 倍液土壤消毒处理，并用 2.5% 适乐时悬浮剂拌种播种，用量为种子重量的 0.1%，播种后用 4.5% 高效氯氰菊酯乳油 2000 倍液喷洒地防治跳甲等地下害虫。移栽后，在猝倒病发病初期用 58% 雷多米尔可湿性粉剂 500 ～ 600 倍液喷雾防治；立枯病发病初期用 10% 世高水分散粒剂 1500 倍液喷雾防治；甜菜夜蛾、斜纹夜蛾用 4.5% 高效氯氰菊酯乳油 2000 倍液喷雾。

（6）采摘　菜花采摘不可过早、也不宜过晚，在花球完全膨大的时候，花蕾没有开放时采摘最好。采摘时在花球下部枝茎 10 cm 左右割下，应保留

3～4片叶子，利于运输。

6.3.3　阳新湖蒿与春胡萝卜配茬栽培技术要点

（1）配茬时间与品种选择　胡萝卜适宜生长温度15～25℃，喜欢强光的光照和相对干燥的空气条件。春胡萝卜与湖蒿配茬要严格控制播种期，一般选在湖蒿采收后的3月下旬至4月初进行露天播种，5月下旬至6月中旬的时候可以收获。此外，与湖蒿配茬，春胡萝卜的品种选择也是高产的关键之一，应选择早熟、丰产、抽薹迟、耐旱的品种。

（2）整地施肥　湖蒿采收后，及时清理田园，翻耕晒垡。整地前施足底肥，一般每亩施充分腐熟的猪栏粪、人粪尿等优质农家肥2 000～3 000 kg，尿素10 kg，过磷酸钙20 kg、氯化钾25 kg或优质复合肥100 kg，硼砂0.5～0.75 kg。若农家肥施用不足的，最好每亩施腐熟的菜饼40～50 kg，然后耕深25 cm以上，适度造墒，精细整地。

（3）适期播种　湖蒿收获后（3月下旬至4月初）进行露天播种，播前用种衣剂加新高脂膜拌种，可驱避地下病虫，隔离病毒感染，提高种子发芽率。按行距20 cm开沟条播，每畦5行，沟深2～3 cm，每亩用种量300 g，播后覆土。

（4）田间管理　胡萝卜出苗以后必须尽快将幼苗的距离拉开，变得稀疏一点，以免胡萝卜的高度过高，发芽前必须保持土壤湿度，浇水必须以土壤湿度增长为基础，如果太干的话会影响幼苗扎根，如果太湿会产生烂根，如果水管理不善，胡萝卜很容易开裂或肉老，所以有条件的种植者可以选择软管的滴灌。在幼苗生长期间要进行追肥，但追肥的次数不要太多，浓度不要太高。

（5）病虫害防治　春胡萝卜生长前期病虫害较轻，到生长后期温度逐渐升高，易引发病虫害。主要病害有黑腐病，在播前做好种子消毒的同时，大田发病后，可用敌克松500～800倍液于傍晚泼浇或用链霉素100～200 mg/kg溶液50 kg进行喷雾。主要虫害有蚜虫和小菜蛾等，可用除虫菊酯、Bt等药剂细水喷雾。

（6）收获　胡萝卜的成熟期略有差异，应分期适时收获。春播胡萝卜在3月下旬至4月初播种，一般在6月底至7月初收获，成熟时表现为叶片不再生长，不见新叶，下部叶片变黄。如过早过晚采收，都会影响胡萝卜商品性状，从而影响产量。

6.4 阳新湖蒿与叶菜类蔬菜配茬栽培技术

6.4.1 茬口安排

叶菜类蔬菜按照吃的部位分为两种，一类是吃嫩叶和茎的，如小白菜、芹菜、菠菜、莴苣等；另一类叶菜是包心的，叶球为食用部分，如大白菜、甘蓝等。

与阳新湖蒿配茬的叶菜类蔬菜主要是小白菜、苋菜、空心菜、油麦菜、生菜和薯尖等。其中，苋菜采用直播方式种植；薯尖采用扦插方式繁殖；小白菜、空心菜、油麦菜、生菜既可以直播，也可以育苗移栽。与湖蒿配茬时间，在春季3月湖蒿收获后至6月间的生长季内，可种植2～3茬叶菜。采用移栽方式种植叶菜，一般在春季2月中下旬播种，在3月下旬阳湖蒿采收完成后移栽。

6.4.2 叶菜类蔬菜养分吸收特点

在氮、磷、钾三要素中，主要吸收氮和钾，二者比例大概为1:1。而且与茄果类蔬菜（如番茄）相比，叶菜类氮的吸收量要明显增加。因此，种植叶菜类蔬菜选用复合肥料时，优先选用N:K为1:1左右的，并且N的含量稍微高一点会更好，由于叶菜类一般不要求开花结果，生长后期切忌施用高磷、高钾肥料。

叶菜类蔬菜根系一般较浅，抗旱、抗涝能力都较差。如果土壤过于潮湿，如果排水不良、大水漫灌或者遇连续阴雨，要及时排涝，以免造成土壤中氧气含量不足，影响根系呼吸作用，导致上部叶面不能正常生长；如果土壤过于干旱，则肥水供应不足，会影响钙、硼元素的吸发，导致缺硼或者缺钙，例如大白菜的干烧心，芹菜出现心腐病。

多数叶菜类的养分吸收高峰在生育前期，例如，结球类叶菜（如甘蓝，大白菜）吸收养分高峰期在结球初期。相对而言，叶菜类蔬菜在生长后期吸收养分较少，所以叶菜类蔬菜应该注重前期施肥，而且应该以氮肥为主。

6.4.3　阳新湖蒿与生菜配茬栽培技术

（1）配茬时间　选用应选用耐热、耐抽薹的品种，采用育苗移栽种植。生菜与湖蒿配茬一般在 2 月中下旬播种，在 3 月下旬阳湖蒿采收完成后移栽，从播种到采收 90～100 d，6 月下旬前完成采收即可。

（2）播种育苗　苗床准备：2 月中下旬播种生菜，此时气温较低，需要采用适当的保护措施，可在温棚内育苗或采用小拱棚育苗。苗床土力求细碎、平整，每平方米施入腐熟的农家肥 10～20 kg，磷肥 0.025 kg，撒匀，翻耕碎、平整，每平方米施入腐熟的农家肥 10～20 kg，磷肥 0.025 kg，撒匀，翻耕，整平畦面，播种前浇足底水，待水下渗后，在畦面上撒一薄层过筛细土，随即撒籽。育苗移栽约 25 g 种子可栽 1 亩大田。

种子处理：将种子用水打湿放在衬有滤纸的培养皿或纱布包中，置放在 4～6℃的冰箱冷藏室中处理 1 昼夜，再行播种。为使播种均匀，播种时将处理过的种子掺入少量细潮土，混匀，再均匀撒播，覆土 0.5 cm。播种后盖膜增温保湿促出苗。

苗期管理：苗期温度白天控制在 16～20℃，夜间 10℃左右，在 2～3 片真叶时进行分苗，可采用容器袋和分苗床的两种方式，容器袋分苗能更好地保护根系，定植后缓苗快。分苗前，苗床先浇一次水，分苗畦应与播种畦一样精细整地、施肥，整平移植到分苗畦按 6～8 cm 栽植，分苗后随即浇水，并在分苗畦上盖上覆盖物。缓苗后，适当控水，利于发根、苗壮。2 月中下旬育苗，苗龄 30～40 d。

（3）定植　3 月下旬湖蒿收获后，及时整地，当小苗具有 5～6 片真叶时即可露地定植，定植时要尽量保护幼苗根系，可大大缩短缓苗期，提高成活率。根据天气情况和栽培季节采取灵活的栽苗方法，通常采用挖穴栽苗后灌水的方法，也可采用水稳苗的方法，即先在畦内按行距开定植沟，按株距摆苗后浅覆土将苗稳住，在沟中灌水，然后覆土将土坨埋住。这样可避免全面灌水后降低地温给缓苗造成不利影响。

（4）田间管理　浇水：缓苗后要看土壤墒情和生长情况，决定浇水的次数。一般 5～7 d 浇一水。春季气温较低时，水量宜小，浇水间隔的日期长；生长盛期需水量多，要保持土壤湿润；叶球形成后，要控制浇水，防止水分不均造成裂球和烂心；开始结球时，浇水既要保证植株对水分的需要，又不能过量，控制田间湿度不宜过大，以防病害发生。

中耕除草：定植缓苗后，应进行中耕除草，增强土壤通透性，促进根系发育。

追肥：以底肥为主，底肥足时生长前期可不追肥，直至开始结球初期，随水追 1 次氮肥促使叶片生长；15 ～ 20 d 追第 2 次肥，以氮磷钾复合肥较好，每亩用 15 ～ 20 kg；心叶开始向内卷曲时，再追施一次复合肥，每亩用 20 kg 左右。

病虫害防治：生菜病害主要有霜霉病、软腐病、病毒病、干腐病、顶烧病等；虫害主要有潜叶蝇、白粉虱、蚜虫、蓟马等。生菜大都用于生吃，病虫害应以预防为主。加强田间管理等综合措施，化学防治应选用低毒、高效、低残留农药。

（5）采收 散叶生菜的采收期比较灵活，采收规格无严格要求，可根据市场需要而定。结球生菜的采收要及时，根据不同的品种及不同的栽培季节，一般定植后 40 ～ 70 d，叶球形成，用手轻压有实感即可采收。

6.4.4 阳新湖蒿与薯尖配茬栽培技术

（1）茬口安排 湖蒿 3 月下旬收获后，在大棚内扦插江城薯尖，4 月中下旬至 6 月中下旬上市。

（2）品种选择 薯尖宜选用优质、高产、抗逆性强的菜用型甘薯品种，如鄂菜薯一号、福薯八号等。目前，主要选用湖北省农业科学院选育的叶菜型甘薯新品种鄂菜薯一号。与一般菜薯品种相比，鄂菜薯一号颜色更嫩绿，节间距短；叶柄纤维较少，口感更柔软；采收时间短，从种植到薯尖上市 20 ～ 25 d，平均 7 d 左右可掐薯尖 1 次；基本不受病虫侵害，可缓解秋天淡季蔬菜供应紧张的局面。鄂菜薯一号，一个生长季节每亩可采收 4 000 kg 以上。

（3）整地施肥 湖蒿采收后，结合深耕每亩施入腐熟有机肥 3 000 kg，整成宽 2 m 的平畦。

（4）及时扦插 选用茎蔓粗壮、无病虫害、带心叶的顶端苗，适时扦插，一般栽植密度以每亩 1.2 万～ 1.5 万株为宜。扦插后 10 d 左右用稀薄人粪尿浇施，以促进幼苗生长。

（5）田间管理 温度管理：薯尖生长的适宜温度为 18 ～ 30℃，温度

35℃以上时，生长缓慢，易老化。早春温度低时，须及早覆盖棚膜增温，提早上市。夏季光照过强时薯尖易老化，高温强日照时宜在大棚上覆盖遮阳网降温，以提高薯尖食用品质。夏季光照过强时薯尖易老化，高温强日照时宜在大棚上覆盖遮阳网降温，以提高薯尖食用品质。

及时摘心薯：尖扦插成活后，在4～5叶时摘心，促发分枝，封行后开始采摘上市。

（6）病虫害防治　薯尖一般病虫害较少，虫害主要有斜纹夜蛾等食叶性害虫，生产上结合采摘进行人工防治，也可采用性诱剂诱杀、防虫网隔离等综合措施防治，宜选用高效、低毒、低残留杀虫剂如Bt等药剂喷雾防治。

（7）及时采收　薯尖封行后及时采收。一般采摘4叶1心的鲜嫩薯尖，每8～10 d采摘1次；也可根据蔬菜市场供应情况分期分批采收，以调整市场、保薯尖封行后及时采收。为提高薯尖产量和品质，采收后要进行修剪，一般采收3次后修剪1次。修剪时必须保留2～3节，并结合进行中耕、除草、追肥。

6.5　阳新湖蒿与早稻配茬栽培技术

6.5.1　茬口与品种安排

（1）配茬时间　3月下旬湖蒿收获后至7月下旬。水稻4月初播种，7月下旬收割。8月上中旬扦插湖蒿。

（2）品种选择　选择早稻品种，全生育期110 d左右。

（3）种植方式　育苗盘育苗移栽。

6.5.2　育苗与移栽

（1）配置土壤　水稻适宜生长在肥沃的土壤中，使用水稻育苗盘育苗时，需要使用田园土、砂土混合配制成营养土，再往营养土中施加腐熟的粪肥，使其更为肥沃，然后把营养土放入到育苗盘里，并进行高温消毒，促进水稻健康生长。

（2）种子处理　种植水稻时，需要选择饱满且无破损的种子，再将种子放入多菌灵药剂中浸泡一段时间，消灭种子表面的病菌，使水稻的染病概率降低，然后把水稻种子放置在太阳下进行晾晒，并且要每隔 3 h 翻动 1 次，使水稻快速出苗。

（3）育苗方法　使用水稻育苗盘育苗时，需要将种子撒在育苗盘里，且育苗盘单个孔里最多只能撒上 2 颗种子，再对育苗盘浇灌一次水，然后把育苗盘放在大棚中，并且要把大棚里的温度控制在 25℃ 左右，促进水稻旺盛生长。

（4）移栽方法　种植水稻时，秧龄控制在 23 ~ 28 d，植株叶龄 3.5 ~ 4 片叶、株高 8 cm 时，将其插入到土壤中，可以采用人工插秧或者机器插秧的方法。早稻栽插规格 5×6 寸或 5×7 寸，每穴 2 棵谷秧，基本苗 8 万 ~ 9 万株。

6.5.3　移栽后的管理

（1）水层管理　移栽后一定要及时上护苗水，这时期秧苗在移栽时根系受伤，吸收能力降低，对水分非常敏感，插秧后缺水，秧苗返青缓慢甚至会造成秧苗死亡，水过深也会影响正常返青，还给潜叶蝇提供了滋生条件，正常水深在秧苗 1/2 ~ 2/3，以水护苗，促进返青，防止冷害和冻害，也防止秧苗在大风天和烈日下失水过多，造成干尖，干叶而大缓苗，尤其最近几天气温突然下降，一定要上好护苗水保温促进返青。

（2）病虫害防治　早稻主要害虫有二化螟、稻纵卷叶螟、稻飞虱，病害主要有水稻纹枯病、稻瘟病，需要根据当地植保部门发布的病（虫）情预报和防治指导建议，及时采取防治措施。

（3）及时补苗　补苗和插秧最好同时进行，能使水稻秧苗返青一致，生长一致。如补苗不及时，后补的稻苗就小，易在施二遍除苗剂时产生药害，也容易被潜叶蝇吞食。

（4）适时追施返青分蘖肥　一般水稻插秧后 3 d 即已返青，秧苗返青后及时追肥，促进新叶早生分蘖，秧苗健壮，追肥以氨肥为主，追肥后要保持浅水层 3 cm 左右为宜。

（5）做好 2 次封闭除草　水稻杂草主要以稗草、千金子、三棱草、牛毛毡、野慈菇等为主。杂草生长快，吸收养分能力强，会与水稻争水分、肥料和光照，进而影响水稻正常生长。二次封闭要以丙草胺、苯噻酰、吡嘧磺隆等安全性能高的药剂为主，这段时期，早返青有利于早发分蘖和形成壮蘖，延长营养生长期，同时也为早熟、高产创造有利条件。

6.6　阳新湖蒿与甜玉米配茬栽培技术

6.6.1　茬口安排

阳新湖蒿与甜玉米配茬，3月下旬湖蒿收获后，当气温稳定通过12℃时开始露地播种，采取薄膜育苗移栽，可提早至2月中下旬播种。

6.6.2　播种要求

（1）种植密度　根据甜玉米品种特性、种植季节、水肥管理水平和果穗的商品要求，确定适宜的种植密度，一般每亩种植3 500～4 000株，行距60～65 cm，株距30 cm。

（2）精细播种　甜玉米特别是超甜玉米淀粉含量少，籽粒瘪瘦，千粒重只有110～180 g，相当于普通玉米的1/3～1/2，发芽势弱，顶土力差。应适当浅播，播深超甜玉米一般不超过3 cm。

（3）药剂除草　播种后当天喷施除草剂，每亩用50%乙草胺乳剂50 g倒入100 kg水中，边加边搅，充分混匀，用喷雾器均匀喷洒畦面和沟面。

6.6.3　田间管理技术

（1）小培土　幼苗5叶期应进行浅中耕松土、追肥、小培土，每亩追施尿素5～6 kg。甜玉米苗期较耐旱，但怕涝害，水浸一夜则可死苗，遇大雨应及时排水。

（2）培土　植株第7～8叶展开时是雌雄生长锥开始分化期，又称大喇叭口期或孕穗期，应及时中耕松土、追肥、培土，每亩追施尿素20 kg，氯化钾15 kg。此阶段对水分的要求比苗期多，适宜的土壤含水量为田间持水量的70%～80%，应及时灌水、排水。

（3）大培土　抽雄前，每亩追施尿素20 kg，氯化钾7.5 kg，并进行大培土，可防倒伏、压大草。抽雄后2～4 d开始散粉，雌穗花丝通常在雄花开始散粉后1～2 d抽出，若水分太多或干旱、高温、种植过密，抽丝将推迟，则影响授粉。乳熟期是增加粒重的主要时期，对氮、磷、钾养分的吸收数量达到最高值，增施钾肥能增加甜度，缺磷会导致秃尖。此阶段要求土壤含水量达田间持水量的80%。

（4）除苗及摘笋　甜玉米发芽率低，出苗不整齐，在3叶期应间苗、补苗，每穴留1～2株，5叶期定苗，每穴留1株。用手拔容易伤及同一穴中的另一株苗，可用剪刀除去相对弱小的苗。普通栽培水平下，只要求一株留一穗鲜苞，以保证良好的品质，一般留最顶第一苞。最好的摘笋时机是在要摘的玉米笋刚刚吐丝时，一手握住玉米株，另一手拿玉米笋由叶鞘侧边顺势用力拔出，注意尽量保护茎叶的完整性。采摘的玉米笋可以做菜或出售。甜玉米有分蘖特性，其分蘖对主茎的生长发育影响较小，往往可以形成结实饱满的果穗，所以，在较稀植的情况下不必摘除分蘖。

（5）人工辅助授粉与去雄　散粉期人工辅助授粉，可使籽粒饱满，散粉期遇连续阴雨时更要加强人工辅助授粉。为减少养分消耗，在授粉结束后，可把雄穗全部剪去。

6.6.4　防治病虫，保证品质

甜玉米植株比普通玉米甜，极易招致玉米螟、金龟子、蚜虫等害虫，应及早防治。在防治病虫害的同时，要保证甜玉米的品质，尽量不用或少用化学农药，最好采用生物方法防治玉米害虫。防治玉米螟，重点可以在玉米大喇叭口期接种赤眼蜂卵块，也可以在甜玉米心叶末期，用每克含有50亿～100亿白僵菌的菌粉0.5 kg拌成5 kg左右的颗粒剂，投入心叶，均有良好的防治效果，也保证甜玉米品质。化学防治忌用剧毒、高残留农药，在生长后期（吐丝后），可用拟除虫菊酯农药喷施，也可采用其他高效低毒的杀虫剂进行药液灌心、药粉涂抹等方式防治。

6.6.5　适时采收

（1）成熟度的判断　鲜果穗上市的采收适宜时期为乳熟末期，因为玉米籽粒含糖量在授粉后20 d左右（乳熟期）最高，此时甜度最高，品质最佳，收早则籽粒内含物太少，含糖量低，风味差；收迟则虽果穗较大，产量高，但籽粒内糖转化为淀粉，果皮变厚，吃到嘴里渣子多，失去了甜玉米的特有风味。

（2）适采期确定　甜玉米种植季节不同，适采期有差别。甜玉米播种至采青的生育期一般 75～85 d，一般春季播种的在授粉后 19～24 d 即可。甜玉米与湖蒿配茬，露地播种的采收期在 6 月中下旬。在田间确定采收期时，可以通过看花丝变化、手指掐嫩籽粒、品尝甜味等经验性方法来确定是否可以采收。适采期甜玉米花丝枯萎变黑，穗顶籽粒饱满，顶端的苞叶开始变松软。

阳新湖蒿主要
病虫害调查与综合防控

7

7.1　阳新湖蒿白钩小卷蛾发生与防治

7.1.1　白钩小卷蛾

（1）分布与为害

白钩小卷蛾（*Epiblema foenella* Linnaeus）为小蛾类昆虫，属鳞翅目（*Lepidoptera*）卷蛾科（*Tortricidae*）。国内分布于黑龙江、吉林、湖南、江苏、河北、山东、安徽、云南、江西、青海、福建和台湾等省区。国外分布于日本、印度。主要为害野草艾、芦蒿和青蒿等菊科蒿类植物，通常以幼虫为害寄主的根部和茎下部，受害植株呈坏死萎蔫状。侵害过程：幼虫孵出后，在细嫩茎柔软处取食，以后蛀入茎秆髓部（故称作钻心虫），并顺着枝条向下蛀，可蛀入植株主茎，蛀道内充满黑色粪便及丝织物。被害嫩枝凋萎枯死；蛀断处发生侧枝，导致植株高矮不一，生长不良；主茎被害后导致风折，全株死亡。

（2）形态特征

成虫：翅展 19 mm，下唇须略向上举，头、胸、腹部深褐色。前翅黑褐色，在后缘距基部 1/3 处有一条白带伸向前缘，到中室前端即折 90°，向臀角方向延伸，同时逐渐变细，止于中室下角外方，有时与臀角上纹（肛上纹）相连；臀角上纹很大，纹内上方有几粒黑褐斑；前缘近顶角附近有 4 对白短线，后翅和其缘毛皆呈黑褐色。雄性外生殖器尾突长而下垂，抱器瓣颈部凹

·139·

陷深，抱器端椭圆形，毛垫突出明显，阳茎短粗，圆筒状，内有阳茎针多枚。雌性外生殖器产卵瓣狭长，交配孔椭圆形，囊突 2 枚，一枚呈钝牛角状，另一枚呈锥形。

卵宽：卵呈椭圆形，长 0.76 mm，宽 0.49 mm，龟背形，但隆起不高，较为扁平，卵表布满花生壳状纹。初产时乳白色，后变为桃红色。

幼虫：幼虫共 5 龄。体长形。随着虫龄增大，虫体由白色变至浅褐色，初龄幼虫头部黑色，其他各龄头部褐色，前胸背板、肛上板色较深，为黄褐色，毛片色泽一般不比周围体壁色泽深。腹足趾钩双序全环，臀足趾钩双序缺环。无臀栉。气门圆形，第 8 腹节上气门位置较腹部其他各节气门略高，且大。

蛹：蛹呈红褐色，长 11 mm，宽 1.5 mm。雄蛹体较大，其个体大小彼此较一致，羽化后蛹壳色泽较深，生殖孔在第 9 腹节；雌蛹个体大小较不一致（部分蛹体略小），雌蛹腹部较大，羽化后蛹壳色泽较淡，生殖孔在第 8 腹节，为一条直缝，直缝两侧略呈阜状隆起。蛹背面腹部第 2 节后缘有一横列小刺，其他各腹节每节前缘及后缘各有一横列小刺。

（3）发生规律　白钩小卷蛾 1 年发生 3 代。以幼虫在遗留田间的茎秆残茬及苞部越冬，世代重叠。成虫多在傍晚至夜间羽化，尤以 21：30 前后为多，阴暗白天也有少量羽化，气温低于 16℃不羽化。成虫日伏夜出，飞翔力不强，有趋光性。成虫产卵在青蒿中上部叶片上，单产，每处 1 粒，偶有 4 粒甚至 5～6 粒产在一处，或两卵搭接或叠置。幼虫孵出后，多在嫩茎枝杈腋芽柔软处取食，以后蛀入茎秆髓部，并顺着枝条向下蛀，可蛀入植株主茎及苞部，蛀道内充满黑色粪便及丝织物。老熟幼虫主要在植株中下部蛀道内化蛹，化蛹前在茎壁作一羽化孔，孔与结丝蛹道紧连，蛹道坚实，内壁光滑，羽化时成虫顶开孔口冲出，留下蛹壳卡在孔口，蛹壳头部朝前露在孔外，腹部仍卡在蛹道内，蛹壳一般不立即脱落地面。

7.1.2　我国藜蒿白钩小卷蛾研究进展

由于藜蒿产业起步较晚，我国藜蒿白钩小卷蛾的发生与防治研究相对滞后，现有报道主要来自江苏、湖南、江西等地的科研、生产单位的技术人员。王秀梅等（2006）用采集于江苏省南京市栖霞区八卦洲街道芦蒿老茎中的白钩小卷蛾越冬幼虫，在实验室中进行人工饲养，观察白钩小卷蛾的完整世代，描述了第 1 代白钩小卷蛾各虫态的形态、历期等生物学特性以及生态学特性，提出了相应的防治策略。研究结果表明，白钩小卷蛾虽然有世代重叠性，但每年成虫羽化高峰期基本相同，分别为 5 月中旬、7 月上旬和 9 月上旬，其中对芦蒿产量影响较大的是第 2 代的为害。据此提出，通过推迟芦蒿的定植时间，避开第 1 代成虫的羽化期，可以有效减轻白钩小卷蛾的危害程度。2006 年王秀梅等还研究了芦蒿栽种时间对白钩小卷蛾发生的影响，结果表明，不同时间定植对白钩小卷蛾的发生危害有较大的影响，南京地区芦蒿最合适的定植时间以 7 月中旬为宜。曾爱平等（2012）采用系统调查的方法，在长沙市郊湖南农业大学教学实验农场的青蒿栽培大田内，对白钩小卷蛾田间发育进度进行系统调查。结果表明，白钩小卷蛾在长沙地区田间 1 年发生 3 代，以高龄幼虫在寄主残株及根部蛀洞内越冬，世代发育起点温度为 12.122℃，有效积温为 726.52 日度。并且，在描述白钩小卷蛾各虫态及各龄幼虫的形态特征及生活习性的同时，提出了基于产卵高峰期推测幼虫孵化期、灯光诱蛾了解各代发蛾进度和将白果、樱花等作为物候的虫情系统测报技术，确定卵始盛孵至盛孵末期喷施药剂为最佳防治时期，以及通过收集焚毁青蒿地上部分消灭大量越冬虫源等有效防治措施。徐刚等（2018）认为，芦蒿苗期易发生白钩小卷蛾为害，可将育苗期安排在 7 月中旬以后，避开白钩小卷蛾卵孵高峰期（5 月下旬至 6 月）；选取扦插枝条时，需将种株剩余的中下部残株集中烧毁，中部茎秆在水中浸泡 24 h，或用 80% 敌敌畏乳油按 1～2 mL/m³ 的用量熏蒸 2 h，具体做法：傍晚收工前密闭棚室，放置 4 堆锯末，每堆 20 L，洒上 80% 敌敌畏乳油，放入 1～2 个烧红的煤球即可。苗期为防止钻心虫为害扦插苗，使茎秆折断，可在定植扦插苗前 7 d，每亩用高效氯氰菊酯 0.1 kg 兑水 50 kg 喷雾防治 1 次。

7.1.3　阳新湖蒿白钩小卷蛾发生特点与防控措施

近年来，由于市场行情好，阳新县加快湖蒿产业发展，湖蒿种植面积逐年增加，虫害的发生也呈上升趋势，严重影响湖蒿的产量和品质。据调查，阳新湖蒿的害虫主要有蚜虫、潜叶蛾、斜纹夜蛾和白钩小卷蛾等，其中白钩小卷蛾近几年在阳新县宝塔村、十里湖综合农场等湖蒿生产基地产地发生范围不断扩大，呈蔓延趋势，如不引起重视和加以科学防控，对湖蒿生产将会构成严重威胁。因此，通过实地调查和查阅相关资料，摸清白钩小卷蛾在阳新湖蒿产区的发生特点与为害情况，并提出相应的防治对策，为阳新湖蒿白钩小卷蛾的科学防控提供技术依据。

（1）阳新湖蒿白钩小卷蛾形态特征　白钩小卷蛾属于完全变态昆虫，历经卵、幼虫、蛹和成虫4个虫态。阳新湖蒿白钩小卷蛾卵扁平，呈椭圆形，长 0.8～1.0 mm，宽 0.5～0.6 mm，初产时为乳白色，之后随着虫龄的增加，出现两个红点，成熟时红点愈合，孵化前卵的一端有 1 个小黑点（为幼虫头部）；初龄幼虫头部黑色，虫体浅色，呈透明状；成熟的幼虫头部深褐色，身体浅褐色，平均体长 20～25 mm；蛹长为 12.4～14.5 mm，平均 13 mm，初期为褐色，之后颜色逐步加深，呈深褐色；成虫头、胸、腹深褐色，唇须略向上举，翅展 18～20 mm，体长 10～12 mm，前翅黑褐色，从翅后缘基部起，沿中室前缘至中室下角外方，有一卷起呈钩状的条带形白斑（白钩小卷蛾由此得名），后翅和缘毛也呈褐色。

（2）阳新县白钩小卷蛾生活史　据调查，白钩小卷蛾在阳新湖蒿产区每年发生 3 代，存在世代重叠现象，以第三代的老熟幼虫在湖蒿植株茎基部或根基部越冬，越冬代成虫发生期在 4 月中旬至 6 月上旬，第一代成虫发生期在 6 月上旬至 8 月中旬、第二代成虫发生期在 8 月上旬至 9 月下旬，产卵高峰期分别在 5 月中旬、7 月中下旬和 9 月上中旬，各世代具体发生情况见表 4-3。

（3）阳新湖蒿白钩小卷蛾田间为害特点　白钩小卷蛾初孵幼虫从湖蒿植株的腋芽处开始侵入，然后沿皮层取食，最后蛀入髓腔继续为害植株，受害植株呈枯萎状。受害蒿茎表皮可见明显蛀孔，蛀孔外缘有时残存虫粪，沿蒿茎纵向剖开，髓腔内布满食物残渣，因此在湖蒿产区白钩小卷蛾被称作"钻心虫"。

每年白钩小卷蛾幼虫为害阳新湖蒿有三个高峰期。3 月中下旬湖蒿采收结束后，除小部分蒿田留种，大部分蒿田处于闲置状态，因此第一代幼虫以留种田的种蒿为食料，从 4 月下旬延续到 7 月上旬种蒿收割之前，这是第一个高峰期；7 月中下旬为阳新湖蒿的集中扦插期，8 月上中旬第二代幼虫集中为害湖蒿插条上萌发的新梢，这是第二个高峰期；第三个高峰期在 9 月以后，第三代幼虫一部分为害湖蒿嫩茎，一部分老熟幼虫进入茎基部越冬。

（4）综合防控措施

留种田防治措施：每年 3 月中下旬白钩小卷蛾越冬代蛹羽化前至种蒿收

割时，在留种田每亩安置 2 ～ 3 个诱捕器或每 15 ～ 20 亩配备 1 盏太阳能杀虫灯诱杀越冬代成虫。同时，4 月中旬至 6 月下旬，在幼虫 2 ～ 3 龄期，选择晴天，用 5000 倍的 10% 高效氯氰菊酯溶液或 1000 ～ 1500 倍的 10% 氯氰菊酯溶液喷雾 1 ～ 2 次，灭杀第一代幼虫。

非留种田防治措施：阳新湖蒿 3 月上中旬采收结束时，白钩小卷蛾的越冬代幼虫大部分处在老熟幼虫或化蛹期。非留种田在湖蒿采收结束后，先用粉碎机将田间湖蒿秸秆粉碎，再用旋耕机深耕 1 ～ 2 遍，深埋湖蒿秸秆，适时种植玉米、黄豆、黑麦草等绿肥作物，可以杀灭大部分越冬代幼虫和蛹，有效减少虫口基数。

制备无虫害插条：扦插是阳新湖蒿的主要繁殖方式。6 月下旬至 7 月中旬，从留种田收割湖蒿种株，依次去除嫩梢、叶片和根茎部，选取生长健壮、无虫害的老熟茎秆，齐口剪成长约 20 cm 的插条，插条置于 1000 倍的 10% 氯氰菊酯溶液中浸泡 15 ～ 20 min，杀灭插条内部的白钩小卷蛾蛹和幼虫。

扦插后的防治措施：5 月下旬白钩小卷蛾第一代蛹羽化前至 10 月上旬第三代幼虫进入越冬期，在扦插田每亩安置 2 ～ 3 个诱捕器或每 15 ～ 20 亩配备 1 盏太阳能杀虫灯，诱杀第二代和第三代成虫。同时，分别于 8 月上中旬和 9 月上中旬，根据虫情，选择晴天，用 10% 高效氯氰菊酯 5000 倍液，或 10% 氯氰菊酯 1000 ～ 1500 倍液喷雾 1 ～ 2 次，防治第二代、第三代幼虫。

表 7.1 白钩小卷蛾在湖北省阳新县的生活史

世代	1月 上	1月 中	1月 下	2月 上	2月 中	2月 下	3月 上	3月 中	3月 下	4月 上	4月 中	4月 下	5月 上	5月 中	5月 下	6月 上	6月 中	6月 下	7月 上	7月 中	7月 下	8月 上	8月 中	8月 下	9月 上	9月 中	9月 下	10月 上	10月 中	10月 下	11月 上	11月 中	11月 下	12月 上	12月 中	12月 下
越冬代	L	L	L	L	L	L	L	L	L	L	L																									
									P	P	P	P	P																							
											A	A	A	A	A																					
第一代										E	E	E	E	E																						
													L	L	L	L	L	L																		
														P	P	P	P	P	P	P																
																			A	A	A	A	A	A	A											
第二代																	E	E	E	E	E	E														
																				L	L	L	L	L	L	L										
																					P	P	P	P	P											
																							A	A	A	A										
第三代																									E	E	E	E								
																										L	L	L	L	L	L	L	L	L	L	L

注：1. 字母 A（adult）表示成虫；字母 E（egg）表示卵；字母 L（larva）表示幼虫；字母 P（pupa）表示蛹。

7.2 阳新湖蒿青枯病发生与防治

7.2.1 病原特征及病害发生的影响因素

（1）病原 阳新湖蒿青枯病是一种细菌性土传病害，由青枯假单胞菌 *Pseudomonas solanacarum*（Smith）引起。菌体短杆状，单细胞，两端圆，单生或双生，大小（0.9～2.0）mm×（0.5～0.8）mm，覆生鞭毛1～3根；在琼脂培养基上菌落呈圆形或不正形，稍隆起，污白色或暗色至黑褐色，平滑具亮光。革兰氏染色阴性。

（2）寄主范围 青枯假单胞菌是一种土壤习居菌，极易从植株的根系、茎部伤口侵入，进而危害植物的整个维管束系统引起植株枯萎死亡。由青枯假单胞菌感染的植物病害是我国和世界大多数国家普遍存在的一种重大细菌性病害。青枯假单胞菌的寄主范围较广，据文献记载该病菌可侵染44个科的数百种植物，包括许多具有重要经济价值的栽培植物，如马番茄、铃薯、花生、烟草、甘薯、辣椒、香蕉、聚合草、草莓、茄子、桑、木麻黄、油橄榄以及一些贵重药材（青蒿）和花卉植物（菊花）等。据报道，青枯假单胞菌具有明显的生理分化和致病力分化。青枯菌的生物型与其致病性以及品种抗性间存在明显相关性。

（3）病害发生的影响因素

侵染途径：青枯病的病原细菌是随土壤中的病残体越冬，无寄主存在时，病菌可在土壤中营腐生生活长达14个月，甚至达6年之久。

温度条件：只要条件适宜，青枯病四季都有发生的可能，一般从气温达到20℃时开始发病，地温超过20℃时十分严重。适宜温度为10～40℃，在35～37℃时病程较快，38℃时发生严重。

栽培条件：轮作、管理精细的田块发病轻，使用化学除草剂的田块发病也较轻；长期连作、杂草丛生、管理粗放的田块发病重。沟边田、路边田等发病重。

发病条件：土壤、雨水、肥料、病苗等是影响该病发生轻重的主条件。病菌从根部或茎基部伤口侵入，在植株体内的维管束组织中扩展，造成导管堵塞及细胞中毒，致使植株枯死；病菌也可以透过导管进入邻近的薄壁细胞内，使叶子出现规则斑。病菌随病残体在土壤中越冬，冬天土壤湿度较大，病原菌易成活，翌年发病重；若土壤过干不利于病菌过冬，翌年发病轻。土壤若肥沃，病残体多，有机质含量高，病菌易成活；土壤养分低，有机质含量少，不利于发病。碱性土壤发病轻，偏酸性土壤发病重。

7.2.2　阳新湖蒿青枯病发生规律

（1）青枯病发生与防治情况　阳新县蔬菜产业发展中心于 2020 年 5 月中旬，首次在阳新县兴国镇宝塔村七里组湖蒿留种田内发现病株，8 月七里组大田种植的部分湖蒿田出现零星发病，个别田块绝收，当年发病面积约 10 余亩。2021 年秋季，阳新湖蒿青枯病发生面积迅速增加到 300 多亩，部分农户蒿田绝收，发病区域从宝塔村七里组蔓延至邻近的石佛组、宝塔组和义昌组等地。

阳新湖蒿青枯病的发生，给蒿农造成了极大的经济损失，也挫伤了蒿农发展湖蒿生产的积极性，引起了当地农业主管部门的高度重视。2021 年 8 月，阳新县蔬菜产业发展中心将湖蒿病株和根际土壤样品寄送至中国农业科学院蔬菜花卉研究所，经李宝聚研究员诊断鉴定，阳新湖蒿青枯病为青枯假单胞杆菌（ *P. solanacarum* ）侵染引起的细菌性病害。根据鉴定结果，阳新县蔬菜主管部门织科研院所专家，进入病区进行现场防治指导，及时控制了湖蒿青枯病的发生势头，2022 年秋季，阳新湖蒿青枯病发生势头有所减缓，防治工作基本到位，虽然发生面积达到 500 多亩，但大多数得到了有效防治。2023 年县蔬菜产业发展中心牵头，在青枯病发生严重的阳新湖蒿主产区宝塔村开展湖蒿—早稻配茬试验示范，示范面积 1 100 亩，进一步探索湖蒿青枯病的有效防治方法。

（2）田间为害情况　阳新湖蒿青枯病集中发生在两个时间段，一个是春夏季（5—6 月）在留种田发生，但发病较轻；另一个是秋季（8—9 月）在大田的湖蒿上发生，且发病较重。10 月以后，青枯病发生较轻，可能是晚秋天气转凉，气温下降不利于病菌的繁殖。青枯病在湖蒿植苗后的早期（缓苗期）少见发病株，进入快速生长期后开始发病。发病轻的地块是零星发生，发病重的地块，成片受害。发病初期，植株上层叶片开始打蔫，一般中午萎蔫，傍晚至夜间恢复，一般经过 3～5 d 的反复后，全株凋萎不再恢复，但部分植株仍保持绿色，色泽较淡，最后叶片枯死掉落，整株死亡。病株茎基部呈褐色，根部不定根较少，须根发黑，数量较少，呈坏死状。如将病株茎基部横切，可见变褐的维管束，用手挤压或放入清水中浸泡，切面上有白色菌脓溢出。土壤含水较多或连日下雨后突然转晴时，病株明显增多。连续天晴，发病趋势变缓慢。

（3）发病区耕作栽培情况　阳新县宝塔村是湖蒿的发源地，也是青枯病的首发地和重灾区。宝塔村1999年首次开始阳新湖蒿人工栽培，至今有25年的种植历史。长期连作和化肥、农药的大量使用，导致土壤板结、酸化等连作障碍问题十分突出，以及长期采取无性繁殖种植而引发的品种退化、病害抗性降低等问题，为病害的发生提供了基础条件。此外，宝塔湖曾经是有名的水袋子，宝塔村湖蒿基地是20世纪围湖造田而形成的，地处阳新县富河流域和网湖流域间，河道较发达，地下水位较高，湖蒿基地土壤含水量较高，有怕涝不怕旱之说，这些都是湖蒿青枯病大发生的重要诱因。

7.2.3　发生特点

（1）扩展蔓延快　尽管及时采取了各种防治措施，但从2020年5月中旬留种田首次发现零星病株开始，当年8月几个农户大田发病仅10多亩，到2021年秋季发病面积达到300多亩，涉及100多个农户，再到2022年发病面积发展到500多亩，涉及200多个农户，病害蔓延十分迅速，经济损失也逐年增加。

（2）发病高峰集中　青枯病5—6月在湖蒿留种田虽然也有发生，但发病较轻。大田湖蒿青枯病的高峰期是在秋季8—9月。10月以后，病害发生程度逐步减弱。出现发病高峰期集中的主要原因是每年8—9月，宝塔湖地区高温、高温天气频繁，适合青枯病菌的繁殖和病害的流行，10月以后，天气转凉，气温下降，不利于病害的发生与传播。

（3）为害程度重　虽然湖蒿青枯病发病高峰集中，但危害程度十分严重。发病高峰时，成片发病田块比零星发病田块发病程度重，损失要大得多，部分成片枯死的蒿田基本绝收。

（4）品种间发病程度存在差异　阳新湖蒿不同品种之间青枯病的发生为害程度也存在明显差异。据调查早熟品种阳新一号湖蒿发病较轻，而迟熟品种阳新二号湖蒿发病较重。推测早熟品种和中熟品种之间对青枯病菌的抗性存在差异，有待进一步验证。

（5）施用未腐熟畜禽粪便肥发病较重　2020年7月，宝塔村七里组一农户为图简便，在自家蒿田里大量施用未腐熟的猪粪肥，7月下旬扦插湖蒿，8月中旬开始发病，至9月中旬湖蒿全部枯死，只能改种秋季蔬菜。与该农户蒿田相邻的农户，由于及时撒施生石灰建立隔离沟，有效阻隔了病原的传播，没有造成大的经济损失。

7.2.4　防治策略与目标

（1）防治策略　针对阳新湖蒿青枯病扩展蔓延快、发病高峰集中、为害重、品种抗病性差异及农户分散种植等特点，导致病害统一防控难度大等，植物保护部门应该对湖蒿留种田和种植地发病情况进行严密监控，系统调查和掌握病害发生情况，全面掌握尖湖蒿青枯病的发生动态，科学预测发生趋势，及时发布病情预报，以指导农户及时开展应急处置和采取科学防控措施。

阳新湖蒿青枯病的防治原则是实施分类指导、群防联防、综合治理，总的防控策略为"早发现、早预报、早防治"，防治措施以农业防治为基础，生物防治为重点，化学防治为保障。

（2）防控目标　留种田重在保证提供无病种株，扦插时重在确保不使用病苗，扦插后确保及时控制大田病害发生和蔓延。

7.2.5　防治措施

（1）农业防治　选用抗病品种：推广种植对青枯病具有抗性的阳新一号湖蒿基础上，选育或引进推广新的抗青枯病藜蒿新品种。加强栽培管理：推行水旱地轮作换茬，或使用土壤调理剂、生石灰等措施调节土壤酸度，通过减轻土壤连作障碍，降低病害的发生率。选择无病田作为留种田，使用未带菌植株扦插定植。当田间发现病株时，立即拔除并带出田间烧毁，同时对病穴用生石灰消毒，或对病株周围土壤灌注2%福尔马林液，或20%石灰水消毒。

（2）生物防治　定植时，用青枯病拮抗菌MA-7、NOE-104浸根1～2h。定植后，用艾多收"土传一冲净"稀释600～800倍液灌根，每株灌50～100g，可有效预防青枯病的发生和发展。

发病初期，喷洒或灌72%农用硫酸链霉素可溶性粉剂3000倍液；或用爱益康植物疫苗叶面喷洒或冲施灌根，方法是在使用之前，先将菌剂稀释

150 倍，浸根让湖蒿茎叶沾上有益菌群。

在生长期间，发病的田块用土传一冲净稀释 600～800 倍液灌根治疗，每隔 5～7 d 重复使用一次，可有效控制病情发展，促进病株并恢复生长。

（3）药剂防治　病害预防：用噁霜嘧铜菌酯或甲霜噁霉灵 30 mL 兑水 15 kg，进行灌根，7～10 d 灌 1 次，连续使用 2～3 次；或 77% 的硫酸铜·钙 30 g、20% 叶枯唑 30 g，兑水 15 kg，灌根使用，每株用量 100～125 g，5～7 d 灌 1 次，连续灌根 2 次。

发病中前期治疗：枯利消 30 mL+噁霜嘧铜菌酯 25 mL 兑水 15 kg，进行灌根，7 d 灌 1 次，连灌 2～3 次。若病原菌同时为害地上部分，应在根部灌药的同时，地上部分按 40 mL 兑水 15 kg 喷雾，每 7 d 用药 1 次，喷雾时，每 15 kg 水可加 30 g 鱼蛋白。或者用 80% 乙蒜素 10 mL、3% 噻霉酮 15 g、2% 氨基寡糖素 50 mL，兑水 15 kg，加灌根使用，每株用量 100～125 g，一般 5～7 d/次，连续使用 2 次，同时配合整株喷雾。

发病后期治疗：病情严重时，为及时控制病情，通常使用一些化学药剂进行灌根或喷雾，常用的药剂有 30% 高科噁霉灵 50 mL+15 g 福美双或甲霜灵·锰锌 25 g 或 20% 叶枯唑 20 g。也可用 3% 噻霉酮 15 g、80% 乙蒜素 10 mL、2% 氨基寡糖素 50 mL，兑水 15 kg，进行灌根使用，每株用量 100～125 g，一般 5～7 d/次，一般连续使用 2～3 次，并与整株喷雾配合使用。

7.3　阳新湖蒿主要病虫害发生与综合防控

湖蒿是一种野菜，主要取食它的嫩茎，味道清香可口，营养丰富。近年来湖蒿渐渐采用人工栽培，随着栽培面积扩大、种植模式多样导致产生连作障碍，病虫害发生频率高，湖蒿种植过程中主要病虫害有霜霉病、白粉病、灰霉病、菌核病、青枯病、蚜虫、蒿瘿蚊、斜纹夜蛾、蜗牛、白钩小卷蛾等。为了保证湖蒿绿色、无公害的特性，科学、有效管控湖蒿产品质量安全风险，提升湖蒿产品质量安全水平，发展湖蒿病虫害及其绿色防控技术。

7.3.1　主要病害发生与为害特点

（1）霜霉病　霜霉病是湖蒿生产中的常见病害，苗期至收获期均可发病。苗期发病较重，主要为害湖蒿叶片，发病时一般先从中下部叶片开始发病，受害叶片初期出现淡绿色水渍状小点，病斑边缘界限不明显，病斑扩大后变黄褐色。形状不规则呈水浸状，湿度大时叶背面长出灰白色霉层，严重时整株腐烂。大棚湖蒿发病时，病叶逐渐变黄、干枯。

霜霉病的病原菌属鞭毛菌亚门真菌。霜霉病的发病主要是病菌侵害，病菌在病株上越冬。温差较大：霜霉病流行发病的适宜温度为 20～24℃，潜伏期 4～6 d，在昼夜温差较大的环境中易发。湿度较高：当气温上升到 16℃以上，空气潮湿或田间湿度高，相对湿度在 80%以上，霜霉病流行。光照不足，植株种植过密，株行间通风透光差，都容易诱发霜霉病。

（2）白粉病　白粉病是湖蒿的叶部病害，通常为害湖蒿的叶片，严重时也为害茎秆，春季及夏秋季易发生。发病初期，叶片上先出现白色小斑，然后扩大成近圆形粉斑，最后病斑扩大成大片白粉区，严重的时段整个叶片布满白粉，叶片正面重于背面。抹去白粉，可见叶面褪绿、枯黄变脆，茎秆受害症状与叶片相似。

白粉病属真菌病害，由子囊菌亚门单丝壳白粉菌寄生引起。高湿度环境是白粉病发生的主要原因，低温也适于白粉病的发生。白粉病病菌萌发温度范围为 5～35℃，最适温度 20～30℃，相对湿度 80%～100% 有利于发病，但水滴对白粉病孢子有抑制作用。春、秋季是湖蒿白粉病发生的高峰期。下雨后，天气干燥，田间湿度大，白粉病也非常容易发生。特别是在高温干旱和高温高湿交替出现的情况下，发病就会比较严重。

（3）灰霉病　主要从近地面衰老的叶片开始发生，多从叶尖部开始沿支脉间呈"V"形向内扩展，初为水浸状后变黄褐色，病、健组织分界明显，表面生稀疏浅灰色霉层，叶片受害变黄进而枯死。对湿度要求较高，空气相对湿度达 90%以上易发病。主要在夏秋季湖蒿种苗上发生。

灰霉病是由半知菌亚门葡萄孢属的真菌引起。该病是一种典型的气传病害，可随空气、水流以及农事作业传播，通常有一个发病中心然后向周围扩展，发生后如不及时防治，蔓延较快。一般从植株伤口及衰老叶片或枯死茎秆、叶片侵入，向全株蔓延。病菌发育适宜温度 10～23℃，最高温度 30～32℃，最低温度 4℃，适宜湿度为持续 90%以上的高湿条件。遇连阴天多，气温低，棚内湿度大，结露持续时间长，放风不及时，发病重。以菌核在土壤或病残体上越冬越夏，温度在 20～30℃。病菌耐低温度 7～20℃大量产生孢子，湖蒿栽种早期棚内温度 15～23℃、弱光、相对湿度在 90% 以上或叶片表面有水膜时易发病加重。

（4）菌核病　湖蒿近地面的老叶及茎秆处容易发生菌核病。病株初期病部呈水渍状浅褐色，潮湿时长出白絮状菌丝，茎部病斑稍凹陷，由浅褐色变为白色，后期茎秆腐烂呈纤维状，在枯死的蒿茎里会产生鼠粪状菌核。菌核遗留在土中或混杂在种苗残体中越冬或越夏。菌核在适宜条件下萌发，长出子囊盘和子囊孢子。子囊孢子随气流传播，侵入茎叶，通过菌丝侵染发病。植株发病以后，又可形成菌核落入土中或混杂在种子中，所以土壤、种苗可带菌。

湖蒿菌核病由丝核属真菌引起的病害。该病属分生孢子气传病害类型，以分生孢子和健株接触进行再侵染，相对湿度高于85%，温度在15～20℃利于菌核萌发和菌丝生长、侵入及子囊盘产生。因此，低温、湿度大或多雨的早春或晚秋有利于该病发生和流行。

（5）青枯病　详见本章"7.2"。

7.3.2　主要害虫发生与为害特点

（1）蚜虫　又称腻虫、蜜虫，是一类植食性昆虫，包括蚜总科（又称蚜虫总科）下的所有成员。目前已经发现的蚜虫总共有10个科约4 400种，其中多数属于蚜科。湖蒿苗期（前期）易发生蚜虫为害。成蚜和若蚜群集于湖蒿叶片背面、嫩茎，刺吸植株的汁液，其排泄的蜜露透明、稠、黏，对湖蒿的生理活动起到阻滞作用易诱发煤污病等，同时蚜虫也会传播病毒病，致叶片生长畸形，叶片背面出现不规则的皱缩、卷曲、脱落等。

蚜虫在阳新湖蒿留种田的发生期在3—6月，春季随着气温的上升，留种田里的蚜虫蔓延较快，严重时会导致留种田湖蒿出现枯死塘。湖蒿大田扦插时间一般在7月底至8月初，据观测，扦插后第5天湖蒿嫩叶上就有蚜虫出现，扦插后15～20 d湖蒿植株上蚜虫普遍可见，扦插后30～40 d后有虫株率达到60%以上，不少田块的湖蒿出现不同程度的矮化、枯黄，有的田块出现蚜虫为害的枯死塘。

（2）蒿瘿蚊　双翅目瘿蚊科，为菊科植物上的主要害虫，春季及夏秋季湖蒿苗期易发生，危害重的植株虫瘿累累、生长缓慢、矮化畸形、叶片萎缩。蒿瘿蚊主要以幼虫为害叶片和嫩茎，幼虫进入叶片后取食刺激叶片，产生小型疱状虫瘿，虫瘿初为绿色后渐变为紫红色，导致叶片扭曲畸形；为害嫩茎时使嫩茎长出瘤状物，降低湖蒿的商品性。

湖北地区该虫年发生 3～4 代，以老熟幼虫在土内越冬，翌年 3 月化蛹，4 月初越冬代成虫羽化，在湖蒿幼苗上产卵，第 1 代幼虫出现于 4 月上、中旬，初夏为害叶片出现虫瘿；第 1 代成虫 5 月中下旬羽化，卵散产或聚产在植株的叶腋处和生长点，幼虫孵化后经 1～2 d 即可蛀入植株发生为害，经 4～5 d 形成虫瘿，虫瘿随着幼虫的生长发育而逐渐膨大，每个虫瘿内有幼虫 1～13 头，幼虫老熟后在虫瘿内化蛹，成虫多从虫瘿顶部羽化，产卵，5 月中下旬至 6 月中下旬出现第 2 代发生幼虫；第 3 代幼虫 6 月上旬至 7 月中下旬发生；第 4 代幼虫 8 月上旬至 9 月下旬发生。9 月中旬后幼虫老熟，从虫瘿里脱出，入土下 1～2 cm 处作茧越冬。

（3）斜纹夜蛾　属鳞翅目夜蛾科，是一类杂食性和暴食性害虫，主要以幼虫为害全株，幼虫食性杂且食量大，初孵幼虫群集叶背为害，取食叶肉仅留下表皮；3 龄幼虫后造成叶片缺刻、残缺不堪甚至全部吃光。各虫态最适宜发育温度为 28～30℃，因此为害盛期在全年中温度最高的 7—9 月。

斜纹夜蛾在湖北每年发生 4～5 代，以蛹在土下 3～5 cm 处越冬。成虫白天潜伏在叶背或土缝等阴暗处，夜间出来活动。每只雌蛾能产卵 3～5 块，每块有卵 100～200 粒，卵多产在叶背的叶脉分叉处，卵的孵化适温是 24℃左右，幼虫在气温 25℃时，历经 14～20 d，化蛹的适合土壤湿度是土壤含水量在 20% 左右，蛹期为 11～18 d。经 5～6 d 就能孵出幼虫，初孵时聚集叶背，4 龄以后和成虫一样，白天躲在叶下土表处或土缝里，傍晚后爬到植株上取食叶片。成虫有强烈的趋光性和趋化性，黑光灯的效果比普通灯的诱蛾效果明显，对糖、醋、酒味很敏感。

（4）蜗牛　蜗牛是陆地上生活的螺类，大多都属于腹足纲，约 22 000种，产卵于土中。

蜗牛主要为害湖蒿叶片造成孔洞和缺刻，严重时能吃光蒿叶咬断嫩茎，爬行时留下的白色胶质和青色绳状粪便影响蒿苗的正常生长。

（5）白钩小卷蛾　详见本章"7.1"。

7.3.3　绿色防控措施

经过 20 多年的生产实践和农业科技人员的不断探索，现已基本摸清了该地区湖蒿常见病虫害的种类、发生特点与流行为害情况，经过试验、示范总结出了一整套集农业、生物、物理、化学措施于一体的病虫害绿色防控技术体系，通过推广应用有力推动了当地湖蒿产业的健康发展，经济效益、社会效益和生态效益显著。但是，随着设施农业的发展，大棚种植湖蒿已经十分普遍，棚室小环境复杂多变，人为干预了一些病虫冬季的越冬规律，使一些病虫害发生的预测预报难度增加，增加了有效防控难度。此外，大棚环境下，因管理不当诱发的湖蒿生理性病害越来越明显，近几年来已经发展成湖蒿生产面临的又一突出问题，需要从多方面加以探讨。下面介绍湖蒿常见病虫害的防控措施，其中，湖蒿青枯病、白钩小卷蛾的防治措施在本章"7.1""7.2"已经描述，这里不作介绍。

（1）防控对策　阳新湖蒿病虫害防治坚持"预防为主，综合防治"的植保方针，协调运用农业、物理、生物、化学等有效防治措施，控制病虫为害。

（2）农业措施防控　选用抗病品种：大棚生产宜选用阳新二号湖蒿，该茎秆淡绿色、粗而嫩、产量高、防冻性好，且对霜霉病、白粉病有一定的抗性。

培育无病虫种苗：选择粗壮湖蒿种株平地割下，取中部半木质化茎秆，截成 15～20 cm 茎段，每 20～30 根扎成一小把，用 80% 敌敌畏乳油 2 mL/m³ 熏蒸 2 h，或用 50% 多菌灵可湿性粉剂 500 倍液浸种 24 h，晾干后置于阴凉通风处放置 10～15 d，待蒿段长出叶芽和须根后栽插。

合理密植：适当的种植密度湖蒿产量稳定，还可以可有效降低主要病害发病程度。阳新湖蒿的扦插时间为每年 6 月下旬至 8 月上旬，早熟品种阳新一号湖蒿定植时间在每年 6 月下旬至 7 月上旬，扦插密度为 8.5 万～9.5 万株/亩；阳新二号湖蒿定植时间在年 7 月下旬至 8 月上旬，扦插密度为 3.5 万～4.5 万株/亩。

加强肥水管理：整地时，土壤需深耕晒垡，施足基肥。基肥以优质有机肥为主，杜绝施用未腐熟的生物有机肥，尤其是不能使用腐熟的畜禽粪便有机肥。可亩施腐熟大豆饼肥 250～300 kg 加 45% 复合肥 50～100 kg，或亩施腐熟粪肥 3 000～3 500 kg，翻耕细耙后作畦，畦面宽 3～3.5 m，畦沟宽 30 cm、沟深 20 cm 以上。对于青枯病发生区，亩施生石灰 100 kg 杀菌，还可以调节土壤酸度。扦插前，田间围沟、中沟、厢沟等沟系配套，并安装肥水滴灌系统，冬季应采用井水灌溉，提高植株的抗逆性。大棚种植湖蒿，要适时扣棚，以有利于大棚内温湿度的控制，减轻病害的发生。

合理安排茬口：春季湖蒿采收结束后，除留种田外，及时清理田园，清除田间残体及枯枝败叶，深翻土壤，消灭田间菌源。在两季湖蒿生产间隙，选择茼尖、毛豆、小叶菜、玉米、甜瓜、绿肥等与湖蒿配茬，推广湖蒿＋配茬作物种植模式，既克服了湖蒿连作障碍，又改良了土壤，涵养了地力，又缓解了夏季市场淡季的菜品供应，增加了经济收入。

（3）物理措施防控　黄板诱杀：黄色杀虫板适用于防治有翅蚜、烟粉虱。大棚栽培时可在棚室内植株上方 20 cm 处，悬挂 25 cm×40 cm 的黄色粘虫板，密度为每亩悬挂 30～40 块。露地栽培时粘虫板可挂在田边或田中间，密度同大棚室内。

杀虫灯诱杀：杀虫灯可以诱杀蒿田斜纹夜蛾、白钩小卷蛾成虫，还可以诱杀农田其他害虫，如玉米螟、棉铃虫、金龟子、蝼蛄等。杀虫灯安装密度为每台灯管理 20～30 亩大田。

性诱剂诱杀：性诱剂，用于诱杀蒿田斜纹夜蛾、白钩小卷蛾成虫，也可以诱杀农田甜菜夜蛾、玉米螟、棉铃虫等虫。

防虫网阻隔：近年来，防虫网在设施蔬菜中应用十分广泛。防虫网防治大棚湖害虫的方法是将湖蒿扦插成活后至棚膜覆膜后在棚室的通风口和出入口设置防虫网，进行全程覆盖，可有效阻止蒿瘿蚊、斜纹夜蛾、白钩小卷蛾害虫的成虫迁入为害。

（4）生物措施防控　种植驱避植物：利用植物发出的特殊气味驱离害虫，例如种植韭菜、芫荽、洋葱等驱避植物，可以起到驱赶蚜虫的作用。

利用天敌防虫：例如保护利用田间自然天敌蜘蛛、草蛉、瓢虫、寄生蜂等防治蒿害虫，如保护和利用姬蜂、小蜂等天敌可防治蒿瘿蚊。

使用植物源农药：使用天然除虫菊素、印楝素、苦参碱等植物源农药，可有效防治蚜虫、烟粉虱。

使用生物杀虫剂：使用核型多角体（NPV）病毒、苏云金杆菌、阿维菌素等生物杀虫剂，可有效防治斜纹夜蛾、甜菜夜蛾、棉铃虫、玉米螟等害虫。

（5）化学防治　霜霉病：防治霜霉病，可于发病初期用 58% 甲霜锰锌可湿性粉剂 500 倍液，或 69% 烯酰锰锌水分散粒剂 600 倍液，或 72.2% 普力克 600 倍液，或 58% 雷多米尔 1500 倍液喷雾防治。

白粉病：防治白粉病，可于发病初期用 3% 多氧霉素乳油 1000 倍液，或 75% 百菌清可湿性粉剂 600 倍液，或 25% 阿米西达 1500 倍液，或 15% 三唑酮 1500 倍液喷雾防治。

灰霉病：防治灰霉病，可用 40% 嘧霉胺悬浮剂 800 倍液，或 50% 速克灵（腐霉利）可湿性粉剂 500 倍液，或 50% 农利灵 1000 倍液，或 50% 朴海因 1500 倍液喷雾防治。

菌核病：防治菌核病，每亩用 40% 嘧霉胺悬浮剂 10 g + 40% 菌核净可湿性粉剂 20 g，或 50% 腐霉利可湿性粉剂 30 g 兑水 50 kg，或 50% 农利灵 1000 倍液，或 50% 朴海因 150 倍液喷雾防治，每周 1 次，连续防治 2～3 次。

根腐病：防治根腐病，可选用 43% 戊唑醇 3 000 倍液，或 70% 甲基托布津 1000 倍液喷淋根茎部防治。

蚜虫：防治蚜虫，可于害虫始盛期，选用 2.5% 氯氟氰菊酯乳油 2500 倍液，或 25% 吡蚜酮 2000 倍液，或 25% 噻虫嗪 5 000 倍液，或 10% 吡虫啉可湿性粉剂 1500 倍液等药剂喷雾防治。

蒿瘿蚊：防治蒿瘿蚊，可于害虫始盛期选用 2.5% 氯氟氰菊酯乳油 2500 倍液，或 3% 阿维高氯乳油 1500 倍液喷雾防治。

烟粉虱：防治烟粉虱，可选用 4% 阿维啶虫脒 1500 倍液或 25% 阿克泰 5000 倍液或 2.5% 联苯菊酯 1500 倍液喷雾防治。

斜纹夜蛾：防治斜纹夜蛾，可于害虫虫卵孵化盛期，选用 2.5% 多杀菌素悬浮剂 800 倍液，或 1% 甲维盐乳油 2000 倍液，或 5% 氟啶脲乳油 2000 倍液等药剂喷雾防治。

红蜘蛛：防治红蜘蛛，可选用 5% 噻螨酮乳油 2000 倍液，或 5% 氟虫脲乳油 2000 倍液喷雾防治。

地下害虫：防治地老虎、金龟子等地下害虫，每亩可选用 3% 米乐尔，或 3% 的辛硫磷颗粒剂 2～2.5 kg，均匀撒施在土壤表面后翻耕防治。

其他害虫：防治甜菜夜蛾、玉米螟、棉铃虫等，可选用 5% 氯虫苯甲酰胺 1000 倍液，或 15% 茚虫威 3000 倍液，或 5% 虱螨脲 1000 倍液，或 20% 虫酰肼 1000 倍液交替喷雾防治。

阳新湖蒿生产 标准化与技术集成应用 8

8.1　目的与意义

　　阳新湖蒿特色产业，是阳新县农村经济发展的支柱产业，也是关系到百姓餐桌蔬菜安全的民生产业，产出高效、产品安全、资源节约、环境友好是湖蒿产业可持续发展的必经之路。

　　近年来，围绕品种混杂与种性退化、土壤连作障碍、肥药过量施用、劳动力成本增加、面源污染加大等影响阳新湖蒿产业发展的瓶颈问题，从阳新湖蒿提纯复壮与脱毒苗离体快繁、蒿田专用土壤调理剂研发、直播与留根再生高效栽培、废弃物资源化与循环利用、"三减一增"高效生产、土壤生态安全消毒活化、绿色生产及产品绿色食品认证等方面开展技术攻关，研发关键技术，为阳新湖蒿产业化的高质量发展提供技术支持。

　　在此基础上，阳新县兴国镇宝塔村建立集成示范基地开展以全程绿色为核心的阳新湖蒿高效生产技术集成创新与示范推广，通过技术集成示范以及推广模式创新，展示农业技术的引领性、科学性和可操作性，满足当前绿色湖蒿产业发展的战略需求，带动农业投入品和农业生产环节的绿色化和可持续发展，为进一步在阳新湖蒿主产区及其周边辐射区发展湖蒿产业奠定基础、打造样板。项目的实施对指导阳新湖蒿产业实现产地绿色、农业投入品绿色、生产环节绿色、产品绿色具有重要意义。

8.2 关键技术与技术集成

8.2.1 关键技术概述

（1）阳新湖蒿提纯复壮与脱毒苗离体快繁技术　该技术利用植物组织培养原理，以阳新湖蒿植株顶端生长点为外植体，优选出外植体启动培养、愈伤组织诱导、不定芽分化、不定芽伸长及生根培养的基本培养基和最适培养条件。与此同时，发明了"一种藜蒿不定芽继代培养的专用培养基及其制备方法"，使用该培养基繁殖阳新湖蒿脱毒苗，培养基不经过灭菌也能达到培养基灭菌后同样的灭菌效果，采用该项技术，脱毒苗生产成本降低54.8%，不定芽生长量增加18.9%。与对照非脱毒苗相比，脱毒苗须根长1～2 cm，平均株高增加3～5 cm，株平均分蘖数多2～3个，平均增产14.9%。

（2）蒿田专用土壤调理剂及其制备工艺　该技术采用堆料发酵法，利用"复合功能微生物＋复合酶"制剂，发酵阳新湖蒿老熟茎叶等废弃物，以腐熟的湖蒿废弃物为基料，配合添加蛭石、熟石灰粉和混合肥料，制备蒿田专用土壤调理剂。蒿田施用调理剂后，不但有效缓解湖蒿连作导致的土壤酸化、板结和肥力下降的问题，而且充分利用湖蒿废弃物，实现以蒿还田、循环利用、改善土壤理化性质、增加土壤肥力和提高湖蒿产量、改善湖蒿品质。施用蒿田专用土壤调理剂后，土壤pH值提高1.63，土壤有机质增加1.17 g/kg，增产8.75%，具有节能环保、成本低、使用方便、效果好的优势。

（3）阳新湖蒿直播与留根再生栽培技术　利用阳新湖蒿种株茎秆制备带芽茎段，用带芽茎段制备"人工种子"，通过直接播种"人工种子"，替代传统的扦插繁殖方法。与此同时，通过留根再生建立"齐地割采收—留根再生—促芽—提苗—再齐地割采收"的循环技术模式，实现阳新湖蒿"一次植苗，多次采收，增产增收"。与传统的扦插繁殖方法相比，植株根系发达，株平不定根增加71.7%，亩平均节约人工成本65%～70%，单个生产周期内增加藜蒿采收2～3次，亩平均节本增收17.7%。

（4）阳新湖蒿废弃物资源化与循环利用　该技术以阳新湖蒿秸秆为原材料，研发的"阳新湖蒿秸秆—资源化处理—平菇栽培培养基配方优选"的袋料栽培平菇技术，出菇率达到1∶1；研发的"阳新湖蒿秸秆—资源化处理—

黄酮浸提工艺优化"的湖蒿黄酮提取技术，黄酮提取率达到1%；研发的"阳新湖蒿平菇生产废料、黄酮提取废料—粗处理—深度发酵—生物肥制备配方优化"的生物肥生产技术，实现"以蒿还田，循环利用"阳新湖蒿秸秆废弃物。

（5）阳新湖蒿"三减一增"高效生产技术体系　阳新湖蒿"三减一增"生产技术，即生产全程遵循"减少化肥用量，减少人工投入和减少农药用量"，主要包括推广"绿肥作物—阳新湖蒿轮作"和有机肥替代化肥和"水肥一体"的栽培模式。推广利用两季阳新湖蒿生产之间的空余季，种植绿肥作物，采用阳新湖蒿与黄豆、玉米轮作、黄豆、玉米间作种植模式，尿素用量减少20 kg/亩，复合肥用量减少15 kg/亩，化肥使用成本减少77.5元/亩；选择适用的优质水溶肥，推广滴灌带灌溉、施肥，实现节水节肥20%以上；通过应用太阳能捕虫器、全降解信息素粘虫黄板、杀虫灯等物理措施、Bt杀虫剂及农药增效施用等技术，农药使用量减少5%以上；推广使用小型旋耕地、秸秆粉碎旋耕机、开沟筑畦机等先进适用的农机设备，将农机—农艺相结合，优化传统种植模式，发展大棚种植阳新湖蒿，实现阳新湖蒿轻简化生产，提高生产效率15%以上。

（6）阳新湖蒿土壤生态安全消毒活化技术　推广"深耕＋旋耕"松土、生石灰调酸技术，土壤pH值提高1.5以上，土壤理化性质得到明显改善；应用高温闷棚技术，7—8月高温休棚期间，棚内撒施生石灰、灌水、翻耕、扣棚1个月高温消毒，可杀死土壤中大部分病原微生物，使土壤中丝核菌、镰刀菌等土传病害的发生率明显降低。

（7）阳新湖蒿机械化轻简化省工生产　通过运用先进实用的机械设备，农机农艺结合，改变或优化传统技术措施，提高设施装备水平，简化蔬菜种植作业程序，减小劳动强度和用工成本，提高工作效率，实现蔬菜生产轻简化。推广设施湖蒿实用农机具应用技术，示范推广小型旋耕机、开沟筑畦机、耕地铺膜机、水肥一体化滴灌溉施肥等与农艺结合技术，提高湖蒿机械化水平，减少人工投入，降低生产成本，提高生产效率20%以上。

（8）病虫害绿色防控减药增效技术　应用农业综合防控技术，包括培育无病虫壮苗、棚室和土壤消毒、冬季增光增温、科学水肥管理等；规范应用粘虫板、杀虫灯，实现对蚜虫、白钩小卷蛾等害虫的有效防控；规范应用生物农药技术，利用无毒无害生物农药防控病虫害，降低湖蒿和土壤农药残留；

应用农药增效施用技术，应用电动喷雾机、自走式喷药机等先进的植保器械，达到农药减量增效、节省用工的目标。使用高效低毒低残留农药，科学控制用量，严格执行农药安全间隔期，同时在农药施用过程中，可添加使用有机硅助剂，增强药液黏附性，提高农药杀虫和杀菌效果。

通过应用上述农业综合防控；粘虫板、杀虫灯规范应用；性诱剂、天敌及生物农药规范应用和农药增效施用等技术，使化学农药使用减量30%以上。

（9）阳新湖蒿生产技术规范及产品绿色食品认证　编制《阳新湖蒿生产操作技术规程》《大棚阳新湖蒿栽培技术规程》《绿色食品阳新湖蒿标准化生产技术规程》《阳新湖蒿脱苗生产操作技术规程》和《阳新湖蒿产品绿色食品标准》，按照上述技术标准组织生产的同时，严格遵守《绿色食品农药使用准则》和《绿色食品肥料使用准则》，扩大有机肥使用范围，推广无公害农药和生物农药，禁用高毒高残留农药，阳新湖蒿被列入国家地理标志保护产品，并通过了国家绿色食品认证。

8.2.2　技术集成模式

将阳新湖蒿种苗脱毒生产、土壤改良与生态安全消毒活化、高效繁育、"三减一增"绿色生产、废弃物循环利用和标准化生产等关键技术与绿色阳新湖蒿产地环境控制、农业投入品、标准化生产、商品化处理等技术集成，形成阳新湖蒿全程绿色高效生产技术模式并进行示范。

8.3　实施方案

8.3.1　总体要求

总结阳新湖蒿现有绿色生产技术，示范推广可操作、易执行、能复制的全程绿色高效生产技术，建立阳新湖蒿全程绿色高效生产技术标准、模式和体系，保障湖蒿生产环境安全，提高湖蒿质量和效益，实现节本、提质、增效，促进阳新湖蒿产业健康可持续发展。

8.3.2 示范时间、区域与规模

依据《阳新县蔬菜产业"十四五"发展规划（2021—2025 年）》《阳新县蔬菜产业链建设规划（2022—2025 年）》要求，进行技术集成示范。2021 年，在阳新湖蒿核心产区阳新县兴国镇宝塔村建设技术集成示范区 10 000 亩。

8.3.3 基本原则

（1）农户自愿原则　选择区域集中、设施良好、装备齐全的专业合作社、种植大户等新型经营主体开展技术示范，并根据生产环境、湖蒿需求和绿色发展重点，在征得参与示范的专业合作社、种植大户意愿基础上，选取相关技术进行示范推广。

（2）科技支撑原则　为更好地建立全程绿色高效生产集成技术体系，组织相关科技人员充分利用现有专家研究成果和先进的技术推广模式，发挥专家和各级农技人员科技支撑作用。

（3）绿色发展原则　示范过程中，坚持生态优先、保护环境、绿色发展的原则，按照节能、低成本、优质、高效、生态、安全的路径，提高阳新湖蒿绿色生产技术应用水平。

（4）以点带面原则　在抓好示范区建设的同时，通过整合项目资金、扩大示范推广、加强宣传培训、开展技术观摩等多种形式，辐射带动示范区周边区域，以点带面，点面结合，带动湖蒿产区协同发展。

8.3.4 经济技术指标

结合示范区栽培环境、湖蒿配套茬口、现有技术成果，确定适宜的全程绿色生产技术路线。

示范结束后，提交项目技术试验报告和技术集成示范总结，编制阳新湖蒿相关技术规范。

示范过程中，组织多层次、多种形式的技术培训，提高技术覆盖度。

项目结束后，各示范点内 100% 采用生态安全土壤消毒、100% 集约化育苗、100% 水肥一体化、100% 统防统治、100% 农产品质量安全；减肥、减药、减工 30%，增产、增收、增效 15% 的目标，湖蒿茎叶等废弃物处理利用率达 50%。

8.3.5 示范单位和专家组成员

（1）技术集成与指导单位　阳新县蔬菜产业发展中心、湖北理工学院、黄石市蔬菜科学研究所。

（2）技术示范单位　阳新县宝塔湖春潮湖蒿专业合作社。

（3）技术专家指导组成员　成立由技术集成指导单位、示范实施单位科研、技术推广、生产人员组成的阳新湖蒿全程绿色高效生产技术专家指导组，进行技术咨询与指导，具体人员名单及分工见表8.1。

表 8.1　阳新湖蒿全程绿色高效生产技术专家指导组

姓名	单位	职务/职称	承担工作	备注
徐顺文	阳新县蔬菜产业发展中心	主任/高级农艺师	负责人	组长
明安淮	阳新县蔬菜产业发展中心	副主任/高级农艺师	技术集成	副组长
康薇	湖北理工学院	教授	技术研发	
刘高枫	阳新县蔬菜产业发展中心	副主任/农艺师	技术指导	
陈久爱	黄石市蔬菜科学研究所	高级农艺师	技术指导	
汪训枝	阳新县蔬菜产业发展中心	副主任/高级农艺师	技术指导	
申蜜	湖北理工学院	副教授	技术研发	
佘辉华	阳新县蔬菜产业发展中心	农艺师	技术指导	
柯亨兴	阳新县宝塔湖春潮湖蒿专业合作社	理事长	示范实施	
乐应勇	阳新县蔬菜产业发展中心	农艺师	技术指导	

8.3.6 主要保障措施

（1）加强组织领导　项目技术集成与指导单位阳新县蔬菜产业发展中心、湖北理工学院、黄石市蔬菜科学研究所，加强顶层设计，科学制定方案，成立课题组，明确人员分工，加强技术试验示范的组织领导，整合现有技术和项目资源，保障示范有序开展。

项目实施单位阳新县宝塔湖春潮湖蒿专业合作社，负责落实技术集成实施方案，确保示范工作落实到位。

（2）突出技术引领　围绕湖蒿绿色发展的瓶颈技术开展技术攻关和研究，强化技术支撑，形成技术合力，充分整合现有技术成果，通过技术集成构建了新湖蒿全程绿色高效生产技术体系，并融入湖蒿生产的产前、产中、产后全生产环节，切实提升湖蒿质量安全和绿色生产水平。

（3）扩大宣传报道　通过举办培训班、发放宣传资料、现场观摩等方式宣传推广湖蒿绿色高效生产技术，并充分利用报刊、广播、电视、网络等宣传途径，全方位、多角度、立体化地进行宣传报道，扩大阳新湖蒿的社会影响，提升阳新湖蒿的知名度。

（4）加强目标管理　项目结束后，认真总结示范推广中的好经验好做法，提交技术总结和工作总结，并按照项目确定的经济技术指标，引入第三方评价，现场实地抽查，加强项目实施情况的考核验收。

8.4　示范效果及主要经验

8.4.1　经济技术指标完成情况

技术集成示范结果表明，示范区内，生态安全土壤消毒 100%、集约化育苗 100%、水肥一体化 100%、统防统治 100%、农产品质量安全 100%、湖蒿茎叶等废弃物还田率达 100%；土壤 pH 值由 4.92 提高到 5.67，增加 11.2%；土壤有机质由 26.5 g/kg 提高到 33.1 g/kg，增加 28.7%；产量提高 10% 以上；农药使用量减少 50%；化肥使用量减少 30%；产品抽检合格率 100%；人工成本减少 10% ～ 15%，节约支出 150 ～ 240 元 / 亩，增收 1 600 元 / 亩，具有显著的经济效益、生态效益和社会效益，较好地完成了示范的经济技术指标。

8.4.2　取得的主要经验

（1）基础设施建设是做好技术示范的基础　技术示范开始前，当地政府和湖蒿基地种植经营主体先后投资 2 400 多万元，硬化水泥路面 26 km，修建机耕路 58 km，疏通主干渠 14.3 km，架设三相四线电路超过 20 000 m，建排灌站 12 座，洗蒿池 1 560 m³，水改旱平整土地 3 128 亩，配套太阳能杀虫灯 100 盏，自动喷灌面积 5 000 亩，形成了田成方、电成网、渠相通、沟配套、涝能排、旱能灌、车能进、货能出的湖蒿生产新格局，湖蒿生产基础设施建设得到较大提升，为开展技术示范打牢了基础。

（2）严格实行"五统一"项目管理模式　项目实施单位按照"合作＋基

地＋农户"的模式，分层次落实项目技术方案。实行"五统一"模式。一是统一安排栽种，以确保6—8月能够分期分批完成示范区1万亩蒿田的种苗扦插栽种工作，从而确保12月至翌年4月湖蒿嫩茎能够分批次按市场需求均衡上市，避免产品积压滞销，提高湖蒿的经济效益。二是统一技术指导，项目实施单位阳新湖蒿春潮湖蒿专业合作社配合项目技术集成与指导单位，统一进行技术指导，确保湖蒿种植能够按照绿色食品生产技术规程进行。三是统一购置农业生产资料，生产所需的竹材、肥料、农膜等农资比市面零售价格便宜15%，每亩每年可节省投资200多元，1万亩示范区可节省支出200万元，且质量有保障。四是统一安排灌溉水、统一排灌，保证示范区1万亩湖蒿能及时抗旱排渍，旱涝保收。五是统一组织销售，为降低湖蒿的销售成本，防止积压和恶意压价行为，项目实施单位在统一调度生产和拓展湖蒿产品销售渠道的同时，统筹调度收获时间，统筹调度销售的先后顺序，统筹调度销售市场，统筹制订销售价格，确保湖蒿及时上市流通。

（3）多形式开展技术推广，提升示范区建设水平 为了提高示范区的生产和质量管理水平，项目技术集成与指导单位与项目实施单位以技术推广为抓手，多形式开展科普活动，深入田间地头，村组农户，开展技术培训和科技咨询，及时解决蒿生产中遇到的技术难题，提高示范区的建设水平。一是认真落实《绿色食品阳新蒿标准化生产技术规范》，在湖蒿生产的留种育苗、备种、整地施肥、扦插、田间管理、剁割老苗、大棚管理、采收等环节，专家全程进行观摩、开展技术培训和进行巡回技术指导，共计举办培训班16场次，培训农民2 000人次，印发技术资料4 000份。二是严格执行《农产品质量安全法》《绿色食品农药使用准则》《绿色食品肥料使用准则》，全程按照《绿色食品"春潮"湖蒿标准化生产技术操作规程》组织湖蒿生产，扩大有机肥使用范围，推广无公害农药和生物农药，禁用高毒高残农药，树立禁用农药警示牌。三是培育无病虫种苗，在前茬湖蒿上市销售后，按1∶5选择前茬生长健壮、无病虫为害的田块作为留种田，并及时加强留种田的中耕除草、清沟排渍、施肥浇灌、培育，在割苗备种前1～2个月内，做好去杂去劣工作，选留优质种源，确保示范区用于扦插的湖蒿种苗纯度不低于98%。四是以培育湖蒿种植能手为重点，选择30名湖蒿种植示范户作为科技服务对象，带动整个示范区湖蒿新农资、新技术的应用推广。五是创新种植模式，在两季湖蒿之间的空白季，配茬种植其他蔬菜或粮食作物，实行了"甜玉米＋湖蒿""蜜本南瓜＋湖蒿""大棚早熟嫁接西瓜＋湖蒿""水稻＋湖蒿"等多项高产高效栽培模式，有效提高了复种指数和土地产出率。六是开展土壤去酸性化改良示范。针对湖蒿长期连作，偏施化肥，致使土壤出现板结酸化的问题，选择部分农户，开展了土壤去酸性化改良示范工作。在整地施肥时，根据土壤酸性化程度每亩施用土壤调理剂 150 kg 或生石灰 50 kg 或土壤酸碱度调节剂（魔力）3 ～ 3.5 kg，每亩施用生物有机肥 500 kg，促使湖蒿发根，壮秆，提高品质和产量。七是加强湖蒿病虫害绿色防控工作，项目技术指导单位和实施单位投入项目资金 10 万元，更换了田间喷灌设施的主支管道、立杆、喷头等，完善了田间喷灌设施，既节约了用水，同时避免了因漫灌沟灌引起的田间湿度增加造成病害严重的现象。投资 12 万元，添置更换了 200 盏太阳能杀虫灯的蓄电池和灯管，晚上自动开灯诱杀害虫，在湖蒿扣棚盖膜后，在藜蒿植株上方 30 cm 处，每亩悬挂 50 cm×30 cm 的自制黄板 40 ～ 50 块，黄板每周涂一次黄油或机油，诱杀蚜虫、烟粉虱、斑潜蝇、蓟马等害虫，在田间路口处树立禁限用农药警示牌两块，采用讲座等方式宣传禁限用农药、合理使用生物农药、适度使用高效低毒农药开展化学防治。通过这些措施，每亩减少用药 3 ～ 5 次，节省农药开支 50 元。

（4）健全各项管理制度，确保示范区产品质量安全 项目实施单位按照绿色食品企业的管理模式，成立了产品生产质量管理领导小组，制定了《湖蒿质量管理制度》《湖蒿卫生检疫管理制度》《湖蒿原料调运制度》《湖蒿原料保管制度》《湖蒿绿色食品原料基地管理制度》等制度，制定了《绿色食品春潮湖蒿生产技术操作规程》。为了保证湖蒿的质量安全，设立了湖蒿质量检测室，凡检验不合格的产品一律不得进入销售渠道，强制种植户无害化销毁，从制度上确保示范区产品质量安全。

8.4.3 存在的主要问题

一年的技术集成示范虽然取得了较好的效果，但也暴露出阳新湖蒿产业中还存在一些亟待解决的问题，这些问题的解决将有助于阳新湖蒿产业的可持续发展。一是保鲜贮藏设施和技术滞后于湖蒿生产的现实需要，尤其是冷冻运输、冷藏库建设方面严重不足，不得鲜蒿的保鲜贮藏，二是湖蒿深加工技术还停留小作坊式阶段，无论是加工水平，还是产品规模，都有很大的提升空间。深加工能力不足，无法从根本克服传统卖蒿经济的短板，影响阳新湖蒿附加值的提升，进而影响湖蒿产业的整体效益。三是尚未系统建立湖蒿电商销售平台，目前阳新湖蒿销售主要面向本地及湖北省武汉批发市场，受湖蒿保鲜技术所限，电商销售很难开展。下一步，项目实施单位将组织专门人员，开展技术攻关。四是示范区大棚湖蒿基本使用的是简易竹架大棚，较少使用钢架大棚，抗风雪能力弱。蒿农选择使用简易竹架大棚，一方面源于多年来形成的种植习惯，不愿意改变；另一方面源于经济考量，除了竹架成本低，前茬湖蒿收获后，为了尽快种植配茬作物，便于机械耕作和种植，竹架比钢架容易拆除，但是改变这种传统的种植习惯，还需一段时间。

8.5 2015年阳新湖蒿标准化示范工作总结

8.5.1 项目基本情况

（1）项目来源 湖北省2015年园艺作物标准化创建项目——阳新县湖蒿标准化创建子项目。

（2）项目实施时间 2014年6月至2015年4月。

（3）项目实施地点 阳新县兴国镇宝塔村七里组阳新县宝塔湖春潮湖蒿专业合作社湖蒿基地内。

（4）示范园建设规模 1 000亩。

8.5.2 项目建设内容

（1）技术指标 制定先进、实用、可操作性强的《绿色食品湖蒿标准化生产技术规程》，在湖蒿生产各环节（留种育苗、备种、整地施肥、扦插、田间管理、刹割老苗、大棚管理、采收）邀请省、市、县专家观摩和技术培训16场次，培训农民2 000人次，印发技术资料4 000份，请县蔬菜办技术人员和合作社专家开展巡回技术指导。

（2）种苗提纯复壮 在前茬湖蒿上市销售后，选择前茬健壮、少病害的田块按1∶5预留种田，1 000亩标准化生产创建区留种田200亩，作好留种田的中耕除草、清沟排渍、施肥浇灌、培育壮苗工作，在割苗备种前2个月至1个月内，做好去杂去劣工作，选留优质种苗，确保标准化创建区用于扦插种植种苗纯度不低于98%。

（3）开展土壤去酸性化改良示范　在整地施肥时，根据土壤酸性化程度每亩施用生石灰 50 kg 或土壤酸碱度调节剂（魔力）3～3.5 kg，每亩施用生物有机肥 500 kg。

（4）改善生产基础设施条件　配套完善太阳能杀虫灯和喷灌工程设施。

（5）建设农产品质量安全检测室　购置农药残留检测仪器实行产地检测，做到检测一批、销售一批、不合格的不外调、就地销毁，检测结果上食品质量安全检测平台网站。

（6）推广产品溯源　开展农产品质量追溯试点示范，申请国家商品条码标识，印制带有条码标识的保鲜包装袋，以户为单位建立生产档案和投入品进出台账，开展产品质量可追溯试点示范。

（7）推行线上交易　建立阳新县宝塔湖春潮湖蒿专业合作社互联网销售网站，发布合作社信息，广泛联系各地客商，试行网上销售。

8.5.3　项目建设资金

项目总投资 101 万元，其中，自筹资金 51 万元，申请省级园艺作物标准化创建项目财政补助资金 50 万元。

（1）项目组织管理情况　阳新湖蒿产业在阳新农业中占有重要地位，是阳新的特色产业，在黄石乃至全省具有一定的地位，阳新县委、县政府对湖蒿产业的发展一向重视和支持，为加强对标准园创建项目的组织领导，成立了由县分管领导任组长，县农业局、县财政局、县蔬菜办、兴国镇主要领导、技术专家组成的项目领导小组，同时由阳新县蔬菜产业发展中心负责组建了项目技术专班，从省、市聘请了指导专家。项目实施方案由阳新县蔬菜产业发展中心在黄石市蔬菜办化验室的指导下编写上报，项目承担单位由阳新县农业农村局初选推荐，上报黄石市农村农业局，由市农村农业局根据省农业农村厅有关文件精神，对照规定的申报范围、条件和要求严格筛选后确定。项目实施过程中，项目领导小组成员和技术专班成员多次深入合作社基地，督促检查指导创建工作。合作社在实施项目过程中，做到了及时汇报项目创建进展情况，并向省农业农村厅经作处和中国农业信息网报送了两篇项目实施情况信息及有关图片。项目实施工作得到了省农业厅经作处领导的肯定。

（2）项目资金落实与使用情况　阳新县宝塔湖春潮湖蒿专业合作社覆盖湖蒿种植基地 1 万多亩。多年来，国家、省、市、县、镇各级为支持宝塔湖湖蒿产业发展，整合各种国家项目资金近千万元，用于基地基础设施建设，形成了田成方、电成网、渠相通、沟配套、涝能排、旱能灌、车能进、货能出的湖蒿生产新格局。本项目以标准化创建为目的，在合作社的七里组1 000亩湖蒿基地实行标准化栽培，项目计划总投入101万元，其中财政资金50万元，群众自筹51万元。在自筹资金中，种苗提纯复壮工作由农民投工折价10万元，其余41万元由农民自筹用于购买生物有机肥，用作土壤去酸改良。财政补助资金使用情况见表8.2。

表8.2　2015年阳新湖蒿标准化示范园创建项目财政补助资金使用明细表

项目编号	金额（万元）	资金用途明细	备注
1	10	购买生石灰 3.5 万元；购买生物有机肥 6.5 万元	
2	5.6	添置、更换太阳能杀虫灯蓄电池和灯管等费用	
3	2.8	更换喷灌设施主支管道、立杆、喷头等费用	
4	23	完善支渠、引水渠杂草、淤泥清除 10 万元；维护泵房、电力线路、变压器、排灌机组 4 万元；维护基地砂石路 9 万元	
5	1.8	建设农产品质量安全检测室相关费用	
6	1.8	印制保鲜包装袋等费用	
7	5	互联网交易平台网站建设相关费用	
合计	50		

（3）湖蒿产品质量安全落实情况　项目建设单位根据国家有关规定制定了《阳新县宝塔湖春潮湖蒿专业合作社章程》和《财务管理制度》;《湖蒿卫生检疫管理制度》《湖蒿原料调运制度》《湖蒿原料保管制度》《湖蒿绿色食品原料基地管理制度》。为使湖蒿产业健康发展，合作社在县蔬菜办、县绿办、县质量技术监督局的指导下制定了《绿色食品"春潮"湖蒿标准化生产技术操作规程》及《湖蒿质量管理制度》。合作社各项制度健全。为确保项目顺利实施和各项制度的贯彻执行，县项目领导小组、县蔬菜办多次到合作社进行督促检查指导，推动了项目的实施和任务的完成。

（4）财务管理情况　项目建设单位阳新县宝塔湖春潮湖蒿专业合作社积极争取县、镇两级多项扶持资金，采取宣传发动、示范带动、奖补拉动和以工代金的办法，促使合作社广大社员筹集创建资金，确保项目投入资金来源。项目建设单位社严格按照实施方案确定的资金用途使用财政资金，在账目上实行了专账管理，各项收支手续健全规范。

（5）创新亮点情况　阳新县委、县政府及有关部门全力扶持合作社湖蒿生产发展，投入的基础设施建设扶持资金较多；合作社为使湖蒿产销有条不紊地进行，实行了"六统一"（统一安排播种和扣棚时间、统一技术服务、统一购置农业生产资料、统一水电路和杀虫灯、停车场、洗蒿池等基础设施建设、统一排灌、统一组织销售），确保和推动了合作社湖蒿生产的持续健康发展，为项目顺利实施提供了坚实的支撑。

8.5.4　项目实施效果

通过实施本项目，建设湖蒿标准化生产创建区 1 000 亩。集成技术，制订先进、实用、操作性强的绿色食品湖蒿标准化生产技术规程，组织现场观摩和技术培训，开展技术指导，推广湖蒿标准化生产技术；选定 200 亩留种田，开展早熟品种阳新湖蒿一号和中迟熟品种阳新湖蒿二号两个主栽品种的提纯复壮工作，确保标准化创建区种苗纯度不低于 98%；开展土壤去酸性化改良示范，使用生石灰或土壤酸碱度调节剂，增施有机肥，改善生产条件，完善田间工程，搞好喷灌工程维护，确保生产正常进行；太阳能杀虫灯维护，减少农药用量，实施质量安全管理；以户为单位建立生产档案和投入品进出台账；建设农产品质量安全检测室，购置农药残留检测仪，实行产地检测，做到检测一批，销售一批，不合格的不外调、就地销毁，检测结果上传至产品质量安全检测平台网站；印制带有中国商品条码标识的保鲜包装袋，开展产品质量可追溯试点示范；建立网站，发布合作社信息、广泛联系各地客商，试行网上销售；核心示范区实现优质湖蒿平均亩产 1 950 kg，平均增产 30%，年产湖蒿产品 195 万 kg，产品抽检合格率 100%，每年亩均节省农药开支 50元，农民亩均增收 1 800 元，农民满意度达 99%；技术辐射带动面积 2 万亩，带动周边农户 1 000 户，农民亩均增收 1 500 元。项目的成功实施，为阳新湖蒿生产树立了一个标杆，推动了阳新县湖蒿标准化生产的发展，具有显著的经济效益、社会效益、生态效益。

8.5.5　项目实施体会与建议

由于资金投入不足，开展标准化创建项目规模较小，只有 1 000 亩，不能适应阳新湖蒿产业发展的需要，有必要扩大创建规模，将阳新湖蒿生产的一些好的种植模式予以推广示范。

项目建设单位的自动喷灌系统和太阳能杀虫灯建设仅完成一小部分,湖蒿基地全部使用竹架大棚,抗风雪能力弱。

在湖蒿冷冻运输、冷藏库建设和湖蒿产品深加工等方面还很薄弱,需要进一步开发新技术、新工艺。

8.6 2018 年阳新湖蒿标准化示范工作总结

2018 年,在总结 2015 年阳新湖蒿标准化示范园创建项目工作经验的基础上,阳新县蔬菜生产发展中心在阳新县宝塔湖春潮湖蒿专业合作社扩大示范,创建湖蒿万亩示范区,取得了显著的成效。

8.6.1 创新经营管理模式,建好万亩湖蒿基地

实行"合作社 + 基地 + 农户"的产业化模式,合作社在组织形式上实行分散承包、规模发展、统一管理,在分配原则上实行按劳分配、风险共担、利益共享。在具体操作上实行"六统一",维护好生产销售秩序。一是统一安排播种,使示范区 1 万亩扦插播种面积在当年的 6—8 月分期分批进行,以确保湖蒿产品在 12 月至翌年 4 月能够均衡上市,避免产品积压。二是统一技术服务,要求示范区的湖蒿种植能够按照绿色食品生产技术规程进行。三是统一购置农业生产资料,社员们购置的竹材、肥料、农膜等农资比市面价格便宜 15%,每亩每年可节省投资 200 多元,1 万亩则可节省投资 200 多万元,且质量安全可靠。四是统一水电路和杀虫灯、停车场、洗蒿池等基础设施建设,为湖蒿的稳产高产优质高效打下了坚实的基础。五是统一排灌,示范的1 万亩湖蒿能及时抗旱排渍,确保做到旱涝保收。六是统一组织销售,为降低社员们的销售费用,防止积压和恶意压价行为,合作社在统一调度生产和拓展湖蒿产品销售渠道的同时,还统一调度收获时间,统一调度销售的先后顺序,统一调度销售市场,统一制订销售价格,每亩湖蒿间接增收 1 000 元以上,1 万亩则每年可间接增收 1 000 多万元,做到了产销两旺。

8.6.2 加强基础设施建设,打牢标准园建设基础

近年来,湖蒿基地先后投资 2 400 多万元。建成水泥路 26 km,机耕路58 km,疏通主干渠 14.3 km,三相四线电路 2 万 m,建排灌站 12 座,泡蒿

池 1 560 m³, 水改旱平整土地 3 128 亩, 配套太阳能杀虫灯 100 盏, 自动喷灌面积 5 000 亩, 湖蒿生产基础设施建设水平不断提高, 实现了田成方、电成网、渠相通、沟配套、涝能排、旱能灌、车能进、货能出的湖蒿生产新格局, 为建设湖蒿示范区提供较好的基础设施。

8.6.3 大力推广标准化生产, 提升基地建设水平

为了提高湖蒿生产和质量管理水平, 县蔬菜产业发展中心组织县湖蒿协会及春潮湖蒿合作社广泛开展农村科普活动, 深入田间地头, 村组农户, 开展技术培训和科技咨询服务, 解答群众生产技术难题, 提高群众依靠科技致富能力。一是集成技术, 制定了先进、实用、可操作性强的《绿色食品湖蒿标准化生产技术规程》, 在湖蒿生产各环节(留种育苗、备种、整地施肥、扦插、田间管理、剁割老苗、大棚管理、采收), 邀请省、市、县专家开展技术培训 25 场次, 培训农民 3 500 人次, 印发技术资料 5 000 余份, 并聘请专业技术人员、专家开展巡回技术指导。二是宣传《中华人民共和国农产品质量安全法》, 严格按照《绿色食品"春潮"湖蒿标准化生产技术操作规程》组织生产, 遵守《绿色食品农药使用准则》和《绿色食品肥料使用准则》, 扩大有机肥使用范围, 推广无公害农药和生物农药, 禁用高毒高残农药, 树立禁用农药警示牌。三是开展种苗提纯复壮。以湖蒿种植能手为重点, 每年选择 20~30 名湖蒿种植示范户作为科技服务对象, 开展湖蒿新技术、新农资、新模式等技术推广工作。四是并对本地湖蒿主栽品种进行提纯复壮, 除杂除劣, 开展人工种植, 实现早、中、迟熟品种的科学配套。五是加强种苗生产, 在前茬湖蒿上市销售后, 选择前茬健壮、无病害的田块按 1:5 预留种田, 作好留种田的中耕除草、清沟排渍、施肥浇灌、培育壮苗工作, 在割苗备种前 2 个月至 1 个月内, 做好去杂去劣工作, 选留优质种苗, 确保标准化创建区用于扦插的湖蒿茎种纯度不低于 98%。

8.6.4 大力推广新技术新模式, 提升湖蒿生产科技水平

一是创新种植模式。推广"甜玉米+湖蒿""蜜本南瓜+湖蒿""大棚早熟嫁接西瓜+湖蒿"等多项高产高效模式, 提高复种指数和土地产出率。二是开展土壤去酸性化改良示范。针对湖蒿长期连作, 偏施化肥, 致使土壤出现板结酸化的问题, 选择部分农户, 开展了土壤去酸性化改良示范工作。在

整地施肥时，根据土壤酸性化程度每亩施用生石灰 50 ～ 75 kg 或土壤酸碱度调节剂（魔力）3 ～ 3.5 kg，每亩施用生物有机肥 500 ～ 600 kg。通过土壤改良，促使湖蒿发根，茎秆粗壮，提高品质，进而提高单产。三是开展湖蒿病虫害绿色防控工作。添置更换了 200 多盏太阳能杀虫灯的蓄电池和灯管，晚上自动开灯诱杀害虫，在湖蒿扣棚盖膜后，在湖蒿植株上方 30 cm 处，每亩悬挂 50 cm×30 cm 的自制黄板 40 ～ 50 块，黄板每周涂 1 次黄油或机油，诱杀蚜虫、烟粉虱、斑潜蝇、蓟马等害虫，在田间路口处树立禁限用农药警示牌两块，采用讲座等方式宣传禁限用农药、合理使用生物农药、适度使用高效低毒农药开展化学防治。通过这些措施，每亩减少用药 3 ～ 5 次，节省农药开支 50 元。

8.6.5 健全各项管理制度，确保产品质量安全

合作社成立了理事会和监事会，制定了《阳新县宝塔湖春潮湖蒿专业合作社章程》和《财务管理制度》，通过社员大会选举成立了专门的领导管理班子。按照绿色食品企业的管理模式，成立了产品生产质量管理领导小组；制定了《湖蒿质量管理制度》《湖蒿卫生检疫管理制度》《湖蒿原料调运制度》《湖蒿原料保管制度》《湖蒿绿色食品原料基地管理制度》等制度和《绿色食品春潮湖蒿生产技术操作规程》。为了保证湖蒿的质量安全，设立了湖蒿质量检测室，凡检验不合格的产品一律不得进入销售渠道，强制种植户无害化销毁。

阳新湖蒿保鲜贮藏与加工利用 9

　　藜蒿含有丰富的蛋白质、矿质元素、微量元素、维生素、氨基酸和膳食纤维。据报道，每 100 g 藜蒿嫩茎含蛋白质 3.6 g，是常食蔬菜大白菜的蛋白质含量的 3 倍；每克嫩茎的矿物质及微量元素含量（μg/g）：钾 70 703 μg/g，磷 6 621 μg/g，镁 2 504 μg/g，钙 5 052 μg/g，钠 557 μg/g，锌 219 μg/g，铁 110 μg/g，铜 26.1 μg/g，锰 90.5 μg/g，氟 11.8 μg/g，硒 0.68 μg/g，其中，磷、钾、锌、钙、锰的含量较高，钾的含量是香菇的 3 倍，是普通常食蔬菜的 4～8 倍；每 100 g 藜蒿嫩茎含有胡萝卜素 139 mg、硫胺素 0.0075 mg 和抗坏血酸等多种维生素；每 100 g 藜蒿嫩茎含有天门冬氨酸 20.4 mg、谷氨酸 34.3 mg、赖氨酸 0.97 mg。并且，藜蒿嫩茎中膳食纤维、酸性洗涤纤维含量高达 3.14%。

　　据《尔雅》（称藜蒿为"由胡""蘩"）、《神农本草经》（称藜蒿为"白蒿"）记载，藜蒿全草入药，有止血、消炎、镇咳、化痰之效。也可用于治疗黄疸性或无黄疸性肝炎；民间还作为"艾"（家艾）的代用品；四川民间也作为"刘寄奴"（奇蒿）的代用品。藜蒿根性凉，味甘，叶性平，平抑肝火，可治胃气虚弱、浮肿及河豚中毒等病症以及预防芽病、喉病和便秘等功效。根茎含淀粉量高，可为肌体提供热量能源，也可作为神经结构、成分和酶、激素的组织成分。同时也可起保护头脑的作用和充当肝脏贮备肝糖而起解毒的作用。

　　又据明代李时珍的"本草纲目"中描述，"味甘平。主五脏邪气，风寒湿痹，补中益气，长毛发令黑，疗心悬，少食常饥；久服，轻身耳目聪明不老。"古代医家主要用藜蒿治疗热毒，疮疡，夏日曝水痢，去黄热及心痛，杀河豚鱼毒等。现代药理学研究表明（欧阳崇学等，1998），藜蒿的绿色部分含有一种倍半萜烯类白蒿宁（Sieversinin）。地上部分又含白蒿素（Sieversin）、洋艾内酯（Artabsin）和洋艾素（Absinthin）。干植物含生物碱（0.12％～0.2％）、黄酮类（0.831％）、内酯类，以及少量的呋喃香豆精（*Furocoumarins*）。此外，还含有芸香苷（Rutin）、异槲皮苷（Isoquercetrin）等化学成分。从其中分离出的倍半萜-γ内酯，对金黄色葡萄球菌、大肠杆菌等在体外有抑制作用。

此外，《中草药通讯》（1971年，第一期）曾报道藜蒿治疗急性痢疾的临床应用效果，有效率达93％，疗效优于黄连、痢特灵、合霉素等。对藜蒿提取物的抑菌作用研究也有报道（郑功源等，1999），藜蒿原汁及其水提取物对痢疾杆菌、大肠杆菌、巨大芽孢杆菌及面包酵母具有抑制作用。

（1）健脾开胃　藜蒿是一种具有自然香气的绿色蔬菜，它含有大量挥发油和一些芳香类物质，人体吸收这些物质以后，能促进唾液和胃液等消化液分泌，而且能刺激食欲，让人有种胃口大开的感觉。藜蒿中还含有大量的膳食纤维和天然骨胶，这些物质能促进胃肠蠕动，对增强人体胃肠消化功能也有一定好处。

（2）利湿退黄　藜蒿是一种能清肝利胆利湿退黄的健康食材，它具有一定的药用价值，在民间是预防人类急性传染性肝炎的常用食材，而且人们在出现湿热黄疸和慢性肝炎时多服用一些，还能让病情尽快减轻。

（3）保护眼睛　藜蒿对人类的眼睛还有明显保护作用，它不但含有丰富的类黄酮，还含有大量胡萝卜素，人们食用这种绿色蔬菜以后能促进视网膜发育，增强视神经功能，可以防止视力下降，更能缓解眼疲劳，预防眼睛病变。

（4）增强人体免疫力　藜蒿中不仅含有胡萝卜素，还含有丰富维生素C和多种对人体有益的氨基酸，人们食用这种蔬菜可以尽快把它含有的营养吸收和利用，能促进人体内免疫细胞再生，增强人体免疫功能，最适合免疫力低力下人群食用。

> **注意事项　藜蒿的适用人群与禁忌**
> 一般人皆可食用藜蒿。但需要注意的是，由于藜蒿性微寒，纤维素的含量也比较高，它对人类肠胃有一定刺激作用，正常人群食用以后能促进

消化，但那些肠胃功能不全和脾胃虚弱的人食用它以后会出现身体不适，严重时会出现腹泻，所以对于脾胃虚弱和肠胃功能不全的人宜少吃或不吃藜蒿。此外，糖尿病、肥胖或其他慢性病如肾脏病、高血脂、贫血患者食用藜蒿时，以清炒为好，不宜与香干、腊肉等腌制品搭配食用。

9.1 阳新湖蒿保鲜贮藏技术

9.1.1 气调包装保鲜

湖蒿气调包装保鲜的工艺流程：采收→整理→清洗→沥水→分装→充气→贮藏。

（1）采收与整理 从无病虫为害的湖蒿田里，采收顶端新叶尚未散开、茎秆未硬化、颜色呈白绿色青绿色、长度充足的嫩茎（长度与保鲜袋相配套），去除嫩茎中下部叶片，保留顶端叶片，清洗干净，沥干水后备用。

（2）分袋包装 选择厚度 0.08 mm、透气面积 0.27 m² 的低密度 PE 保鲜袋为包装袋，按每袋 200 g 规格，将湖蒿分别装入包装袋内。

（3）充气 本方法采用一次性充入混合气体保鲜贮藏，湖蒿产品。初始气体条件为 O_2 浓度 5%、CO_2 浓度 10% ～ 15%。

（4）保鲜贮存 完成气调包装后，将保鲜袋置于常温条件下（14 ～ 17℃）可以保鲜贮藏 8 d。此时，湖蒿外观良好，品质也较好。

（5）注意事项 气调包装湖蒿，保鲜袋的选择十分重要，透气、透湿性好保鲜袋保鲜贮藏效果较好。

9.1.2 臭氧湿冷保鲜

湖蒿臭氧湿冷保鲜的工艺流程：采收→整理→清洗→充气密闭→贮藏。

（1）采收与整理 从无病虫为害的湖蒿田里，采收顶端新叶尚未散开、茎秆未硬化、颜色呈白绿色青绿色、长度充足的湖嫩茎（与用于保鲜的密闭容器配套），去除嫩茎中下部叶片，保留顶端叶片，清洗干净。

（2）充气密封 用向密闭容器中充入臭氧（O_3）保鲜贮藏湖蒿。具体方法是：在密闭容器的底部加入少许水，再放入湖蒿，通入空气和 O_3（浓度约 20×10^{-6}）。O_3 通常由多功能杀菌解毒机产生。

（3）保鲜贮存　贮藏温度 2℃、相对湿度为 95% 条件下可保鲜贮藏 1 个月，湖蒿嫩茎依然新鲜，很少出现霉菌感染。

9.1.3　真空预冷保鲜

湖蒿真空预冷的工艺流程：采收→清洗→沥水→涂膜→真空预冷→贮藏。

（1）采收　早晨采集湖蒿的嫩茎（一定要早上气温低时采收），嫩茎长度与保鲜袋一致，打掉中下部叶片，留顶部叶片，清洗干净后，沥干水。

（2）涂膜　将蔬菜涂膜剂均匀地涂抹在湖蒿嫩茎表面。

（3）真空预冷　将湖蒿嫩茎放入密封的容器内，速冻 20 ～ 30 min（使容器内压力降至 660Pa）。

（4）装袋密封　将经真空预冷后的湖蒿迅速放入包装袋内密封。

（5）保鲜贮藏　将湖蒿贮藏于 2℃±1℃、RH=80% ～ 90% 条件下，1 个月后湖蒿嫩茎依然保持新鲜。

9.1.4　盐渍保鲜贮藏

湖蒿盐渍保鲜的工艺流程为：采收→整理→清洗→沥水→腌渍→封袋→贮藏。

（1）采收与整理　每年 11 月至翌年 4 月，当湖蒿嫩茎长到 8 ～ 15 cm，顶端新叶尚未散开、茎秆未硬化、颜色呈白绿色青绿色时，从近地表处割收，收后将嫩茎去掉基部老叶，保留顶部嫩叶，按基部对齐整理，洗净沥干。

（2）腌渍方法　将整理洗净沥干水的湖蒿，按湖蒿 100 kg 鲜重加盐 35 kg 腌渍。具体方法是：将容器洗净沥干，一层食盐一层藜蒿，层层压实，食盐下层少上层多，顶层加盖 2 cm 厚盖面盐，其上用聚乙烯塑料密封；也可采用饱和食盐水浸泡嫩茎 1 ～ 2 h 后，用聚乙烯塑料密封。

（3）保鲜贮藏　采用腌渍法，湖蒿可保存 6 ～ 12 个月。腌渍法保藏的湖蒿，食用前需要将湖蒿置于清水中多次漂洗脱盐后才能进行烹饪加工，并且烹饪需要酌情加盐。

9.1.5　保鲜液处理冷藏

湖蒿保鲜液处理冷藏保鲜的工艺流程为：采收→整理→清洗→沥水→护

色→烫漂→冷却降温→配制保藏液→封袋→贮藏。

（1）适时采收 当湖蒿株高 40 cm 时割下上端 20 cm 长、顶端心叶尚未敞开、茎秆未木质化、呈浅绿色幼嫩部分，余下的茎秆让其继续生长。割下的嫩茎除留少数心叶外，其余叶片全部打掉，并用清水洗干净、沥水。

（2）护色与烫漂 打掉中下部叶片的湖蒿嫩茎清洗沥干水后，立即放入 1% 氯化钠盐中护色并及时进行烫漂处理。

烫漂方法：用水量与湖蒿重量比约为 6∶1，即 60 kg 水烧沸后烫漂 10 kg 湖蒿嫩茎。水烧沸腾维持 100℃ 时，切忌温度过低。将湖蒿嫩茎放入锅内沸水中，立即用木棒搅拌，使之受热均匀，2 min 后立即捞出。

（3）冷却降温 湖蒿烫漂后及时放入流动的冷水槽中冷却，当湖蒿温度与水温接近时捞出沥干明水。

（4）配制保鲜贮藏液 保藏液由蒸馏水、氯化钙、亚硫酸氢钠及山梨酸钾等混合配制而成。各组分的最佳浓度为氯化钙 0.1%、亚硫酸氢钠 0.4%、山梨酸钾 0.1%。保藏液用柠檬酸调节 pH 值至 3。

（5）装袋密封 将烫漂冷却后的湖蒿嫩茎沥干水后，装入塑料袋中，同时注入保藏液。装袋时料/液比为 4∶1，每袋 250 g，然后真空封袋。

（6）保鲜贮藏 将包装好的湖蒿嫩茎置于 4℃ 环境下，可贮藏 3～5 个月。

9.2 阳新湖蒿茶加工工艺

9.2.1 炒制法制作湖蒿茶

（1）工艺流程 湖蒿叶→摘选清洗→沥干→炒制杀青→揉捻造型→烘制→分拣→包装。

（2）工艺过程 ①湖蒿叶采摘与整理：从无病虫为害、无农药残留的蒿田选取新鲜湖蒿嫩叶，清水漂洗去除叶片上的灰尘，置于沥干机上沥水，控水。②炒制杀青：将沥干水分的湖蒿叶置于 100～120℃ 的炒制锅中，翻动炒制杀青 6～10 min（根据视湖蒿叶的颜色控制时间）。杀青时容易破坏叶中酶的活性，导致散失的部分内溶物溶出。③揉捻造型：根据需要将长条形的湖蒿叶剪切成短条，然后进行揉捻成形。④烘制：将揉捻成形的湖蒿叶放入烘箱中，在 80℃ 恒温条件下加热脱水，当叶片含水量降到 30% 左右时，将烘箱温度调低至 50℃ 继续烘干，直至湖蒿叶含水量降至 5%。⑤分拣包装：

将烘制好的湖蒿叶（湖蒿茶）取出，置于阴凉干燥处，剔除杂质及不合格部分，用包装袋定量分装，即为湖蒿茶成品。

9.2.2 漂烫法制作湖蒿茶

（1）工艺流程 采收湖蒿叶→摘选清洗→烫漂→冷却→烘制→揉捻造型→烘制→分拣→包装。

（2）工艺过程 ①湖蒿叶采摘与整理：同炒制法。②烫漂：将水煮沸，用小苏打调节沸水 pH 值至 7.5，将处理过的湖蒿叶浸入沸水中，并不间断翻动，使叶受热均匀，4～6 min 后捞出（根据湖蒿叶的颜色，确定烫漂时间的长短）。烫漂可破坏叶片中酶的活性，去除苦涩味，使叶片软化。③冷却。④将烫漂后的湖蒿叶立即浸入冷水中，使其迅速冷却，避免叶片被捂熟、组织溃烂。沥干：将冷却后的叶片捞出，在沥干机中离心脱水、沥干。

9.2.3 湖蒿酒生产工艺

（1）工艺流程 采收湖蒿叶→摘选清洗→榨汁→浸泡→沉淀→发酵→蒸馏→勾兑→沉淀→过滤→成品包装。

（2）工艺过程 ①湖蒿叶采收与整理：在湖湖不同生长期，分别选取湖蒿的叶、茎、根作为湖蒿酒的加工原料。原料收集后清洗干净。②榨汁：分别将清洗后的湖蒿叶、茎、根等原料，压榨后分别取榨汁和残渣，备用。③浸泡：压榨后的榨汁，按压榨时间的先后，及时依次加入 95% 的食用玉米酒精进行浸泡。配料比（重量百分比）为食用玉米酒精 30%～60%，湖蒿汁40%～70%，然后自然沉淀 10～20 d。压榨后的残渣，用 55% 食用玉米酒精进行浸泡后，可得到湖蒿的醇提取液。配料比（重量百分比）为食用玉米酒精 50%～70%，湖蒿残渣 30%～50%。浸泡 15～20 d 后，取出澄清的醇提取液备用，浸泡后的残渣用离心机甩干。④发酵：甩干后的残渣加适量的水进行蒸煮，冷却后加入大米和酒曲进行自然发酵。当酒精度达到 6°～14°时，进行蒸馏，蒸馏后的酒精度为 45°～65°。⑤勾兑：用不同时期湖蒿汁的浸泡酒液、残渣的醇提取液、发酵蒸馏后的酒液、蜂蜜和纯净水共同进行勾兑，勾兑后的酒精度为 28°～53°，并经过自然沉淀 25～80 d 后，即可获得湖蒿酒。⑥甜度处理：根据消费者需要，添加蜂蜜或甜味素，进行甜度处理。⑦过滤：包装前，对湖蒿酒进行常规过滤。

9.2.4 湖蒿小菜加工工艺

9.2.4.1 湖蒿风味方便菜的加工工艺

（1）配料　新鲜湖蒿、精盐、味精、红辣椒、生姜丝、芝麻油。

（2）工艺流程　腌制湖蒿→脱盐→包装→灭菌→冷却→成品。

（3）工艺要点　①腌制湖蒿：方法同"9.2.4"。②脱盐：将腌制的湖蒿用清水反复脱盐直至盐含量低于 3%。③包装：采用真空包装，用 PET/PE 复合材料包装。④灭菌：采用湿热灭菌，121℃，10 min。⑤冷却：灭菌后的产品要用冷水迅速降温冷却，以免被蒸煮。

9.2.4.2 湖蒿净菜的生产工艺

（1）工艺流程　湖蒿采摘→预处理→清洗→分级→切段→沥水→包装。

（2）工艺要点　①湖蒿采摘与整理：方法同"9.2.1"。②预处理：将湖蒿的叶片和老茎部分全部摘掉，只保留幼嫩茎部。③清洗：先用清水冲洗干净，再用洗涤剂清洗，最后用清水冲洗干净，将湖蒿表面的微生物减少到最低程度。④分级：湖蒿的颜色不同，根茎大小不一，根据这些特点将湖蒿分成不同等级。⑤切段。⑥每段切成 4～6 cm 长。⑦包装：可用 0.1mmPET/PE 袋包装，或用发泡盒盛装，上面封上保鲜膜，每袋（盘）250 g。也可以在湖蒿中配上适量红辣椒和腊肉，包装好的产品可直接进入超市。

9.2.4.3 湖蒿的干制工艺

（1）工艺流程　湖蒿采摘→清洗→分级→切段→灭酶→冷却→沥水→冻结→升华干燥→成品→包装。

（2）工艺要点　①湖蒿采摘、清洗、分级、切断和沥水同"8.3.3.2"工艺。②灭酶：95～100℃，30 s 至 1 min。③冷却：热烫后要用冰水或井水迅速冷却，否则会出现蒸煮味。④冻结：-30℃冻结 4 h。⑤升华干燥：在高真空状态下（15Pa）以下干燥，最高温度不超过 50℃。⑥包装：采用阻湿和阻氧的复合材料，例如 PET/PE 袋复合材料。

9.2.4.4 湖蒿的速冻工艺

（1）工艺流程　湖蒿采摘→清洗→分级→切段→灭酶→冷却→速冻→包装→冻藏。

（2）工艺要点　①采摘、清洗、分级、切断、灭酶和冷却同"9.3.3.3"工艺。②速冻：速冻是本产品加工最关键工艺，它直接影响速冻湖蒿的品质，可利用冻干机高真空系统，在冻结中快速通过冰晶带（−1～5℃）。③冻藏：置于−18℃以下，确保不产生冻融现象。

9.3 阳新湖蒿常见烹饪方法

阳新地区素有食用湖蒿的习俗，嫩叶、嫩茎和肥大的肉质地下茎均可食用，尤其是阳新湖蒿嫩茎味道清香，肉质脆嫩，可作主食或者配料，可熟食，亦可凉拌，色味极佳。现代设施农业的发展为野生阳新湖蒿作为一年生蔬菜栽培提供了便利，加之生育期间病虫害少，基本不施农药，深受消费者青睐。开发的阳新湖蒿菜品，作为当地的特色菜谱，已经从寻常百姓家步入高档次的宾馆、酒店，成为阳新县的地标产品。

阳新湖蒿的常见烹饪方法如下。

9.3.1 清炒湖蒿

（1）食材用料 湖蒿 200 g，葵花籽油适量，盐适量，鸡精少许。

（2）烹饪方法 选取新鲜湖蒿嫩茎约 200 g；摘去叶子，洗净沥干后，用手掐成长 5～7 cm 小段；中火热锅冷油，倒入湖蒿翻炒至稍软塌，添加适量盐翻炒至熟透；调入鸡精，即可出锅。

（3）注意事项 湖蒿吃油，烹饪时要适当多放一些食用油；湖蒿属凉性，可以加点鲜红小米椒一同清炒。

9.3.2 蒿炒腊肉

（1）食材用料 腊肉 200～300 g，湖蒿 200 g，油、盐、红辣椒、大蒜籽、姜适量。

（2）烹饪方法 腊肉洗净，放入锅中用热水稍煮，沥干水，切薄片；选取湖蒿嫩茎，去叶洗净，用手摘成长 5～7 cm 小段；大火烧热锅，放入腊肉片煸炒；放入蒜末、辣椒及姜片翻炒，加入藜蒿段；加少许盐，炒匀，即可出锅。

9.3.3 麻油拌湖蒿

（1）食材用料 湖蒿 300 g，麻油、食盐、白芝麻、鸡精适量。

（2）烹饪方法　选取湖蒿嫩茎，去叶洗净，用手摘成长 5～7 cm 小段；放入锅中，用沸水稍煮，捞出沥干水；分别加入适量的盐、鸡精、白糖、白芝麻、麻油；搅拌均匀，淋少许生抽，即可装盘。

9.3.4　湖蒿炒三丝

（1）食材用料　湖蒿 150 g，猪瘦肉 100 g，胡萝卜小半个，大蒜、盐、香油适量。

（2）烹饪方法　分别将猪肉、胡萝卜洗净，切丝；选取湖蒿嫩茎，去叶洗净，用手摘成长 5～7 cm 小段；锅中加水烧热，放入胡萝卜丝、藜蒿焯水，捞出冲晾；炒锅中放油，下蒜片炒香，放猪肉煸炒；倒入湖蒿、胡萝卜丝炒匀；加大蒜、盐、香油调味后，即可出锅。

9.3.5　湖蒿炒香肠

（1）食材用料　藜蒿 200 g，腊肠 2 根，生抽酱油适量。

（2）烹饪方法　选取湖蒿嫩茎，去叶洗净，用手摘成长 5～7 cm 小段；腊肠放进盘里，入炒锅蒸 20 min；腊肠放凉后切薄片；锅烧热后放油，接着放入腊肠片略煎；煎至腊肠色调变深，淋入少量生抽酱油；倒入湖蒿，炒至断生就可以起锅。

（3）注意事项　湖蒿嫩茎较嫩，不适合长时间炒，以免失去脆性。

9.3.6　湖蒿炒杏鲍菇

（1）食材用料　湖蒿 200 g，杏鲍菇 100 g，辣椒 50 g，盐、小麦粉、淀粉适量。

（2）烹饪方法　选取湖蒿嫩茎，去叶洗净，用手摘成长 5～7 cm 小段；辣椒清洗干净切成段；杏鲍菇清洗干净切成段；将适量的小麦粉和淀粉放入杏鲍菇切段中搅拌均匀；炒锅加油烧热；放入杏鲍菇炸至金黄色后捞出，备用；另起炒锅加油烧热；放入辣椒炒出香味后，放入湖蒿均匀翻炒；接着，放入炸好的杏鲍菇，均匀翻炒片刻；放入盐调味后，即可出锅盛盘。

9.3.7　湖蒿炒鸡蛋

（1）食材用料　湖蒿 200 g，鸡蛋 2 只，小葱、盐、糖少许，生抽、食用油适量。

（2）烹饪方法　小葱洗净切断；鸡蛋放入少许盐打散均匀；热锅热油倒入鸡蛋液，用筷子划至蛋液快全部凝固，划散盛出；锅中余油放入洗净切成段的芦蒿翻炒片刻；放少许糖；放少许盐；放适量生抽；放入蛋块翻炒均匀；出锅盛盘。

（3）注意事项　鸡蛋放入少许盐，打散，热锅热油倒入用筷子滑散，盛出来。锅中余油放入芦蒿翻炒片刻，依次放入少许盐、糖和生抽，放入蛋块翻炒均匀。

9.3.8　湖蒿炒豆干

（1）食材用料　湖蒿 200 g，鸡蛋干半个，红椒半个，干红辣椒 2 个，糖、盐、味精适量。

（2）烹饪方法　湖蒿洗净，切好待用；红辣椒切丝待用，鸡蛋干切丝，待用；油锅热至八分，将红辣椒倒入翻炒，随之将干红辣椒倒入，翻炒，直至红辣椒六七成熟；倒入湖蒿，翻炒，并加适量盐，糖和味精；最后加入鸡蛋干，翻炒片刻，装盘即可。

（3）注意事项　湖蒿很容易熟，因此红椒六七分熟再倒入湖蒿。一定要放一点糖，会更鲜美。

9.3.9　湖蒿炒瘦肉丝

（1）食材用料　湖蒿 250 g，瘦肉 150 g，盐、油适量，生粉、料酒、鸡精少许，蚝油半勺。

（2）烹饪方法　湖蒿洗干净，头和尾切掉，然后切成手指长短；瘦肉切成丝，用生粉，油和少许料酒腌制一会儿；热油锅，先放肉丝翻变色；肉丝拨到一边（也可以用碗盛出来）；利用锅里的油将湖蒿炒至断生；瘦肉和湖蒿一起翻炒；加盐、蚝油和鸡精翻炒均匀，即可出锅。

9.3.10　湖蒿炒牛肉丝

（1）食材用料　牛肉 100 g，湖蒿 200 g，蛋清 1 个，盐、植物油、淀粉、生抽、白胡椒粉少许。

（2）烹饪方法　牛肉切成丝，加上盐、淀粉、蛋清、白胡椒粉、生抽拌匀，静置至少 30 min；湖蒿洗净去叶，切成 2 寸长；牛肉丝热好油下锅炒，断生后盛起；另起锅热锅冷油爆炒湖蒿，加少许盐和少许温水；湖蒿断生后就加入牛肉丝拌炒；2 min 后就可以加少许味精起锅装盘。

（3）注意事项　湖蒿要嫩，大火快炒。牛肉丝加蛋清、淀粉是为了保证炒得嫩滑，炒的时间要短否则发柴不好吃。

9.3.11　椒盐咸肉炒湖蒿

（1）食材用料　湖蒿 150 g，椒盐咸肉 1 小块，生抽、糖少许，食用油适量。

（2）烹饪方法　湖蒿撕去根部老皮放水中浸泡 10 min；湖蒿切成 2 寸长小段；椒盐咸肉切成薄片；热锅凉油放入咸肉煸炒出油；放入适量料酒；放入一大勺热水小火烧一会儿；放入湖蒿翻炒片刻；放入生抽；放入盐；放入糖翻炒均匀出锅盛盘。

（3）注意事项　咸肉煸炒出油放一大勺热水小火继续烧一会儿，将咸味逼出来。

9.3.12　湖蒿香干炒咸肉丝

（1）食材用料　湖蒿 150 g，香干 2 块，咸肉一小块，红椒、食用油、糖少许，盐适量。

（2）烹饪方法　湖蒿折段洗净（长 2 寸左右）；香干洗净切丝；红椒洗净切丝；咸肉洗净切丝；锅里油烧热，倒入咸肉煸香；再倒入香干炒匀；倒入湖蒿和红椒炒一会儿，炒匀；加盐和少许糖炒匀，即可出锅。

9.3.13　湖蒿炒臭干

（1）食材用料　湖蒿 350 g，臭干 3 块，姜 2 片，蒜瓣 2 个，盐、鸡精适量。

（2）烹饪方法　湖蒿去叶，选择嫩的部分摘好，清洗干净，折成长短相一致的小段；臭干用清水冲洗一下，切成条，用开水中汆一下；热锅冷油，放姜片或蒜片爆香，煸炒臭干，炒出香气即可，视火候 2 ～ 3 min；锅中放入少许油，加入煸香，加少量的水，放入湖蒿煸炒；待湖蒿变得翠绿，再加入臭干煸炒，加盐和鸡精调味；出锅装盘。

（3）注意事项　不喜臭干的可用香干、普通豆干代替。为了入味，烹饪时可适当淋水，但不宜过多，一定要适量。

9.3.14 湖蒿土豆丝

（1）食材用料　湖蒿 150 g，土豆半个，干辣椒 4 个，油适量，盐少许。

（2）烹饪方法　湖蒿掐头去尾，洗净，切段备用；土豆切丝后，用清水浸泡清洗 2～3 次；干辣椒切段；锅里放油，热锅冷油放入干辣椒，慢慢煎出辣的味道；倒入湖蒿翻炒直八成熟；将土豆丝加入后快速翻炒；起锅。

（3）注意事项　用清水浸泡清洗土豆丝，保持土豆丝脆糯是这道菜非常关键的一点。热锅冷油放入干辣椒，慢慢煎出辣的味道，是这道菜的第二个关键点。

9.3.15 酒香湖蒿

（1）食材用料　湖蒿 300 g，咸肉、糖、白酒、鱼露、水淀粉少许。

（2）烹饪方法　湖蒿洗净切段；咸肉水里浸泡半小时，洗净切丝；锅里倒少许油，7 成热，下咸肉丝爆香；倒入湖蒿大火爆炒，洒少许清水，加入少许糖，然后再炒 2 min；淋入半勺白酒，盖上盖子焖半分钟；加少许水淀粉勾芡，起锅前洒 3～4 滴鱼露，大火收汁，出锅。

（3）注意事项　鱼露最后放。白酒要沿着锅边淋下去，不要直接倒在菜肴表面。

9.3.16 湖蒿拌木耳

（1）食材用料　湖篙 200 g，木耳 6 朵左右，小红椒若干，干红椒随意，独蒜 1 个花椒少量，植物油 2 大勺，香油 1 小勺，生抽 1 大勺，醋 1 大勺，糖 1 小勺，盐、鸡精适量。

（2）烹饪方法　蒜压成蓉，干红椒切段，红椒切丝；湖蒿洗净，切成段，在开水锅中焯制 1～2 min 捞出，焯制时滴少许油；木耳在水中泡胀发至软身，用剪刀剪掉底部硬结部位；木耳切成丝后同样在开水锅中煮 2 min 左右，捞出沥干水分；锅入油烧热，中小火炸香花椒和干红椒；将湖篙、木耳丝、红椒丝、蒜蓉倒入碗中，倒入炸好的麻辣油（花椒和干红椒弃掉不用），然后依次加入其他的调味料拌匀即可出锅。

（3）注意事项　焯制湖蒿时加入一点油可以保持其绿色。湖蒿和木耳都比较好熟的，所以焯制时间不宜太长。调味料的多少可以根据个人的口味增减，如果想省事可以直接淋入花椒油和辣椒油。

9.3.17　湖蒿馒头

（1）食材用料　湖蒿 100 g，中筋面粉 500 g，水 200 g，盐 1 g，白砂糖 30 g，猪油 15 g，酵母粉 5 g。

（2）烹饪方法　湖蒿嫩尖放入加有适量小苏打的沸水中煮 2 min 左右后，捞出放入凉水中，漂洗数次至水清亮，然后拧干水分，分量分袋放入冰箱冷冻；将湖蒿切碎按 1∶1 加水，放入破壁机中按果蔬汁打碎成泥；面粉过筛，将湖蒿汁（不过滤，渣汁并用）和所有材料放入盆中混合，用筷子顺时针方向搅拌面粉，分次加水，水不要一次全加完，可留少量视面粉吸水程度增减。待面粉成团后，揉成软硬适中的光滑面团，盖保鲜膜发酵至 2 倍大小。气温低时酵母粉应提前 3 ～ 5 min 加少量水溶解；揉面。将混合后的面团放台板上，一手掌根按住面团然后紧贴台面像搓洗衣服样用力向前推，如此反复均匀揉至面团光滑；发酵。目测面团发酵约 2 倍大时，用手指粘少许面粉插入至面团底，面孔不回缩，不塌陷即可；揉面排气，揉至面团切面无大气孔；将面团搓成条状然后切成剂子，每个剂子切成 3 指宽长度，每切一下后，面团旋转 90°，如此重复；锅内加入温热水（以不烫手为宜），蒸屉内放蒸笼纸或刷油，摆放好面坯，面坯之间留一定距离，加盖进行第 2 次发酵至面坯 2 倍大小，至手拿面坯有轻盈感即可；大火蒸至水沸上气后，转中火蒸 12 min，焖 1 ～ 2 min 后揭盖，即可做成不太甜但湖蒿味浓的湖蒿馒头。

（3）注意事项　湖蒿焯水过程中加入小苏打，可保持其颜色翠绿。

9.3.18　湖蒿肉末拌饭

（1）食材用料　湖蒿 200 g，肉末 300 g，盐适量。

（2）烹饪方法　湖蒿洗净、切碎；肉末炒香；加入湖蒿，少许盐翻炒；加入适量水焖熟；拌入米饭，即可得到具有独特清香的湖蒿肉末拌饭。

9.3.19　湖蒿糍粑

（1）食材用料　湖蒿叶 500 g，糯米粉 100 g 左右，竹叶 9 片，花生、芝麻、白糖、食用油、食用碱、奶粉等适量。

（2）烹饪方法　取新鲜的湖蒿叶；冷水放入锅里，放点油和食用碱；水开后，放入叶子过水烫一下，捞起，放入冷水冲一下；不用加水，用搅拌器将叶子打碎，越碎越好；锅里煮开（根据做糍粑个数，确定加水量）；炒花生米，去皮（主要是为了好看）；炒芝麻，出香味；将芝麻、花生、白糖，放入搅拌器打碎；打好碎后，倒入食用油，拌匀；将湖蒿汁煮开，倒入糯米粉（根据糍粑个数确定数量）、奶粉里，并加点食用油；和面，软硬随意，个人感觉好就可以；做成剂子，大小随意，和做包子一样；用竹叶包好；放入锅里煮半小时，然后关火焖 5 min，即可出锅。

（3）注意事项　水里放油和食用碱是为了保持叶子的绿色，没有也可以。放奶粉根据个人喜好。花生去皮，一定要放凉了之后，用手搓搓就可以。

9.3.20　湖蒿叶蛋饼

（1）食材用料　湖蒿叶尖 50 g（焯水挤干后的重量），盐 5 g（其中 3 g 焯水用、2 g 和面用），鸡蛋 2 个，面粉 100 g，水 150 g。

（2）烹饪方法　选取顶端尖的湖蒿嫩叶子；开水里放盐 3 g，放入蒿叶烫后关火，捞出叶子过冷水；挤干水分，切碎，称量 50 g（根据需要）；加入面粉 100 g、2 g 盐、鸡蛋 2 个、150 g 冷水（根据需要，可以调整），搅拌均匀成面糊后，静置 3～5 min；平底锅加热刷油，加一勺面糊摊成饼，全程中小火，凝固后翻面，再煎 1 min 就可以得到柔软清香的湖蒿鸡蛋饼。

（3）注意事项　吃的时候根据个人的口味，可加上甜辣酱、辣椒酱、沙拉酱等。湖蒿叶一时用不完的，可以放入保鲜袋，于冰箱内保存。

9.3.21　湖蒿鲜肉水饺

（1）食材用料　湖蒿 1 000 g，鲜肉馅 400 g，饺子皮若干，食用油、盐、姜、葱适量。

（2）烹饪方法　从田间选择新鲜湖蒿，摘去老根，留下嫩茎洗净；选取嫩的叶子，洗干净，再用盐水泡 10 min，再冲洗干净；将洗干净的叶子，放在锅里用开水烫一下；烫好的叶子用凉水冲，挤去水分，切碎；将洗净的嫩茎切成小粒（也可以切得稍微大一点，增加湖蒿的清香）；全部切完后，放入合适的盆中，倒入食用油拌匀（油可以锁住水分，也可以用盐腌 10 min，然后再挤去水分）；将用油拌好的湖蒿粒和烫好切碎的湖蒿叶、切碎的葱姜混合，顺着一个方向搅拌均匀；用饺子皮包饺子；煎饺或煮饺子。

（3）注意事项　湖蒿洗净切成粒后，也可以用盐腌制 10 min，然后挤去水分。也可以用油先搅拌以锁住营养。在拌肉馅时，不要加清水，用葱姜水，将葱姜切碎入碗，温水倒入碗中，用筷子搅拌，水再倒入肉馅中，肉馅加料，顺着一个方向搅拌。

9.3.22　湖蒿粑粑

（1）食材用料　湖蒿叶 500 g，鸡蛋 3 个，面粉 300 g，盐、十三香、鸡精适量。

（2）烹饪方法　选取湖蒿植株上部带叶子嫩茎洗净后，一起焯水，剁碎，挤干水分；加入鸡蛋、面粉、盐、十三香、鸡粉等混匀；慢慢加水，调到浓稠状；做剂子，压成饼；煎饼，煎的时候适量按压一下，煎薄一点味道更好。

阳新湖蒿
废弃物综合利用技术研究 **10**

农业废弃物是指在整个农业生产过程中被丢弃的有机类物质，通常所说的农作物废弃物主要指秸秆。秸秆是农作物收获后残留的秆、茎、叶等不能食用的副产品，事实上，秸秆也是植物通过光合作用把太阳能固定在地球上的有机物，其主要成分为碳水化合物、纤维素、半纤维素、木质素、粗蛋白、粗脂肪，并含有氮、磷、钾、钙、硅、镁等元素。然而，随着农作物种植量逐年增多，收获后剩余的秸秆数量巨大，且秸秆能量密度低、种类复杂，因此，如何高效、低成本地利用秸秆，一直是实现农业废弃物资源化利用的瓶颈问题。

目前，我国产生的农业秸秆等废弃物传统的处置方式主要是焚烧、制取沼气、用作动物饲料、生产有机肥料、生物发电等。农村地区常将秸秆作为生活燃料，但随着生活水平的提高，越来越多的农民开始使用煤炭、石油液化气和天然气等商品能源，以农业秸秆作为生活能源的地区越来越少，大量的秸秆在收割季节就地焚烧，产生大量浓烟和灰尘，带来新的环境问题，虽然国家和地方都出台了秸秆禁烧文件，但由于各种秸秆废弃物数量巨大，目前可大规模有效利用的技术途径较少，焚烧问题仍然很严重。农作物秸秆可以通过秸秆氨化、秸秆青贮等方式处理为饲料应用于畜牧业，但是适合饲喂秸秆的动物种类少，秸秆纤维含量高、蛋白质含量少，饲喂需要添加其他营养物质，仅能消耗很少一部分。秸秆肥料利用最为广泛，但由于技术普及率低，大部分农村没有配备技术人员，农民不懂发酵技术，没有发酵处理装备，往往将秸秆打碎后直接还田，秸秆中的营养元素利用率极低，肥效大打折扣，有些秸秆无法完全发酵，还会带来土壤病害、矿化板结等问题，不利于作物生长，大大限制了其大规模应用。

阳新湖蒿废弃物是指阳新湖蒿采收后产生的老熟秸秆，每年的湖蒿采收季结束后，阳新湖蒿废弃物产量可达 1 000 ~ 1 500 kg/亩。种植早期，蒿农主要通过就地焚烧解决，随着国家露天焚烧禁令下达和"碳中和，碳达峰"生态建设目标的提出，蒿农将小部分秸秆打碎还田，剩余的大量废弃物通过运送至生物发电厂燃烧发电进行处置；近年来，随着运送成本的增加以及生物发电厂的关停，大量的湖蒿秸秆堆置在田边地头，无任何处置措施，对当地的农业环境造成了极为不利的影响。

鉴于此，如何有效提高阳新湖蒿废弃物多元化、高值化和产业化利用水平，促进阳新湖蒿种植全过程综合利用，减少废弃物带来的农业生态环境污染问题，已经成为阳新湖蒿产业可持续发展的迫切需求。

10.1 阳新湖蒿废弃物袋料生产平菇技术研究

10.1.1 秸秆生产食用菌应用现状

食用菌是一种真菌性优质食材，它综合了植物性食物和动物性食物的优点，比植物性食物含蛋白质多，比动物性食物含脂肪少。随着人们生活水平的提高，对食用菌类优质性食物的需求日益增多。据中国食用菌协会统计，2022 年全国食用菌总产量达到 3 596.66 万 t，总产值达 2 714.78 亿元。黄石市蔬菜及食用菌总面积 46.55 万亩，总产量 90 万 t，在食用菌生产方面具有较大的潜力。与此同时，食用菌产业发展也面临着生产原料短缺、成本增高等问题。秸秆成本低，使用于栽培食用菌的效益高，操作简单易学，拥有广阔的市场前景。目前，已开发了稻草、麦秸、玉米秆、油料作物秸秆等多种常见农作物秸秆作为食用菌培养原材料，其中，玉米、水稻和小麦等秸秆占资源总量的 75% 以上。研究表明，食用菌分泌的木聚糖酶、漆酶、木素过氧化物酶、纤维素酶等胞外酶，可以降解秸秆中的木质素、纤维素和半纤维素，把大分子物质分解成为小分子物质，菌丝在降解秸秆的过程中也获得能量和营养，最终在菌丝体内合成蛋白质、脂肪和其他营养物质，供人类食用。利用秸秆栽培食用菌对设备和场地要求也极为简单，不需要在特定的环境内栽培，可以在闲置房间、仓库等，也可以搭建简易大棚，可不使用任何机械设备，栽培成本低、收益高，应用性广。

平菇属于蘑菇的一种，也被称为侧耳、糙皮侧耳、蚝菇、黑牡丹菇，台湾地区又称秀珍菇，属于担子菌门伞菌目侧耳科侧耳属的常见食用菇。平菇菌盖呈覆瓦状丛生，扇状、贝壳状、不规则的漏斗状，菌盖肉质肥厚柔软。菌盖表面颜色受光线的影响而变化，光强色深，光弱色浅。菌柄侧生或偏生，白色，中实。平菇含丰富的营养物质，每 100 g 干品平菇含有蛋白质 7.8 g、脂肪 2.3 g、水分 10.2 g、多糖类 69 g、粗纤维 5.6 g、钙 21 mg、磷 220 mg、铁 3.2 mg、维生素 B_2 7.09 mg、尼克酸 6.7 mg，还含有 8 种人体必需氨基酸。我国是平菇种植大国，2022 年平菇产量达 728.51 万 t，占食用菌总产量的 20.26%。栽培平菇最常用的原料为棉籽壳、玉米芯、麸皮、豆秸、杂木屑等多种农业废弃物，不同栽培料配方对平菇的品质及产量有极大的影响。随着平菇栽培规模不断扩大，棉籽壳、玉米芯等传统原料供应日趋紧张，生产成本增加导致经济效益下滑，严重影响平菇产业的健康稳定发展，因此，扩展平菇栽培原材料研究，是当前平菇产业发展的重要工作。

10.1.2 秸秆生产平菇技术

10.1.2.1 原料准备

（1）主料　主料为农作物秸秆，可选择一种或几种混合，将秸秆放在太阳下暴晒，晒干后粉碎备用。因干燥无霉变的农作物秸秆其中的半纤维素和纤维素很难被微生物分解，因此，在主料全部粉碎完成后需要进行液体发酵处理，其间需要及时翻动并补充发酵液，保证秸秆充分吸水呈现软态，这样的状态更适合有益微生物生存繁殖，发酵周期为 7～10 d。

（2）辅料　辅料也是平菇培养料中的一个极其重要的组成部分。辅料通常为玉米粉、麦麸和米糠等。选择辅料时也要看辅料原料是否新鲜，并依据主料的多少，选取适当比例加入。辅料在食用菌的栽培中起到至关重要的均衡营养和调节成分作用。若选择米糠和麸皮，添加比例为 5%~15%；若是选玉米粉，添加比例为 2%～5%。添加辅料还要综合外界因素，如湿度、气候等，若外部气温较低便可上调添加比例，反之便可下调辅料比例。辅料的酸碱度可通过加入 1%～3% 的生石膏原料加以调节。

10.1.2.2　场地选择

选择平菇种植场所时必须针对现场状况加以研究。场地包括发菌场所、消毒场地、拌料场所、装袋场所、储存场所和接种点等。不同的工序要求在不同的场所中进行。场地选择避开工业企业及建筑工地，确保周边环境干净稳定、安全舒适，否则会污染平菇栽培环境，影响产品质量。

10.1.2.3　拌料

平菇栽培的养料配方、料水比例和拌料过程需要依据具体情况，做到精准配方，合理比例，科学拌料，以此保证其品质。

（1）养料配方　栽培人员以不同平菇菌种的营养要求和生长需求为基础进行养料配置，制成有针对性的配方。氮素营养和碳氮营养均衡配比，保持用量平衡，维持均匀养分。为了提高养料配置技术的科学合理性，使平菇在栽培时就获得最佳营养，需要选定透气程度强的材料代替通气劣质的原料。

（2）料水比例　栽培人员在配水时，确保料水合理配比，发挥拌料作用，含水量通常需要控制在65%左右，此时的养料配方最为适宜。

（3）拌料过程　在拌料前，应当对拌料场所进行彻底的清洁，以确保其符合标准化流程和要求，及时清理现场垃圾和杂物，保持拌料场的干燥，维护良好的通风状况，减少污染物对后续工作的不利影响，从而提高控制工作的水平。要确保拌料场的环境卫生，无杂质，满足拌料的要求。根据培养平菇的实际需求，按照预先设定的比例混合主料，并将其平铺在混合区域。然后，添加辅料并使用搅拌工具将其混合均匀。需要注意的是，为了保证物料混合工作的质量效果，工作人员需要严格按照规范标准开展相应操作，及时进行物料的混合，避免物料搭配不规范对后续接种工作产生的影响。在主料和辅料混合后，加入合适比例的水，确保添加量和添加方式满足栽培技术的相关标准，避免操作不当出现水分超标或不足的现象。

（4）装袋　农作物秸秆从准备到后续应用在平菇栽培中，需要先进行装袋处理。在拌料场地完成搅拌后，及时将培养料装到规格恰当的塑料袋中，尤其是夏季地处湿热的环境中，需要注意装袋时间，若长时间未装上封口，较高的温度会使培养料过分发酵，降低培养料的pH值，导致其变酸腐败。塑料袋要注意大小和质量，选择不易破损且未经使用过的塑料袋，避免装袋过程污染培养料。装袋时不可为了节省袋子过于紧密地放置培养料，要留有空隙，但也不可过于松弛，使其不利于在袋中发酵，需要松紧度合适，最大程度地降低污染风险和减少发菌较慢耽误使用的情况发生。

（5）灭菌 装袋完成后进行菌棒的灭菌。一般根据装袋数量选择不同大小和规格的灭菌设备，通过高温蒸汽灭菌，灭菌成功与否直接关系到食用菌能否生长。

（6）接种 接种操作通常包含接种场接种、接种箱接种和接种室接种，接种成功与否在于无菌化操作是否恰当。首先需要对接种场地做好消毒。菌种多采用辅料接种，在接种时选择的菌种需要具备抗逆、高产和广温性等特点。

（7）菌棒摆放 冬季和夏季发菌场所的温度不同，摆放方式也不同。冬季需要按照行距摆放，若菌棒在发菌场所出菇，摆放时每排可以摆放 6~8 层，摆放间距 70~80 cm；若菌棒需要移动至固定出菇场所出菇，就需要适当减少摆放层数，大约为 5 层。夏季需要按照单排摆放或井字形摆放，每排仅可摆放 3~5 层菌棒，需要移动继续减少每排层数，避免由于温度控制不足出现烧菌状况，且有利于散热通风。

（8）发菌管理 发菌管理主要是对发菌场所的温度进行调控，发菌场所温度保持在 20~25 ℃。根据环境温度科学合理增温或降温并及时通风，避免阳光直射，避免雨水淋湿和人工喷水，保证发菌场有适宜的温湿度和新鲜空气。

（9）出菇管理 栽培人员要熟知出菇时菌棒所持状态，当农作物秸秆由黄色变成浅白色，菌丝将菌棒上层的塑料薄膜穿透，就意味着即将出菇。结合食用菌的质量要求和生长状态，做好喷水、通风等工作，并且对温湿度需求进行及时调节。

10.1.2.4 病虫害防治

对于病虫害要以预防为主，多种措施并用的综合防控策略。可选用抗病抗杂的优质菌种，确保菌种生产质量的稳定可靠，出菇用的温室大棚应当彻底消毒、杀菌、灭虫，所有进出通道安装防虫网和挡鼠板，培养期间确保各设施运转正常，适当通风换气、适当降低环境湿度等，从而提高平菇品质。

10.1.3 菌渣综合利用

食用菌收获后的菌渣仍含有大量多糖、蛋白质、氨基酸和铁、钙、锌、镁等矿物质元素，以及嘌呤、维生素等生长因子，因此，经加工处理仍可二次利用，在获得经济效益的同时有效促进了产业生态良性循环。

（1）生产动物饲料　菌渣中含有较多的有机质和矿物质，在一系列生物发酵工作结束后，对应的粗蛋白和粗脂肪含量就会随之增加，相较于原有的基质，其营养含量会有较大改变。食用菌种栽培人员可以将菌渣直接应用于饲料、饵料及其他添加剂生产中，以实现循环利用。

（2）二次种植　通过采取有效的技术手段，如堆沤处理，能够有效地回收和利用食用菌的菌渣，根据标准的流程，将这些菌渣经过无害的微生物熟化，从而获得更加高品质、更易于再次使用的原料。通过利用前期菌丝分泌的酶，培养者可以有效地将其转变为适宜于各种食用菌的栽培环境，从而大大提高二次种植食用菌的生长速度，也更好地满足了其营养需求。二次种食用菌的菌渣应是无覆土、无霉变、无病虫害的菌渣。

（3）生产绿色肥料　使用过的菌渣中有机质含量可高达 70% ～ 80%，远高于有机肥要求的 40%。因此，通过添加无害化添加剂，食用菌栽培人员可以大量生产绿色肥料，提高土壤有机质和氮磷钾的含量，减少化肥和农药的使用量，降低对环境的污染。使用菌渣制成的有机肥，还可大大提高植物产量和果实品质。

（4）改良土壤　菌渣可提高土壤持水能力和透气性，改善土壤 pH 值，降低土壤盐分含量。菌丝会分泌生物活性物质，促进土壤形成腐殖质及团粒结构，促进农作物生长，提高抗腐能力，减少病害发生。菌渣还可以与复合物结合，制作改良剂，移除土壤中的铜、锌、镉、铅等重金属。

（5）无土栽培基质　无土栽培基质主要是草炭，草炭为不可再生资源，菌渣可以代替部分的草炭作为无土栽培的基质，还可为作物持续提供营养。

目前，菌渣再利用率很低，很多都是直接废弃，或是简单地作为有机肥料使用。废弃的菌渣纤维等微生物降解慢，菌渣微生物种类繁多，堆肥处理较难操作，所以种植户应用较少。

10.1.4　秸秆生产食用菌技术存在的问题

（1）农作物秸秆生产食用菌培养基配方优化　目前，虽然已开展了很多农作物秸秆栽培食用菌的培养基配方筛选研究，但在规模化、标准化操作方面还有很多工作要做。

（2）农作物秸秆的高效堆料发酵技术　秸秆作为食用菌培养料的集中发

酵具有节约能源、节省人力、提高产量等优点，对不同农作物秸秆进行深入的高效堆料发酵技术研究仍然有待进一步深入。

（3）良种、良法配套技术集成 我国食用菌产业发展存在栽培品种良种缺乏等问题。对乡土特色优良品种、抗逆性种质资源的挖掘以及配套高效栽培技术开展创新研究，能为各地健康、安全地发展食用菌产业提供核心技术支撑。

（4）菌渣高效利用技术 菌渣的利用，特别是在有机肥、土壤调理剂等方面的推广应用，对发展循环经济有重要作用，但还需加强相关技术研发及标准制定方面的工作。

10.1.5 阳新湖蒿废弃物袋料生产平菇

10.1.5.1 实验材料与方法

（1）实验材料 供试菌株为广温型"平菇6228"原种，购自江都天达食用菌研究所。阳新湖蒿废弃物于当年5月采自阳新县宝塔村七里组，粉碎为长度约为1 cm，玉米芯和棉籽壳购于当地市场。

（2）培养料配方设计 按照阳新湖蒿秸秆、棉籽壳和玉米芯的比例，共设计6种不同的配比，详见表10.1。根据配方分别准备原材料。

表10.1 培养料配方

配方	湖蒿秸秆（%）	棉籽壳（%）	玉米粉（%）	石灰（%）
A1	90	4	5	1
A2	70	24	5	1
A3	50	44	5	1
A4	30	64	5	1
A5	10	84	5	1
A6	0	94	5	1

（3）栽培方法 按照上述6个原料配方，搅拌均匀后，调节含水量为61%，用规格为23 cm × 45 cm ×0.005 cm的聚丙烯塑料袋装料。装袋后，121℃灭菌30 min，待自然降温至冷却后接种。每处理设3个重复，每个重复20袋。培养室温度控制在18~25℃，每天喷水2次，通风2次，接种到采收完成75 d。

（4）取样与测定 统计菌丝满袋和转潮时间、平菇生长情况，分别在菌袋培养过程中一潮末、二潮末、三潮末，采用 5 点取样法对 6 个处理进行取样，统计三潮菇生物学效率并计算投入产出比。

生物学效率（E，%）计算公式为：E=Mf /Md×100%

式中，Mf 为鲜菇质量（kg）；Md 为原料干质量（kg）。

投入产出比（R）的计算公式为：R=C/Y

式中，Y 为产值（元）；C 为总成本（元）。

（5）数据统计与分析 采用 Excel 软件进行数据统计，使用 SPSS 软件对数据进行方差分析。

10.1.5.2 结果与分析

（1）不同袋料配方对平菇转潮时间及出菇状况的影响 湖蒿秸秆的添加对平菇袋料营养物质的含量及出菇有较为明显的影响。由表 10.2 可知，随着培养料中湖蒿秸秆添加量的增加，每种配方袋料中干物质的质量逐渐降低，A1 配方较 A6 配方中培养料干物质的质量显著降低（$P < 0.05$），减少了37.52%。菌袋中长满菌丝的时间为 19 ～ 24 d，随着秸秆添加量的增加，出菇时间及出菇天数均出现延长的现象，尤其是当秸秆添加量超过 70% 后，菌丝生长速度与和出菇天数明显延长，配方中湖蒿秸秆添加量为 90% 和 70% 时，菌丝满袋和出菇天数分别比对照延长 4.89 d、4.06 d 和 9.02 d、6.78 d。菌丝生长状态与出菇情况也有明显不同，在湖蒿秸秆添加量为 90% 时，菌丝整体生长较为浓密，但出菇状态一般；而湖蒿秸秆添加量在 30% ～ 70%，菌丝长势均表现得较为强势，菌丝生长浓密、洁白，且出菇也较为整齐；在湖蒿秸秆添加量为 10% 和未添加时，菌丝长势也较好，出菇较早但是状态一般。

表 10.2 不同袋料配方干物质含量与平菇菌丝及出菇情况

配方	每袋干物质质量（kg）	菌丝满袋天数（d）	出菇天数（d）	菌丝生长及出菇情况
A1	0.736±0.01c	23.85±0.42c	53.86±0.87c	菌丝较浓密，出菇偏晚、一般
A2	0.804±0.01bc	23.02±0.37bc	51.62±0.78bc	菌丝生长整齐、长势较强、浓密、洁白，出菇整齐、集中
A3	0.881±0.03bc	21.53±0.32b	49.12±0.77b	菌丝长势强、生长整齐、浓密、洁白；出菇较早、整齐

续表

配方	每袋干物质质量（kg）	菌丝满袋天数（d）	出菇天数（d）	菌丝生长及出菇情况
A4	0.955±0.03b	20.96±0.29b	48.83±0.46b	菌丝长势强、浓密、洁白；出菇较早、整齐
A5	1.083±0.04ab	20.47±0.31ab	46.56±0.53ab	菌丝长势强，生长整齐，浓密、洁白；出菇较早、一般
A6	1.178±0.07a	18.96±0.24a	44.84±0.86a	菌丝生长整齐，浓密、洁白；出菇较早、一般

（2）不同袋料配方对平菇生物学效率和经济效益的影响 由表10.3可知，阳新湖蒿秸秆添加量对平菇生物学效率的影响有着极强的规律性，随着培养料中玉米秸秆添加量的增加，呈现出先升高后降低的趋势。第一潮菇中，阳新湖蒿添加量为50%（A3）时，袋料配方的生物学效率最高，达到65.46%，较不添加湖蒿秸秆（A6）提高23.68%、添加90%秸秆（A1）提高22.64%；阳新湖蒿添加量为70%时，袋料配方的生物学效率达到58.29%，较A6和A1分别提高14.29%和13.12%。第二潮菇和第三潮菇袋料配方的生物学效率与第一潮菇类似，A3配方的袋料生物学效率较A6、A1分别提高15.73%、18.96%和14.21%、20.09%。经方差分析A3配方与A1和A6配方间存在差异显著（$P < 0.05$）。

进行经济效益核算时，总成本为主料成本、辅助生产成本与人工成本之和，主料成本为配方中棉籽壳和玉米秸秆的成本。根据黄石市当地平均价格，棉籽壳为1 900元/t，阳新湖蒿秸秆属废料无成本，辅助生产成本为0.20元/袋，人工成本为0.6元/袋，平菇产品按4元/kg批发价计算，则平菇栽培的经济效益随玉米秸秆添加量的增加呈先增加后降低的趋势。A3配方的经济效益最好，投入产出比为1:2.14，A2次之，投入产出比为1:1.93。经方差分析，A3配方与A5、A6配方间差异显著（$P < 0.05$），A1、A2、A3配方与A4配方差异不显著。

表10.3 不同培养料配方对平菇生物学效率和经济效益的影响

配方	生物学效率（%）				投入产出比（1:X）
	第一潮菇	第二潮菇	第三潮菇	前三潮菇总和	
A1	50.64±0.87d	26.37±0.94d	17.38±1.01d	94.39±2.24d	1:（1.79±0.06）b
A2	58.29±2.06b	30.25±1.47b	18.94±0.86c	107.48±1.78ab	1:（1.93±0.06）ab

配方	生物学效率（%）				投入产出比 （1：X）
	第一潮菇	第二潮菇	第三潮菇	前三潮菇总和	
A3	65.46±2.13a	32.54±1.54a	21.75±0.25a	119.75±2.66a	1：（2.14±0.06）a
A4	54.12±2.03c	30.69±1.62b	19.32±0.93b	104.13±1.67b	1：（1.77±0.06）b
A5	51.33±1.73cd	28.84±1.33c	19.17±1.17b	99.34±1.83c	1：（1.66±0.06）c
A6	49.96±1.52d	27.42±0.88cd	18.66±1.24cd	96.04±1.47cd	1：（1.52±0.06）d

10.1.5.3 研究结论

本试验中不同袋料配方菌丝、平菇生长状态，以及平菇子实体的质量，出菇潮次间的生物学效率都存在明显差异，这可能是由于配方中秸秆含量的改变，菌丝生长时可供降解的纤维素含量不同，导致可供菌丝吸收利用的营养物质不同导致。结果表明，利用阳新湖蒿秸秆栽培平菇的最佳配方为秸秆50%、棉籽壳44%、玉米粉5%、石灰1%。利用该配方栽培的平菇菌丝生长健壮、生长速度快，出菇整齐集中，子实体朵形好，生物学效率高，一茬菇生物学效率达到65.46%，前三茬菇生物学效率达到119.75%，较最低生物学效率值增加25.36%，投入产出比达到1：2.14。因此，利用阳新湖蒿秸秆栽培平菇，不仅能降低栽培成本，还可实现阳新湖蒿秸秆的资源化利用，有效解决阳新湖蒿废弃物处置难题。但本试验中所筛选配方以及栽培技术在实际的规模化生产中还有待进一步优化。

10.2 阳新湖蒿废弃物提取黄酮技术研究

10.2.1 黄酮类化合物

（1）黄酮类化合物理化性质　黄酮类化合物泛指两个具有酚羟基的苯环（A-与B-环）通过中央三碳原子相互连结而成的一系列化合物，其基本母核为2-苯基色原酮。黄酮类化合物广泛存在于自然界的植物中，属植物次生代谢产物。在植物体内大部分以与糖结合成苷类或碳糖基的形式存在，也有的以游离形式存在，黄酮苷一般易溶于水、甲醇、乙醇、乙酸乙酯、吡啶等溶剂，难溶于乙醚、三氯甲烷、苯等有机溶剂。

根据三碳键结构的氧化程度和B环的连接位置等特点，黄酮类化合物可分为黄酮和黄酮醇类、二氢黄酮和二氢黄酮醇类、异黄酮和二氢异黄酮类、查尔酮和二氢查尔酮类、橙酮类、双黄酮类和其他黄酮类等类。天然黄酮类化合物母核上常含有羟基、甲氧基、烃氧基、异戊烯氧基等取代基，由于这些助色团的存在，使该类化合物为天然色素家族增添了更多的色彩。一般来说，黄酮、黄酮醇及其苷类多呈灰黄至黄色，查尔酮为黄色至橙黄色，而二氢黄酮、二氢黄酮醇类等因不存在共轭体系或共轭很少，故不显色。花色素及其苷元的颜色，因 pH 值的不同而变，一般 pH 值 < 7 呈红色、7 < pH 值 < 8.5 呈紫色、pH 值 > 8.5 呈蓝色。

（2）黄酮类化合物的作用　抗自由基和抗氧化作用：黄酮类化合物有提高动物机体抗氧化及清除自由基的能力。黄酮类化合物因酚羟基上的氢原子可与过氧自由基结合生成黄酮自由基，进而与其他自由基反应，从而终止自由基链式反应。对心血管系统的作用：黄酮类化合物在防治心血管疾病，如防止动脉硬化、降低血脂和胆固醇、降低血糖、舒张血管和改善血管通透性及减少冠心病发病率等方面均具有良好的效果。抑菌作用：研究表明几乎所有类黄酮对很多微生物（包括革兰氏阳性菌、革兰氏阴性菌和真菌），都具有不同程度的抑菌活性。对细胞凋亡和肝脏病变的影响：细胞凋亡是指细胞在一定的生理或病理条件下，受内在遗传机制的控制自动结束生命的过程，不引起周围细胞的溶解。黄酮类化合物能够诱发癌细胞和肿瘤细胞的凋亡，发挥抗癌抗肿瘤作用，而对正常组织细胞的凋亡起延缓作用。对动物激素的调节作用：黄酮类化合物具有雌激素的双重调节作用，能促进动物的生长，影响性激素的分泌和代谢及体内激素的水平。对免疫的影响：黄酮类化合物可提高机体免疫机能，促进机体健康。

10.2.2　总黄酮提取方法

自然界含有黄酮类化合物的植物种类数量繁多。作为植物次生代谢产物一大类家族，黄酮类化合物由于修饰基团的多变而呈现出结构多样化的特点，从而使其生物活性也表现出多样性。因此，探索黄酮类化合物的分离纯化手段，对富含黄酮类结构的植物进一步研究，必将为充分利用自然资源产生积极影响。目前，常用的黄酮类化合物提取方法包括溶剂提取法、微波提取法、超声波提取法、超临界流体萃取法、酶解提取法和膜分离法。

（1）溶剂提取法　又称有机溶剂提取法，是黄酮类化合物提取常用方法。该方法利用溶剂对植物中的黄酮进行提取，将干燥的植物材料粉碎，加入适量的溶剂，浸泡一定时间，过滤、蒸发溶剂，得到黄酮提取物。常用的溶剂有乙醇、乙醚、甲醇、乙酸乙酯等，其中，乙醇溶剂因其具有低毒性、价格低廉、使用简单等优点，在工业提取藜蒿黄酮时具有更大的优势。

（2）微波提取法　又称微波萃取法，是利用不同结构的物质在微波场中吸收微波能力的差异，使基体物质中的某些区域或提取体系中的某些组分被选择性加热，从而使被提取物质从基体或体系中分离，进入介电常数较小，微波吸收能力相对差的提取剂。这种方法对提取物具有较高的选择性、提取率高、提取速度快、溶剂用量少、安全无污染、节能、设备简单。

（3）超声波提取法　是提取药用植物中黄酮类化合物广泛采用的一种方法，是利用超声波在液体中的空化作用加速植物有效成分的浸出提取，还利用其次效应，如机械振动、扩散、击碎等，加速被提取成分的扩散、释放。超声波提取法具有设备简单，操作方便，提取时间短，产率高，无须加热，同时有利于保护热不稳定成分，以及省时、节能、提取率高等优点。

（4）超临界流体萃取法　超临界流体萃取技术是一种较广泛使用的药物提取、分离手段，是利用超临界流体处于临界温度和临界压力以上，兼有气体和液体的双重特点，对物质具有良好的溶解能力，从而作溶剂进行萃取分离。可做超临界流体的物质很多，一般为低分子量的化合物，如 CO_2、C_2H_6、NH_3、N_2O 等。目前，多采用 CO_2 做萃取剂，因其具有密度大、溶解能力强、临界压力适中、临界温度接近常温、不影响萃取物的生理活性、无毒无味、化学性质稳定、生产过程中容易回收、无环境污染、价格便宜等一系列优点。但单一的 CO_2 作萃取剂只对低极性、亲脂性化合物有较强的溶解能力，对大多数极性较强的组分不起作用。超临界流体萃取技术有许多传统分离技术不可比拟的优点：过程容易控制、达到平衡的时间短、萃取效率高、无有机溶剂残留、对热敏性物质不易破坏等，但它所需要的设备规模较大，技术要求高，投资大，安全操作要求高，难以用于大规模的生产。

（5）酶解提取法　酶解法是一种比较好的辅助提取方法，适用于被细胞壁包围的黄酮类物质，利用酶反应的高度专一性，破坏细胞壁，使其中的黄酮类化合物释放出来。酶具有高度的选择性，因此，对不同提取材料，选择合适的酶对提取率影响较大。

（6）膜分离法　膜分离法主要有超滤、微滤、纳滤和反渗透等，其中超滤法是膜分离的代表，它是唯一能用于分子级别的分离方法，广泛应用于黄酮类化合物的提取分离。该方法以多孔性半透膜为分离介质，依靠薄膜两侧压力差作为推动力来分离溶液中不同分子量的物质。由于大多数黄酮类化合物的分子量在 1000bp 以下，而非有效成分，例如多糖、蛋白质等分子量多在 50000bp 以上，因而使用超滤能有效去除蛋白质、多肽、大分子色素、淀粉等大分子物质，达到除菌、除热源、提高药液澄明度以及提高有效成分含量等目的。这种方法操作简便、不需要加热、不损坏黄酮类化合物，提取效果好、超滤装置可反复使用。

10.2.3 藜蒿化学成分及其药理活性

近年来，随着藜蒿大面积人工种植，嫩茎作菜蔬食用，但老茎和老叶等废弃物尚未得到有效的开发利用。藜蒿具有特殊的蒿香，全草可入药，其生物活性作用包括抗炎、抑菌、抗氧化、抗肿瘤作用、降血压、降血糖和护肝等。研究表明，藜蒿的生物活性作用得益于其丰富的生物活性物质，如挥发油、多酚类、黄酮类、多糖和萜类等。对藜蒿挥发油成分的研究较多，其成分包括烯烃、萜类、芳香化合物、醇、醛和酯等。藜蒿多酚类化合物含量较高，其主要的成分为黄酮类化合物，其次是酚酸类化合物。黄酮类检出成分主要分为七大类 40 余种，分别为芦丁及其异构体、木犀草素及其衍生物、芹菜素及其衍生物、山奈酚及其衍生物、槲皮素及其衍生物、二氢黄酮类和其他黄酮类化合物；酚酸是藜蒿提取物中的主要抗氧化成分，已检出的成分达 20 余种。

目前，关于藜蒿化学成分的研究报道主要集中藜蒿活性成分提取工艺研究与优化，藜蒿的活性成分的分离鉴定，以及藜蒿化学成分在医药行业的生物活性作用等方面，且大多采用的是鲜食藜蒿，少见利用藜蒿废弃物提取其活性成分的研究报道。

10.2.4 阳新湖蒿废弃物提取黄酮技术研究

10.2.4.1 实验材料与方法

（1）实验材料　阳新湖蒿废弃物于当年 5 月取自阳新县宝塔村七里组。

（2）标液制备　以芦丁为标样，测样品粗提物中总黄酮含量。具体步骤：准确称取芦丁 0.010 g，以 60% 乙醇溶解后定容至 100 mL 容量瓶中，配制成浓度为 0.1 mg/mL 的芦丁溶液。准确量取芦丁溶液 1 mL、3 mL、5 mL、7 mL、9 mL 分别加入 5 支试管中（以不加芦丁溶液为空白对照），向每支试管中加入 5 mL 30% 乙醇溶液、0.3 mL5% 亚硝酸钠溶液并摇匀，5 min 后再加入 0.3 mL10% 硝酸铝溶液，摇匀，6 min 后加入 4 mL 4% 氢氧化钠溶液，蒸馏水定容至 25 mL，放置 20 min 后波长 510 nm 处测定吸光度值。以吸光度值为纵坐标，溶液浓度（μg/mL）为横坐标，绘制标准曲线图。标准曲线为 $y=2.18x+0.0042$，$R^2=0.998$。

（3）样品总黄酮提取 阳新湖蒿废弃物干粉→称量→预处理→乙醇溶剂萃取→过滤→浓缩→粗提物。

阳新湖蒿废弃物 60℃下烘干至恒重，植物粉碎机粉碎后过 60 目筛。称取样品粉末 1.000 g 置于 25 mL 圆底烧瓶中，加入 70% 乙醇溶液浸泡 2 h，放入恒温水浴锅中回流提取，得到的提取液过滤定容至 25 mL，波长 510 nm 处测定吸光度值，如下公式计算总黄酮得率

$$H=cV\,n/m$$

式中，H 为总黄酮得率（mg/g），c 为样品中黄酮的浓度（g/L），V 为样品提取液的体积（mL），n 为样品提取液的稀释倍数，m 为样品干粉质量（g）。

（4）样品总黄酮提取单因素优化试验 称取样品粉末 1.000 g，分别设置影响阳新湖蒿废弃物中黄酮类化合物得率的提取温度、乙醇浓度、提取时间和液固比 4 个因素为变量。设液固比 20 mL/g、提取时间 90 min、乙醇浓度 70% 为不变量，在 5 个不同提取温度（50℃、60℃、70℃、80℃、90℃）对样品总黄酮提取率的影响；设提取温度 70℃、提取时间 90 min、液固比 20 mL/g 为不变量，分析 5 个不同乙醇浓度（50%、60%、70%、80%、90%）对样品总黄酮提取率的影响；设提取温度 70℃、乙醇浓度 70%、液固比 20 mL/g 为不变量，分析 5 个不同提取时间（30 min、60 min、90 min、120 min、150 min）对样品总黄酮提取率的影响；设提取温度 70℃、乙醇浓度 70%、提取时间 90 min 为不变量，测定 5 个不同液固比（10 mL/g、20 mL/g、30 mL/g、40 mL/g、50 mL/g）对样品总黄酮提取率的影响。

（5）正交试验设计 通过单因素试验，以乙醇浓度 70% 下，以影响样品总黄酮得率的三个因素提取温度、提取时间和液固比为主要考察指标，每个因素选择优化后的三个水平，设计正交试验 L9（3^3），优化样品总黄酮提取工艺组合。

10.2.4.2 结果与分析

（1）提取温度对总黄酮得率的影响　液固比 20 mL/g、提取时间 90 min、乙醇浓度 70% 时，得到 5 个不同提取温度下样品总黄酮提取率与温度的关系曲线，如图 10.1 所示，随提取温度的升高，样品中黄酮类化合物提取率升高在提取温度为 80℃ 时得率最大，为 30.25 mg/g；提取温度为 70℃ 时次之。结果表明，热提取则可以大大缩短提取时间，提高得率，这可能是由于溶剂分子运动速度加快，渗透、扩散等作用及溶解速度加快，加速了细胞壁结构的破坏，使黄酮类化合物从植物中细胞转移到溶剂中；然而随着温度继续升高，样品的总黄酮得率呈现下降的趋势，这可能是因为过高的温度导致了黄酮类化合物被氧化破坏，使其提取率降低。

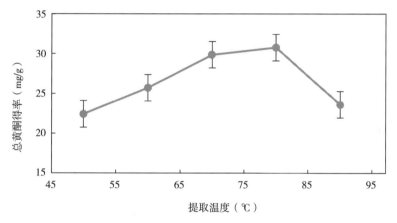

图 10.1　提取温度对总黄酮得率的影响

（2）乙醇浓度对总黄酮得率的影响　提取温度 70℃、提取时间 90 min、液固比 20 mL/g 时，5 种不同乙醇浓度（50%、60%、70%、80%、90%）对样品总黄酮提取率的影响如图 10.2 所示。由结果可知，随着乙醇浓度的增加，样品中总黄酮的得率增大，在乙醇浓度为 70% 时，黄酮得率最大，为 28.27 mg/g，但之后，随着乙醇浓度的增加，得率逐渐降低。说明醇溶性的黄酮类化合物在乙醇浓度为 70% 时溶解度最大；当乙醇浓度再增加时，伴随着提取液的颜色加深，可能是由于一些醇溶性的杂质等其他成分溶出量增加，这些成分与黄酮类化合物竞争性地与乙醇—水分子结合，导致黄酮类化合物的提取率下降，所以用浓度在 70% 时，提取效果最好。

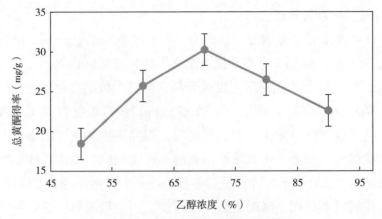

图 10.2   乙醇浓度对总黄酮得率的影响

（3）提取时间对总黄酮得率的影响   在提取温度 70℃、乙醇浓度 70%、液固比 20 mL/g 时，5 个不同提取时间（30 min、60 min、90 min、120 min、150 min）对样品总黄酮提取率的影响如图 10.3 所示。在一定时间范围内样品中总黄酮得率随提取时间延长而增加，在提取时间为 90 min 时，提取率达到最大；但是，随着时间的延长，黄酮的提取率不增反降，这可能是因为提取时间过长，样品中的总黄酮发生了热分解从而出现损失。

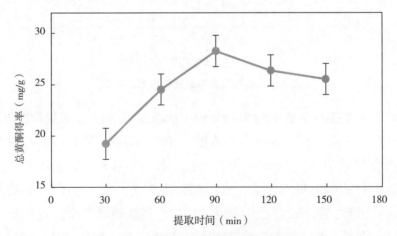

图 10.3   提取时间对总黄酮得率的影响

（4）液固比对总黄酮得率的影响   在提取温度 70℃、乙醇浓度 70%、提取时间 90 min 时，5 个不同液固比（10 mL/g、20 mL/g、30 mL/g、40 mL/g、50 mL/g）对样品总黄酮提取率的影响如图 10.4 所示。随着液固比增大，总黄酮得率在 10 ～ 20 mL/g 范围内增高，在液固比为 20 mL/g 时达到最大值；当液固比超过 20 mL/g 时，总黄酮得率急剧下降，出现这一现象的原因可能是液固比较高时，乙醇溶剂过多影响样品总黄酮提取率，而液固比较低时乙醇溶剂不足导致了样品中总黄酮提取不完全。

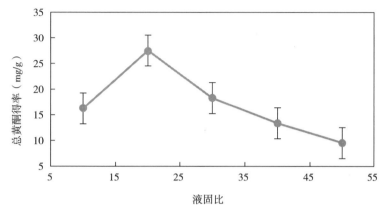

图 10.4　液固比对总黄酮得率的影响

（5）正交试验结果　由单因素结果可知，阳新湖蒿废弃物样品中总黄酮得率受多个因素的综合影响，根据单因素试验结果，在乙醇浓度为 70% 条件下，对提取温度、提取时间和液固比 3 个因素进行正交试验，每个因素设 3 个水平，对阳新湖蒿废弃物样品总黄酮的提取工艺进一步优化。极差分析结果可知（表 10.4），提取温度、提取时间和液固比 3 个因素的主次顺序为提取温度＞液固比＞提取时间，最佳的条件是 A3B3C2，即提取温度 80℃、提取时间 120 min 和液固比 20 mL/g，在最佳条件下重复 3 次实验，黄酮类化合物平均得率为 35.39 mg/g。

表 10.4　阳新湖蒿废弃物总黄酮提取正交试验结果

组合编号	提取温度（℃）	提取时间（min）	液固比（mL/g）	总黄酮得率（mg/g）
	A	B	C	
1	1（60）	1（60）	1（10）	25.53
2	1	2（90）	3（30）	27.03
3	1	3（120）	2（20）	30.18
4	2（70）	1	3	29.63
5	2	2	2	34.75

组合编号	提取温度（℃）	提取时间（min）	液固比（mL/g）	总黄酮得率（mg/g）
	A	B	C	
6	2	3	1	31.63
7	3（80）	1	2	32.73
8	3	2	1	31.96
9	3	3	3	32.14
K1	27.58	29.30	29.71	
K2	32.00	31.25	32.55	
K3	32.28	31.32	29.60	
R	4.70	2.02	2.95	

10.2.4.3　研究结论

本试验以阳新湖蒿废弃物作为原材料，通过乙醇溶剂提取法进行黄酮类化合物的提取，针对提取工艺中溶剂浓度、提取温度、提取时间和液固比进行单因子试验和正交试验，研究并探讨了提取工艺的优化。结果表明，各单因子对总黄酮化合物的提取均有不同程度的影响，其中提取温度是主要影响因素，其次是液固比、提取时间以及溶剂浓度，经分析，最佳的提取条件是乙醇浓度70%、提取温度80℃、提取时间120 min、液固比20 mL/g，该条件下黄酮类化合物平均得率为35.39 mg/g。

10.3　阳新湖蒿废弃物制备土壤调理剂技术研究

10.3.1　土壤调理剂概述

土壤调理剂又称土壤改良剂，是指可以改善土壤物理性，促进作物养分吸收，而本身不提供植物养分的一种物料。由富含有机质、腐殖酸的天然泥炭或其他有机物为主要原料，辅以保水剂、生物活性成分及营养元素，经科学工艺加工而成的产品，有极其显著的保水、增肥、透气、调节土壤理化性质等性能。土壤调理剂能够打破土壤板结、疏松土壤、提高土壤透气性、降低土壤容重，促进土壤微生物活性、增强土壤肥水渗透力；具有改良土壤、保水抗旱、增强农作物抗病能力、提高农作物产量和改善农产品品质等功能。

具体来说，土壤调理剂的主要作用包括以下方面。

（1）改变土壤物理性状　改变土壤团粒结构，增加土壤毛管孔隙、非毛管孔隙，减小土壤容重，增加土壤通气度，增加饱和导水率，保蓄水分，减少蒸发，有效提高降水利用效率。

（2）改良土壤化学性状　增加土壤有机质，调节土壤酸碱度，增强土壤缓冲能力。

（3）增加土壤抗水蚀能力　高分子聚合物土壤改良剂会有明显增加土壤水稳性团粒含量，土壤抗水蚀能力增加，水土流失相应减少。

（4）提高土壤离子交换率　沸石、膨润土、蛭石等矿质改良剂增加土壤中的阳离子，土壤中有的重金属有些被交换吸附或被固定，氢离子也由于交换吸附降低了浓度。

（5）增加土壤微生物数量，提高酶活性　土壤中微生物靠有机碳才能生长，施加有机碳土壤改良剂可以增加土壤微生物数量和活性，同时，抑制真菌类、细菌、放线菌活动，减少土传病害。

（6）提高土壤温度　用沥青乳剂作土壤改良剂可明显提高地温。

（7）提高土壤肥力和作物产量　土壤改良剂本身含有大量的微量元素和有机物质，对作物生长十分有利，改善产品品质。

10.3.2　阳新湖蒿废弃物制备土壤调理剂研究背景

阳新湖蒿产地因长期连作、重氮肥轻磷钾肥以及化学农药的使用，导致蒿田土壤生态环境质量降低，表现为土壤板结、耕作土层酸化和土壤有机质含量降低，影响了阳新湖蒿的产量和品质。与此同时，湖蒿生产过程中产生的大量老熟茎、叶等废弃物，也面临无法有效处置等问题，造成了当地面源污染问题。经调查，尚未发现有利用湖蒿废弃物制备蒿田土壤调理剂的相关报道。

10.3.3　阳新湖蒿废弃物制备土壤调理剂研究

10.3.3.1　实验材料与方法

（1）实验材料　阳新湖蒿废弃物采集自阳新县宝塔村七里组。湖蒿废弃物晾干后，用植物粉碎机粉碎至 1 cm 段。

（2）微生物菌剂的配比与用量优化　选择解磷解钾固氮菌、地衣芽孢杆菌、枯草芽孢杆菌和植物乳杆菌制备成复合微生物功能菌剂进行湖蒿废弃物发酵，菌剂的配比按照解磷解钾固氮菌、地衣芽孢杆菌、枯草芽孢杆菌和植物乳杆菌设 4 因素 3 水平（微生物比例分别为 2 份、3 份、5 份）进行正交试验，每个处理设 3 次重复。复合微生物功能菌剂的用量采用单因子试验，按照菌剂占发酵湖蒿废弃物的质量百分数，分别设置 0.01%、0.05%、0.15%、0.20%、0.30%、0.50% 共 6 个处理，每个处理 3 次重复。通过土壤微宇宙试验，测定土壤 pH 值、土壤容重、持水孔隙度和有机质等含量。

（3）复合酶制剂配比与用量优化　选择纤维素酶、半纤维素酶和蛋白酶制备成复合酶制剂用来进行湖蒿废弃物的发酵，复合酶制剂的配比按照纤维素酶、半纤维素酶和蛋白酶 3 因素 3 水平（酶比例分别为 2 份、4 份、8 份）进行正交试验，每个处理设 3 次重复。复合酶制剂的用量采用单因子试验，按照复合酶制剂占发酵湖蒿废弃物的质量百分数，分别设置 0.15%、0.25%、0.35%、0.45%、0.55%、0.65% 共 6 个处理，每个处理 3 次重复。通过土壤微宇宙试验，测定土壤 pH 值、土壤容重、持水孔隙度和有机质等含量。

（4）复合微生物功能菌剂和复合酶制剂组合对湖蒿废弃物发酵效果验证　以上述正交试验优化的结果进行湖蒿废弃物发酵田间试验。试验设 4 种处理：T1 为复合功能菌剂＋复合酶制剂＋湖蒿废弃物；T2 为复合功能菌剂＋湖蒿废弃物；T3 为复合酶制剂＋湖蒿废弃物；T4 为其他菌剂＋酶制剂＋湖蒿废弃物（其他菌：链霉菌、白腐真菌、噬热侧孢霉、康宁木霉组合菌剂），对照为未经发酵的湖蒿废弃物（CK）。每种处理设 3 次重复。通过土壤微宇宙试验，测土壤 pH 值、土壤容重、持水孔隙度和有机质等含量。

（5）土壤调理剂基质优化试验　按照上述结果，取优化后的比例添加复合微生物功能菌剂和复合酶制剂至粉碎的湖蒿废弃物中，加水调节含水量50%，盖膜发酵 60 d 后得到腐熟的湖蒿废弃物。将腐熟的湖蒿废弃物、蛭石、熟石灰粉和混合肥料等基质按不同比例混合（见表 10.5），充分搅拌均匀后，得到土壤调理剂。按照每亩施用土壤调理剂 200 kg 用量进行土壤微宇宙试验，测定土壤 pH 值、土壤容重、持水孔隙度和有机质等含量。

表 10.5　土壤调理剂各组分及用量　　　（单位：kg）

配方	腐熟湖蒿废弃物	蛭石	熟石灰粉	混合肥料
1	650	25	40	285
2	600	20	30	350
3	550	15	20	415

注：表中用量按制备 1000 kg 土壤调理剂计算。

（6）田间试验　选择长期种植湖蒿的田块，测定蒿田土壤平均 pH 值约为 4.23，总镉含量平均为 0.38 mg/kg。土壤整体偏酸性，土壤镉为轻度污染。7 月向土壤耕作层（0～20 cm）施加土壤调理剂，试验组施加量分别为 200 kg/ 亩、150 kg/ 亩、100 kg/ 亩，以施加生石灰 50 kg/ 亩为对照。8 月扦插湖蒿，每 15 天调查土壤 pH 值、扦插苗分蘖、茎宽、发根等情况，12 月初齐地收割，1 月中旬采收，统计产量，植物样品送检进行品质分析，土壤样品进行生理生化、重金属含量测定和微生物群落组成分析。田间管理按照当地种植户习惯常规操作。

10.3.3.2　结果与分析

（1）微生物菌剂的配比与用量对土壤理化性质的影响　由结果可知（表 10.6），微生物菌剂解磷解钾固氮菌（B1）、地衣芽孢杆菌（B2）、枯草芽孢杆菌（B3）和植物乳杆菌（B4）组合发酵湖蒿废弃物的配比为（2～5）∶（2～3）∶（2～5）∶（2～5），其中，最优配比 2∶3∶3∶3，即菌剂制备时，按照解磷解钾固氮菌 2 份、地衣芽孢杆菌 3 份、枯草芽孢杆菌 3 份和植物乳杆菌 3 份的比例进行混合，可以得到最优化的土壤改良效果。

在施用复合微生物功能菌剂时，通过对施用量 0.01%、0.05%、0.15%、0.20%、0.30%、0.50% 共 6 个处理的结果进行比对，结果发现（表 10.7），复合微生物功能菌剂的合适用量为湖蒿废弃物用量的 0.05%～0.15%，在该用量范围内，土壤理化性质的改良效果最优。

表 10.6　复合微生物功能菌剂配比优选试验正交设计与结果

试验编号	微生物功能菌剂的份数				土壤理化性质			
	B1	B2	B3	B4	土壤 pH 值	土壤容重（g/cm³）	土壤持水孔隙度（%）	有机质（g/kg）
1	1（2 份）	1（2 份）	1（2 份）	1（2 份）	5.46	1.16	42.6	11.8
2	1（2 份）	2（3 份）	2（3 份）	2（3 份）	5.67	1.19	44.1	12.5

试验编号	微生物功能菌剂的份数				土壤理化性质			
	B1	B2	B3	B4	土壤 pH 值	土壤容重 （g/cm³）	土壤持水 孔隙度（%）	有机质 （g/kg）
3	1（2份）	3（5份）	3（5份）	3（5份）	5.44	1.17	41.8	11.3
4	1（2份）	1（2份）	1（2份）	1（2份）	5.39	1.14	42.4	11.5
5	2（3份）	2（3份）	2（3份）	2（3份）	5.61	1.18	43.5	12.2
6	2（3份）	3（5份）	3（5份）	3（5份）	5.54	1.17	42.3	11.7
7	3（5份）	1（2份）	1（2份）	1（2份）	5.33	1.15	40.9	11.4
8	3（5份）	2（3份）	2（3份）	2（3份）	5.45	1.16	43.8	12.0
9	3（5份）	3（5份）	1（2份）	3（5份）	5.39	1.09	42.9	11.3

表 10.7　复合微生物功能菌剂用量优化试验结果

土壤改良效果	复合微生物功能菌剂占发酵藜蒿废弃物的质量百分数（%）					
	0.01	0.05	0.15	0.20	0.30	0.50
pH 值	5.4	5.6	5.7	5.3	5.3	5.2
容重（g/cm³）	1.12	1.19	1.18	1.09	1.12	1.13
持水孔隙度（%）	42.2	44.0	43.9	41.7	42.4	40.9
有机质（g/kg）	11.5	12.4	12.8	11.8	11.3	11.1

（2）复合酶制剂的配比与用量对土壤理化性质的影响　由结果可知（表10.8），综合土壤各项理化性质指标，纤维素酶（E1）、半纤维素酶（E2）和蛋白酶（E3）组合发酵藜蒿废弃物最优配比为 4∶4∶4。复合酶制剂用量为湖蒿废弃物用量的 0.45%～0.55% 时，土壤改良效果最优（表10.9）。

表 10.8　复合酶制剂配比优化试验正交设计结果

试验编号	微生物功能菌剂的份数			土壤理化性质			
	E1	E2	E3	土壤 pH 值	土壤容重 （g/cm³）	土壤持水 孔隙度（%）	有机质 （g/kg）
1	1（2份）	1（2份）	1（2份）	5.40	1.15	42.0	12.0
2	1（2份）	2（4份）	2（4份）	5.47	1.13	42.3	11.4
3	1（2份）	3（8份）	3（8份）	5.27	1.14	41.8	11.09
4	2（4份）	1（2份）	1（2份）	5.35	1.10	42.4	11.7
5	2（4份）	2（4份）	2（4份）	5.66	1.20	43.9	12.6

续表

试验编号	微生物功能菌剂的份数			土壤理化性质			
	E1	E2	E3	土壤pH值	土壤容重（g/cm³）	土壤持水孔隙度（%）	有机质（g/kg）
6	2（4份）	3（8份）	3（8份）	5.50	1.16	42.2	11.1
7	3（8份）	1（2份）	1（2份）	5.43	1.13	41.2	11.6
8	3（8份）	2（4份）	2（4份）	5.40	1.15	42.9	11.9
9	3（8份）	3（8份）	3（8份）	5.46	1.14	42.3	11.09

表 10.9　复合微生物功能菌剂用量优选试验结果

土壤改良效果	复合微生物功能菌剂占发酵藜蒿废弃物的质量百分数（%）					
	0.15	0.25	0.35	0.45	0.55	1.65
pH值	5.3	5.5	5.4	5.7	5.7	5.5
容重（g/cm³）	1.11	1.08	1.13	1.18	1.17	1.14
持水孔隙度（%）	42.6	42.1	42.6	43.7	43.8	41.7
有机质（g/kg）	11.4	11.1	11.0	12.4	12.3	11.9

（3）复合微生物功能菌剂和复合酶制剂组合对湖蒿废弃物发酵效果的影响　通过设置复合微生物功能菌剂和复合酶制剂不同组合，验证其对湖蒿废弃物发酵效果及其对土壤理化性质的影响。结果表明（表 10.10）：复合功能菌剂＋复合酶制剂＋湖蒿废弃物（T1）组合的土壤改良效果最优。与对照相比，土壤pH值提高了 0.9，土壤容重减少了 0.07 g/cm³，土壤持水孔隙度增加了 3.6%，土壤有机质含量增加了 1.3g/kg。因此，在生茶土壤调理剂是选择湖蒿废弃物质量 0.05%～0.15% 的复合微生物功能菌剂与湖蒿废弃物质量 0.45%～0.55% 的复合酶制剂配合，发酵湖蒿废弃物作用效果最优。

表 10.10　阳新湖蒿废弃物不同处理方式的土壤改良效果

试验编号	土壤pH值	土壤容重（g/cm³）	土壤持水孔隙度（%）	土壤有机质含量（g/kg）
T1	5.6	1.18	43.2	12.8
T2	5.3	1.20	41.6	11.4
T3	5.2	1.21	41.7	11.5
T4	4.8	1.24	40.1	11.9
CK	4.7	1.25	39.6	11.5

（4）不同土壤调理剂基质配比对土壤理化性质及湖蒿产量的影响　由表 10.11 可知，将腐熟的湖蒿废弃物、蛭石、熟石灰粉、混合肥料等混合后制成蒿田专用土壤调理剂，能有效提高土壤的 pH 值，减小土壤容重，增大土壤持水孔隙度，增加土壤有机质含量，提高湖蒿产量。其中，按照腐熟的湖蒿废弃物 65%、蛭石 2.5%、熟石灰粉 4%、混合肥料 28.5% 的比例配制的土壤调理剂，在土壤理化性质调节方面更具优势。

表 10.11　施用调理剂后蒿田土壤理化性质、有机质含量及藜蒿产量情况

配方		土壤 pH 值	土壤容重（g/cm^3）	土壤持水孔隙度（%）	土壤有机质含量（g/kg）
配方 1		6.1	1.09	45.4	12.5
配方 2		6.4	1.13	47.8	13.3
配方 3		5.9	1.12	46.6	12.8
对照		4.5	1.23	39.3	11.7
有益效果	变化值	+1.63	−0.117	+7.3	+1.17
	变化率（%）	+36.30	−9.49	18.58	+9.97

注：表中有益效果是用各处理的平均值与对照值的比较计算得到。

（5）土壤调理剂对田间土壤理化性质的影响　由测定结果可知（表 10.12），蒿田土壤 pH 值在施用土壤调理剂 200 kg/ 亩后明显升高，施用土壤调理剂后，土壤 pH 值平均值由初始值升高到 5.26～5.39，施用生石灰对照组 pH 值为 4.38～4.47，升高 20.09%～20.58%。相较于施用生石灰，施用土壤调理剂可明显改善土壤酸化环境。此外，土壤有机质含量对照组 33.80～40.57 mg/kg，实验组 40.58～44.41 mg/kg，升高 9.47%～20.06%；硝态氮对照组 43.29～48.40 mg/kg，实验组 78.90～82.62 mg/kg，升高 70.70%～82.26%；速效钾对照组 40.15～44.58 mg/kg，实验组 46.50～55.24 mg/kg，升高 15.82%～23.91%；有效磷含量对照组 79.02～88.97 mg/kg 实验组 91.46～106.38 mg/kg，升高 15.74%～19.57%。实验组内，根际土的 pH 值、铵态氮和硝态氮低于非根际土，有机质、速效钾、有效磷含量高于非根际，说明植物对氮素的利用率相对较高。总体来看，施加调理剂后，根际的养分供给得到显著提高，这与前期的土壤微宇宙试验结果一致。

表 10.12　施用土壤调理剂后蒿田土壤理化性质

处理	部位	pH 值	有机质（g/kg）	硝态氮（mg/kg）	铵态氮（mg/kg）	速效钾（mg/kg）	有效磷（mg/kg）
对照	根际	4.38±0.07c	40.57±0.30b	43.29±0.09c	245.02±3.55a	44.58±2.00bc	88.97±1.17b
	非根际	4.47±0.03bc	33.80±0.28c	48.40±0.24d	250.78±3.73a	40.15±3.03c	79.02±1.12c
实验	根际	5.26±0.03b	44.41±0.15a	78.90±0.09b	166.67±2.93c	55.24±2.72a	106.38±1.17a
	非根际	5.39±0.04a	40.58±0.30b	82.62±0.55a	180.49±5.34b	46.50±2.10b	91.46±1.16b

注：同一列的小写字母代表显著性差异（$P < 0.05$）。

（6）土壤调理剂对湖蒿生长分蘖有明显促进作用　施加土壤调理剂 200 kg/ 亩后，植物生长状况较未施加土壤调理剂有明显差异。扦插 30 d 后，根长、茎宽、分蘖数、株数等较对照施用生石灰有明显差异。根的长势可以一定程度上反映湖蒿的生长状况。由表 10.13 可以看出，实验组的根长和根径平均高于对照 45.46% 和 29.61%，说明调理剂的添加促进了根的纵向伸长和横向生长。根长和根径的增加在一定程度上可以增加对养分的吸收，进而促进植株生物量的积累。实验组平均植株分蘖数高于对照组 33.3%，单位种植面积上湖蒿的分蘖数增加也就意味着株数的增加，数据显示，施用调理剂后湖蒿株数增加了 18.71%，达到了平均 203 株 /m²。扦插 90 d 后，施用调理剂实验组湖蒿不定根的发根数量及根长较对照组存在显著差异，调理剂的添加明显促进的不定根的生长。上述结果表明，土壤调理剂可改善蒿田土壤理化性质，提高养分供给水平，促进湖蒿的生长与分蘖。

表 10.13　湖蒿根茎长势及分蘖情况

处理	根长（mm）	根茎宽（mm）	分蘖数	株数（m²）
实验组	128.89±13.40	6.61±0.34	6±1	203±5
对照组	88.61±11.58	5.10±0.36	4±1	171±4

（7）土壤调理剂提高湖蒿产量与品质　施用土壤调理剂后，湖蒿当年产量及品质均有明显提升。据统计，施用土壤调理剂 200 kg/ 亩、150 kg/ 亩、100 kg/ 亩后大棚收获阳新湖蒿毛重分别为 1 806 kg/ 棚、1 784 kg/ 棚、1 596 kg/ 棚，施用生石灰 50 kg/ 亩大棚收获湖蒿 1 374 kg/ 棚。大棚面积约为 0.72 亩，故施用调理剂和生石灰后湖蒿亩产分别为 2 508 kg、2 478 kg、2 217 kg、1 908 kg。施用调理剂比施用生石灰可平均增产 493 kg/ 亩，增产达

25.84%。

10.3.3.3 研究总结

以阳新湖蒿废弃物为原材料制备土壤调理剂，较优的配方为：腐熟的藜蒿废弃物55%～65%、复合微生物功能菌剂（藜蒿废弃物质量的0.05%～0.15%）、复合酶制剂（藜蒿废弃物质量的0.45%～0.55%）、蛭石1%～3%、熟石灰粉2%～5%、混合肥料25%～35%。

土壤调理剂的添加重新塑造了土壤环境，有效提高土壤的pH值，减小土壤容重，增大土壤持水孔隙度，增加土壤有机质含量，提高了湖蒿产量。

土壤调理剂施用可促进湖蒿的生长与分蘖。湖蒿扦插后，植物根长、茎宽、分蘖数、株数等较对照也有明显差异。实验组植物根长和根径分别高于对照45.46%和29.61%，单位种植面积湖蒿的分蘖数增加33.3%，株数增加了18.71%，达到了203株/m^2。

土壤调理剂的施用明显改善湖蒿产量与品质。施用土壤调理剂200 kg/亩、150 kg/亩、100 kg/亩后的湖蒿产量比施用生石灰可平均增产493 kg/亩，增产达25.84%。

综上，以阳新湖蒿废弃物为原材料制备土壤调理剂不仅能有效解决当前湖蒿连作种植地土壤板结、耕作土层酸化、有机质含量降低以及湖蒿废弃物的处置难题，还可以增加湖蒿产量，其生产制作过程简单易掌握、不需要大规模仪器设备及生产场所，在生产上有较好的应用潜力。

蔬菜大棚及其建造技术 11

11.1 概述

11.1.1 大棚栽培的起源与发展

我国是世界上大棚栽培起源最早的国家之一，最早可追溯到汉代在我国北方冬季实行的"温室种植"，距今有 2 000 多年的历史。自西汉以来，我国古代的一些文献典籍都有温室种植的记载。

（1）汉代的"非时种植"　据《汉书·召信臣传》记载，汉代官员召信臣曾向汉元帝进奏，"太官园种冬生葱韭菜菇，覆以屋庑，昼夜燃温火，待温气乃生，信臣以为此皆不时之物，有伤于人，不宜以奉供"。大意是说，现在是隆冬时节，而在长安皇家苑囿的太官园中建造密封的屋庑，种植葱、韭菜等菜茄，通过昼夜燃火提高室温，使蔬菜在隆冬时节也能生长，是"不时之物"，因而"不宜奉供养"。虽然这位官员出于迷信意识，把冬季温室种植出的菜蔬称为"非时之物"，但这则史料也从侧面证明了在西汉时期我国已有现代温室的雏形，可以种植葱、韭等反季节蔬菜。此外，西汉《盐铁论·散不足》中在描述当时富人的奢侈生活时，指出有些富人也能吃到温室培育出的蔬菜"冬葵温韭"，说明汉代温室栽培蔬菜的技术已传到民间。

（2）唐宋时期的"堂花术"　据唐代笔记小说《酉阳杂俎》中记载，"常有不时之花，然皆藏于土窖中，四周以火逼之，故隆冬时即有牡丹花"。这则史料记载了一些反季节花（非时之花）的种植方法，即把花藏在土窖中，在土窑四周烧火增加环境温度，所以在隆冬时节也有绽放的牡丹花。可见，唐宋时期的温室还被用于花木栽培。

唐宋时期的温室栽花技术被称"堂花术"。宋代周密在《齐东野语·马塍艺花》中，细致描述了杭州郊区马塍的花农种植堂花之术，"凡花之早放者，名曰堂花"。其法为：用纸和一些材料做成不透风的"密室"，在密室里开沟，沟上用竹子搭架，复以细土，把花置于竹架上。然后在沟中倒入热水，并施牛溲、硫磺等热性肥料，当水肥的热气往上时微微煽风，使室中春意融融，经过一夜花便可开放。因此，当时人称赞这种方法是"侔造化、通仙灵"。此法为后世沿袭。

（3）辽代"牛粪覆棚"种植西瓜　公元924年，辽国太祖耶律阿保机征伐西域得胜后，对盛产在新疆和河西走廊的西瓜非常赞赏，遂把西瓜的种籽带回辽地，敕令推广。但由于两地气候相差悬殊，契丹农艺师们经过长期培植实验，终于摸索出一套适应寒冷地区种植西瓜的技术，即"牛粪覆棚"技术。五代人胡峤在《险北记》中记述，"契丹破回鹘得此种，以牛粪覆棚而种，大如中国冬瓜而味甘"。其种植的具体程序是：在初春时，采取先集中育苗再大田移栽的办法。为了保持地温，西瓜下种后，在地上铺一层牛粪，利用牛粪发酵后产生的热量增加地温，促进种籽迅速发芽生长，并在畦田上搭盖草棚以抵御霜冻。秧苗在棚内一直长到小满季节渐渐稳定之后，再移栽到棚外的大田里生长，从而保证西瓜能在炎夏时节上市，"牛粪覆棚"栽培西瓜技术，是辽国农艺师对农业温室种植技术的一大贡献。

（4）明清的"暖洞子"和"洞子货"　明清时期基本上使用"暖洞子"来生产反季节蔬菜。所谓"暖洞子"，即当时的一种温室，是一种地窖式或半地窖式的屋子，屋子里修筑土炕，烧火增加温度，菜蔬种植于"暖洞子"里，在隆冬时节也能正常生长。明代谢肇淛在《五杂俎·物部三》中记载，"京师隆冬有黄芽菜、韭黄，皆富贾地窖火坑中培育而成"。清代人把在这种暖洞子里生产出的菜蔬瓜果称为"洞子货"。明清时期在暖洞子里生产的菜蔬品种很多，尤以黄瓜最为著名。《学圃余疏》里说，"王瓜出燕京者最佳，种之火室中，逼生花叶，二月初即结籽实。"

据有关史料记载，当时北京的"洞子货"不仅有黄瓜、黄芽菜、韭黄、萝卜等各种新鲜菜蔬，还有在温室中"以火烘之"生产出来的各种各样的花卉，这种花被称为"唐花"，种植唐花的温室又被称为"花洞子"。可见明清时期我国温室栽培的技术已经相当高明。

11.1.2 我国大棚蔬菜发展历程

现代大棚蔬菜源于欧洲，发展于中国。

20世纪初叶，欧洲地区经常遭受灾害和战争，导致食品供应短缺。为了缓解食品短缺的压力，当地农民开始在室内种植蔬菜和水果，这就是现代大棚栽培的雏形。我国大棚蔬菜经历了以下几个发展阶段。

（1）20世纪30年代　我国北方农村开始尝试利用木框玻璃覆盖温床，进行夏菜玻璃温床育苗，后来改木框为土墙进行育苗。严格意义上讲，采用的育苗设施不是真正意义上的大棚栽培。

（2）20世纪50年代　我国农业正处于艰难的时期。人口增长和粮食供应紧张使蔬菜的种植和供应成为一个亟待解决的问题。当时，农民主要依靠露地种植蔬菜，受制于季节变化和气候条件，产量和质量无法保证。为了解决这一问题，中国开始引进蔬菜大棚技术。

（3）20世纪60年代初　我国开始研究和试验蔬菜大棚技术，并开始使用塑料薄膜覆盖在蔬菜田上形成一个封闭的环境，以提供适宜的温度和湿度条件。这一技术的产生和应用使蔬菜的生产季节得以延长，大大提高了蔬菜的产量和质量。

（4）20世纪80年代　我国开始引进大棚蔬菜种植技术。起初，大棚蔬菜主要是在一些大城市周边的乡村地区进行种植，供应城市居民的需求。随着城市化的进程，越来越多的人迁往城市，城市化进程也促进了大棚种植技术的发展。其标志性成果是装配式镀锌薄壁钢管大棚的开发成功和应用。

（5）21世纪初至今　随着农业技术的不断进步和科学研究的支持，蔬菜大棚的建设和管理水平不断提高。现代化的设备和自动化控制系统的引入使蔬菜大棚的生产更加高效和稳定，形成了规模化生产格局。同时，农民的意识和观念也发生了改变，他们开始注重环境保护和可持续发展，积极采用有机种植技术和绿色农业理念，促进了我国大棚蔬菜产业的进一步发展壮大。

11.1.3 我国蔬菜大棚的主要类型

我国地域辽阔，气候、地质条件复杂多样，各地在发展大棚蔬菜产业过程中，形成了与当地气候、地质条件相适应的大棚类型，如山东大棚、华北大棚、高山大棚、高原大棚、极寒大棚、中原大棚等。

11.1.3.1 山东大棚

（1）适宜区域　鲁北、豫北、河北南部、山西南、陕南等地。

（2）适宜区域气候特点　冬季最冷月（1月）平均气温 –4 ～ 2℃，平均最低气温 –8 ～ 4℃。下雪天阳光差，更白浊。另外，受山东省海洋的影响，冬天风大、阴天多。

（3）适宜区域地质特征　仅黄河附近地下水位浅，大部分土层深，地下水位深。

（4）建造特点　排水方便的高海拔地区，采用前后开挖，全地下，后屋顶小，土墙至顶部，地面窗微拱流线型棚型；排水不便的低洼地区，适用于深开挖，全地下，后屋顶小，土墙至顶部抛物线型棚型，棚宽 9 ～ 14 m，棚高宽比 1 : 2 ～ 1 : 2.5，表面覆盖草帘和薄膜保温。这是我国蔬菜温室的基本棚型，可满足越冬蔬菜种植。

（5）大棚种植方式　9—10月种植，11月至翌年6月收获（长期一茬）；8月种植，9—12月收获，1月种植，2—5月收获（短期两茬）。

（6）大棚栽培优势　后墙至顶，保温储能；采光面积大；遇冬雪和春雨气候，适宜覆盖草帘和地膜，地下水位深，边栽。

11.1.3.2 华北大棚

（1）适宜区域　华北大棚分布于冀中、陕西、天津、宁夏、北京、辽宁、山西、甘肃南部等地。

（2）适宜区域气候特点　冬季最冷月（1月）平均气温 –8 ～ 4℃，平均最低气温 –10 ～ 6℃，冬季和春季雪大，日照良好，阳光充足，其中，天津和辽宁南部受海洋的影响，冬季阴天风多。

（3）适宜区域地质特征　土层深，地下水位深，只有沿海地区地下水位浅。

（4）大棚构造特点　排水方便的高海拔地区，适用于后屋顶小，土墙至顶部的前后开挖，半地下抛物型棚；排水不便的低洼地，适用于棚内开挖，后屋顶小，土墙至顶 1/4 椭圆形棚。棚宽 8 ～ 12 m，棚高宽比为 1 : (1.8 ～ 1) : 2.2。

与山东大棚相比，华北大棚光弧度和采光面积增加，棚架跨度减少保温后墙体和覆盖物加厚。

（5）大棚种植方式 9—10月种植，11月至翌年6月收获（长期一茬）；8月种植，9—12月收获，1月种植，2—5月收获（短期两茬）。

（6）大棚栽培优势 后壁至顶部增厚，保温储能；入射角低，棚面曲率增大；遇冬雪，春雨气候，适用于覆盖草帘和覆盖物，深层地下水位种植于床内。

11.1.3.3 高山大棚

（1）适宜区域 北京、河北北部、辽宁、山西、陕西、甘肃、内蒙古西部、新疆、中部和南部等地区。

（2）适宜区域气候特点 冬季最冷月份（1月）平均气温 –12～8℃，极限气温 –18～16℃，日照好，昼夜温差大。

（3）适宜区域地质特点 大部分地区土层深，地下水位深。只有内蒙古和新疆的戈壁砂化区土层较浅，土质较差。

（4）大棚构造特点 适用于前后开挖，半地下，大斜背顶，1×4 椭圆形棚和 1/4 圆形棚顶的土墙，棚宽 6 m×10 m，棚高宽比 1：1.5 ≤ 1。

（5）大棚种植方式 9—10月种植，11月至翌年6月收获（长期一茬）；8月种植，9—12月收获，1月种植，2—5月收获（短期两茬）。

（6）大棚栽培优势 后墙到顶且加厚，保温蓄能；太阳入射角低，棚面弧度增大；遮阳系数大，前墙减少；冬春低温积雪少，适宜覆盖保温被；后屋面扩大，棚面热量减少，地下水位深。

11.1.3.4 高原大棚

（1）适宜区域 适用于乌兰察布、青海、西藏、四川西部。其中，青海地区是典型代表。

（2）适宜区域气候特征 冬季（1月）最冷月的平均气温为 –12～4℃。白天阳光好，光线充足，日照时间长，夜间温度低，昼夜温差大。春天风大，全年雨少，夏天雨量更少。

（3）适宜区域地质特征 土层深厚，地下水位深。

（4）大棚构造特点 大斜适合用作屋顶，前面和挖掘，半地下掩体抛物线或椭圆 1/4 波纹管本体的顶部的后壁，8～12 m 的宽度棚，梭口纵横比为 1.81：2.2。

与华北棚式相比，高原棚式后屋盖更长、倾角更大，以减少后屋盖的散热，后墙、后屋盖和保温层更厚，并采用网状膜绳防风。

（5）大棚种植模式 无高温期，全年可随时种植蔬菜。

（6）大棚栽培优势 顶部和背面壁增厚，热能储存；阳光的入射角低，增加屋顶表面的曲率；冬季少雪低温多雨，适合覆盖保温被；高原风，风绳网状膜；后屋顶增加，减少热屋顶表面的量；地下水位深垄沟种植。

11.1.3.5 极寒大棚

（1）适宜区域 吉林、黑龙江、内蒙古东部和新疆北部。其中，黑龙江是典型的代表。

（2）适宜区域气候特征 冬季最冷月平均气温 –24℃～ –12℃。白天和晚上温度都很低，温差较小。光照充足，白天的光线充足。

（3）适宜地区地质特征 土层深厚，地下水位深。

（4）大棚构造特点 半地下 1/4 圆形棚，后屋大，顶面土墙。棚宽 6～10 m，高宽比 1∶（1.5～1）∶2。

与高寒大棚相比，极寒棚型光弧和后屋面延长斜率的增加以降低后棚面的热量，降低了棚的跨度，隔热层的后墙、后屋顶和盖都已增厚，并在四周挖了棚子以填平冷沟。

（5）大棚种植模式 8 月播种，9—10 月收获；5 月播种，6 月收获。

（6）大棚栽培优势 后墙向上加厚，保温储能；太阳入射角很低，温室弧度增大；遮光系数大，前墙减小；冬春低温降雪，雨水少，适合覆盖保温被。后屋面加大，减少温室散热；地下水位较深。

11.1.3.6 中原大棚

（1）适宜区域 适用于豫南、陕南、江苏、安徽、湖北、四川等地。是皖北地区的典型代表，也是我国最适合发展温室蔬菜的地区。

（2）适宜气候特点 冬季最冷月（1 月）平均气温 –2℃～ 2℃，白天气温 4℃以上，冬季光照良好，晴天多，多见小雨和雪天，风春、夏、秋三季多雨。其中，江苏省受海洋的影响，多见寒风多云。

（3）适宜区域地质特征 土壤较深，地下水位较浅。

（4）大棚构造特点 排水方便的深水位区域，适合前后开挖，半地下，后屋顶小，土墙至顶，落地窗微拱流线型棚；排水不便的深水位区域，适用于棚内深开挖，全部地下，后屋顶小，土墙至顶抛物面棚；排水方便浅水位区域，适用于前后开挖，半地下，小后屋面，土墙至总高度 3/4，地窗微拱流线型棚；排水不便的浅水区，采用小后屋面，土墙至总高度 3/4，浅层开挖棚内的天窗流线微拱棚，棚宽 10～16 m，棚宽 1∶（2～1）∶2.8。

与山东大棚比较，中原大棚弧型减少，采光面积大，无土屋面保温，壁厚减薄等措施之后，挖掘土量深度减少，采用网状绳的层压风。

（5）大棚种植模式　9—10月种植，11月至翌年6月收获（长期）；8月种植，9—12月收获，1月种植，3—5月收获（两种短期作物）。

（6）大棚栽培优势　适用于覆盖草帘和覆膜；浅地下水位的起垄栽培。

11.1.3.7　江淮大棚

（1）适宜区域　适用于江苏、安徽、湖北南部等地区。

（2）适宜区域气候特点　冬季最冷的月份（1月）平均气温2～4℃，白天气温8℃以上，冬季霜雪少，多云天气为主，春季日照好，夏天和秋天雨水较多。其中，沿海地区受台风，强风、暴雨的影响。

（3）适宜区域地质特征　土壤类型多样，地下水位很浅。

（4）大棚构造特点　大斜适合用作屋顶，壁占总高度的1/2，较势高的地区，挖浅挖掘，有助于排水；低洼排水不便之地，回土填高；天窗微流线拱波纹管体；无绝缘壁的结构棚双弧空气式10～16 m棱口的宽度，长宽比为（2.2～1）:2.8。

与中原大棚相比，江淮大棚的采光弧度减小，用土量减少，开挖深度减小，采用后屋面加长、后墙降低等措施，沿海地区采用网状薄膜压绳防风。

（5）大棚种植方式　1—5月台风。10月种植，12月底前收获。

（6）大棚栽培优势　高温，浅层地下水位，浅挖掘或深挖掘都可以；高角度太阳的入射，避免温室加宽或更高；冬季多雨，热，适用于非吸收性；冬天多云天气多，湿度使用滴除湿膜脱落；浅层地下水位，适合起垄栽培。

11.1.3.8　江南大棚

（1）适宜区域　江苏、安徽、湖北、四川南部、浙江、江西、湖南、贵州、福建北部、广西北部、云南北部等长江流域。

（2）适宜区域气候特征　冬季（1月）最冷月份的平均气温为4～8℃，白天气温在8℃以上，1月阴天，春季阳光较好，夏季和秋季为暴雨天气。其中，沿海地区受风影响，风力较强。

（3）适宜区域地质特征　多元化土壤，地下水位较浅。

（4）大棚构造特点　采用无开挖、无土墙的双弧空气保温温室类型。

前温室宽8～12 m，温室高3.5～5 m，后温室宽5～7 m。在冬季，后棚表面固定覆盖绝热盖，在中柱处安装薄膜，在后棚区域形成空气保温箱，前棚表面通过夜间覆盖保温。可种植高温蔬菜，在后棚地区低温下可种植低温蔬菜。顶部和两侧的棚通风冷却，春秋可以种普通蔬菜，夏天可以种植高温夏季蔬菜。

（5）大棚种植方式　1月种植，3—6月收获；沿海台风后10月种植，11月至翌年5月收获。

（6）大棚栽培优势　四季可以种菜；土地利用率高；冬春季无雪，适合非吸收性保温；冬季多云多雾，大棚内湿度较大。

11.1.3.9　华南大棚

（1）适宜区域　福建、广东、广西、云南等。

（2）适宜区气候特点　冬季最冷月（1月）平均气温 $8 \sim 12℃$；冬季晴天多，温度偏高，光照强；夏、秋季有暴雨。

（3）适宜区地质特征　多元化土壤，地下水位较浅。

（4）大棚构造特点　采用双弧大拱棚体，棚宽 $8 \sim 24\,m$，棚高 $3 \sim 5\,m$。棚内空气温度高，温度变化缓慢，利用杂散膜降低透光率，采用两侧上下对流通风降温。

（5）大棚种植方式　11月至翌年5月台风，10月种植，12月底以前收获。

（6）大棚栽培优势　四季可种植蔬菜，土地利用率高；光照强，采用散光的棚膜，降低了光传率；气温高时，采用两侧顶部和底部的通风和冷却。

11.1.4　蔬菜大棚栽培的优势与不足

11.1.4.1　蔬菜大棚栽培的优势

（1）有利于生产无公害蔬菜　大棚蔬菜使用的棚膜将大棚内的蔬菜与外界隔离，大大减少棚外病虫害对棚内蔬菜的为害，从而通过有效减少病虫害的传播，间接减少蔬菜的农药使用次数和用量，为蔬菜无公害生产提供了基础条件。

（2）节约生产成本　以往，田间露地栽培由于蔬菜没有受到任何附属设施的保护，施用的肥料，特别是追施的速效化肥容易被雨水冲刷流失，田间水分蒸发也较快，增加了浇水、灌溉的成本。大棚克服了露地栽培的缺陷，一是因为蔬菜在棚内种植，受到棚膜的保护，被雨水冲刷的概率极小，肥料不容易流失，提高了施肥效率；二是棚膜不透气，棚内水分蒸发量小，有利于棚内土壤维持合适的含水量，同时减少水分灌溉的次数。因此，在肥水管理上，大棚蔬菜比露地蔬菜更加节水节肥，生产成本更低。

（3）品种适宜性广　大棚蔬菜可选择的蔬菜品种比田间蔬菜品种种类多，一般当地田园能种植的蔬菜品种大棚都能种植，而大棚能种植的蔬菜田间不一定能正常生长。

（4）单位面积产量高　传统的田间露地蔬菜所需的光、温、热资源依靠自然直接提供的，蔬菜生产受四季气候变化的影响较大，因此蔬菜供应季节性短缺经常发生。大棚种植蔬菜，由于棚膜具有保温作用，可以调节棚内温度，相对而言，大棚蔬菜对环境的敏感度及其影响小于田间露地蔬菜，可以不受季节所限，实现蔬菜常年种植，常年采收，促进增产增收。通常情况下，大棚栽培比田间露地栽培可增收 1～2 季蔬菜。因此，采用大棚栽培可以提高蔬菜作物的复种指数，增加单位面积蔬菜的生产量，从而达到大幅度提高蔬菜产量的目的。

（5）经济效益明显　大棚具有保温作用，这种保温效应促使棚内蔬菜作物较快获得足够的积温，使大棚蔬菜的生育期缩短，提早成熟，提前上市或在蔬菜淡季错季上市销售，卖出好的价格，增加菜农的经济收入，一般亩平比露地蔬菜增收 50% 以上。

（6）有利于设施栽培　大棚栽培方便安装配套微喷滴灌、微型机耕等设施，实行蔬菜轻简化生产。同时，在大棚内进行农事操作，不受天气限制，免除雨水、防灾、冻害等自然灾害的影响，劳动强度较低。

11.1.4.2　蔬菜大棚栽培的不足

（1）大棚内温度较高，不利于农药降解，容易造成农药残留。

（2）大棚内光照相对不足，蔬菜亚硝酸盐含量较高。

（3）大棚蔬菜光合作用不足，大棚生产的蔬菜叶绿素、糖分、维生素 C 等含量相对不足。

11.2　简易大棚搭建技术

11.2.1　简易大棚搭建方法

（1）总体要求　搭建简易大棚时，宜选择地势平坦、向阳通风的场地。先在场地的两侧挖出深度达 1 m 的排水沟，以免大棚内产生积水，然后使用钢架搭建拱形框架，占地面积控制在 600 m² 左右，大棚两侧配套安装防虫网以利通风透气。

（2）搭建场地选择　搭建简易大棚时，宜选择地势开阔、向阳干燥、交通方便的场地，划定区长 80 m、宽 8 m，搭建前要在区域的四周挖出排水沟，避免大棚内存在积水，影响大棚植物的生长。

（3）搭建结构　简易大棚所需的材料主要包括防虫网、大棚骨架、塑料膜、卷膜器、压膜绳等，其中，防虫网可以为大棚通风透气并避免蚊虫进入，塑料膜可以起到保温保湿的作用，压膜绳能避免塑料膜被风吹翻，卷膜器能为大棚调节光照。

（4）搭建方法　搭建简易大棚时，首先要使用钢架搭建拱形的大棚骨架，并在靠近路边的一端预留一个进出口，然后向大棚顶部覆盖塑料膜并将塑料膜固定在两侧离地面 1 m 的位置，再向塑料膜固定位置的下方安装防蚊网，最后安装墙角膜即可。

（5）注意事项　搭建简易大棚的过程中，需要将塑料膜从顶部向下安装，以免损伤薄膜，而且大棚两侧一定要安装卷膜器，节省人力，在使用大棚的过程中，要定期巡视，避免大棚破损，影响棚内作物的生长。

11.2.2　小型蔬菜大棚搭建方法

（1）确定规格　小型蔬菜大棚的规格一般为长 30 m、宽 5～6 m、高 2.5 m。

（2）选择位置　蔬菜大棚一般建造在邻近水源、排水良好、地势高燥、背风向阳、交通方便的地方，为充分利用光照，棚向以东西方向为宜。确定大棚规格和位置后，先用皮尺量出距离，再用石灰画出大棚位置。

（3）建棚材料购置　小型蔬菜大棚一般为简易的薄膜大棚，需要准备的搭建材料主要有薄膜、钢棍、竹竿及其他常用农具。薄膜可以选择防雾膜、普通薄膜、多功能长寿膜等类型。钢棍选择的直径 2～3 cm、长 1 m 左右为宜。竹竿要选择竿壁较厚、抗折力较强的竹材。此外，还需准备皮尺、8 号铅丝、锤子等其他常用农具。

（4）开始搭建　①定位：先确定每根竹竿的位置，尤其是大棚左右两侧竹竿的位置要准确，以免误差过大导致大棚建成后扭曲变形；根据大棚的走向，埋入竹竿，每根竹竿的间距为 60 cm。②打洞：按照每根竹竿的定位，用钢棍打洞。根据土壤结构确定打洞深度，洞深一般为 50 cm 左右，若土壤较松软，可适当增加洞深。③埋竿：将竹竿插入洞中，再将左右对应的竹竿压弯，用铅丝扎牢，高度为 2.5 m。若竹竿的尖端过长，可将其锯掉。沿大棚的方向将比较直的竹竿扎牢于棚顶，大棚的中线轴上可依次栽上支撑杆。④覆膜：沿大棚两侧的竹竿脚边缘挖 2 条沟，深度为 15 cm 左右，然后在竹竿架上覆盖薄膜，薄膜边缘要埋于沟内，用土夯实即可。

11.2.3 无立柱简易蔬菜大棚搭建方法

当前，蔬菜大棚主要有两种建造形式。一种是使用较多水泥立柱支撑棚面的大棚，简称有立柱蔬菜大棚，另一种是使用钢架代替众多水泥立柱支撑棚面的大棚，简称无立柱蔬菜大棚。对比两者建造所需资材可知，无立柱蔬菜大棚的建造成本要高于有立柱蔬菜大棚，但是，因其棚内的种植区没有立柱，从而给设施蔬菜生产带来了极大的便利。因此，近几年，无立柱蔬菜大棚越来越受到菜农、育苗厂、示范园种植者的青睐。

（1）选址　与建造有立柱蔬菜大棚相比较，无立柱蔬菜大棚选址同样要求地势平坦、土层深厚、光照条件优良。区别之处在于，无立柱蔬菜大棚的南北跨度以 12 m 为宜，若过小，必然加大钢架的拱度，钢架拱度加大，反而不利于人工拉放草苫或给卷帘机上卷草苫增加难度。若超过 12 m，钢架拱度小，会产生诸多不利影响。一是大棚棚面采光受影响，太阳光照入射量少，棚温提高慢，蔬菜生长易受影响。二是钢架拱度小，遇到大雪天气，棚面积雪过多，易出险情。三是无立柱蔬菜大棚的跨度越大，对钢架的承载力要求就越大，投入的建造成本也就高。

（2）建造墙体　实践证明，无立柱蔬菜大棚对墙体的建造要求更高，这是因为其整个棚面均采用钢架支撑，一般 3～3.5 m 架设一架钢架，钢架上端通过后砌柱子与后墙相连，其总体的重量明显比有立柱蔬菜大棚的竹竿骨架重量要重。为此，实际建造过程中，墙底先用推土机压实（南北宽度要求在 6～8 m），以防地基下沉。然后，再用挖掘机上土，并且每上 70 cm 厚的松土，就用挖掘机来回滚压 2～3 次。后墙的高度以 4.5 m 为宜，最后把墙顶压实。此外，需要注意的是，使用挖掘机砌棚墙时，要有一定的倾斜度，上窄下宽，倾斜度在 6°～10° 为宜。

（3）架设钢架　为提高无立柱蔬菜大棚的抗压能力，建造时要求棚内需添加两排立柱，分别是后砌立柱（即立柱蔬菜大棚中的第一排立柱）和前排立柱。因此，在埋设立柱前，须先用挖掘机对棚底进行平整，然后再大水漫灌，以防埋好立柱时下沉。后砌立柱选用高 5.5 m 的加重立柱（下埋 50 cm），前排立柱选用 2 m 普通立柱即可。按照有立柱蔬菜大棚的立柱埋设方法，将这两排立柱安装好后，便可上钢架。其方法如下。在东西墙的中部（东西向）拉一条钢丝，并打地锚，以此作为上钢架的标准线。需要 7～8 个成年人合力将钢架拉上预定位置，而后，1 人用铁丝将钢架捆绑在标准线上以防倒伏。站在大棚后墙顶部的 1 人再将钢架的上端捆绑在后砌柱子上，注意铁丝头要向下弯，以避免扎坏后屋面上的薄膜。而站在大棚前脸处的两人，除了将钢架固定在前排立柱上外，还应纠正好钢架的上下方向，从而使钢架保持上下一致。

（4）拉棚面钢丝　与有立柱蔬菜大棚相比较，无立柱的蔬菜大棚要求棚面钢丝更密集些，以增加其抗压能力。一般情况下，大棚放风膜下的钢丝排布距离为 15 cm 左右，因为白天大棚草苫卷起后，草苫均集中在该处，所以该处钢丝间距比棚面钢丝间距（20～30 cm）要小。需要注意的是：棚面上的所有钢丝均要用铁丝固定在每一钢架上，以此来增强钢架的牢固性；棚室的最南端要多拉一条钢丝，以备方便安装托膜竹。

（5）上托膜竹　为增强棚面承载力，保护棚膜，托膜竹可选用实心竹竿，且每排上下各 1 根（竹竿粗头朝外，细头对接），棚室每间安装 5 排托膜竹为宜。托膜竹的下端可通过两根钢丝将其夹住、固定，其他的部分应一一用铁丝捆绑在棚面钢丝上。

11.2.4　简易育苗棚搭建方法

（1）简易育苗棚的特点　育苗棚是专门用于繁殖和培育各种植物种苗的温棚（室）。根据培育植物种苗的种类，分为花卉育苗棚、蔬菜育苗棚、林木育苗棚，虽然植物种类不同，对育苗棚的搭建要求有一定的差别，在棚室设计上和配套设施上也有所不同，但育苗棚也存在一些共性的特征。

育苗棚保温性能较好，对于温、湿度的调控自动化程度和调控精度要求也比较高；育苗棚透光性较好。大棚的透光性主要取决于两个因素，一是棚的角度，育苗棚多选用较大的屋面角以改善采光性能；二是覆盖材料，育苗棚多选用透光性和无滴性能好的薄膜或 PC 板材或玻璃作为覆盖材料；育苗棚配套设施一般比较齐全，如降温用湿帘、遮阳网、灌溉、加温用的暖气设备（北方冬季棚）等；育苗棚具备植物定植前所需的低温炼苗和大小苗分类管理性能。

（2）简易育苗棚的系统配置　简易育苗棚一般配有通风降温系统、内外遮阳系统、补光系统、加温系统、灌溉系统、自动化控制系统等。

（3）简易育苗棚主体材料及特点　育苗棚采用热浸镀锌钢制骨架作为建棚主体材料。热浸镀锌钢制骨架建造育苗棚，具有建造成本低、耐用、经济实惠等优势。育苗棚宽度 9 m，长度 18 m，用水泥立柱作为支撑，顶部呈弧形、上面覆盖塑料膜的棚，可用于一年四季培育种植花木、蔬菜、苗育等，也可养殖鸡鸭。不足之处是，拱棚在冬季夜间的保温性能比较差，北方地区冬季需要在棚内增设二膜或三膜，以增加夜间棚内温度。

11.3　塑料大棚建造技术

我国应用塑料大棚发展设施蔬菜最早始于 20 世纪 60 年代中期，与传统的露地栽培相比，塑料大棚能显著改善作物生长发育期间的温度、湿度等环境条件，可以更加有效控制蔬菜提早和延迟安排栽培时间，且具有明显的增产、增收效果，一经问世，发展迅猛，深受菜农欢迎，到 80 年代中后期就已经遍布全国各地的农村和大多数城镇郊区，成为我国发展设施蔬菜的主导力量。塑料大棚建造过程中，很难从设施外形尺寸上区分大高棚与简易大棚，一般将高度大于 1.8 m、长度 25～30 m、跨度为 8～12 m 的塑料棚都归类为塑料大棚。塑料大棚与日光温室和现代温室相比，具有结构简单、建造容易、造价较低、作业方便、土地利用率高等特点，因此农民容易接受。

塑料大棚优型结构的基本要求：充分合理利用土地；大棚的结构尺寸规格及其规模适当；大棚结构具有抵抗当地较大风雪荷载的强度，同时具有良好的采光性能，使大棚光照分布均匀，避免因大棚骨架材料遮光影响大棚采光；具有良好的通风排湿降温、保温等的构造及环境调控功能；有利于蔬菜作物生育发育的同时，方便人工和小型机耕作业。

11.3.1　塑料大棚的主要类型及其特点

（1）根据棚顶造型分类　根据棚顶造型可将塑料大棚划分为圆弧形、椭圆形、半圆形、拱圆形、拱圆连栋形、充气形、单坡连栋、三角连栋形等 8 种类型。目前，国内绝大部分采用拱圆形棚；而三角形和多边形棚因施工复杂，棱角多易损坏薄膜而少被采用。

（2）根据大棚骨架结构分类　根据大棚骨架结构可将塑料大棚划分为拱式结构、梁式结构、悬式结构和特殊结构塑料大棚。

拱架式塑料大棚：这类大棚是因它们具有拱式结构特点而得名。这种结构的特点是棚架在垂直荷载作用下，除了产生竖向直座反力外，还同时产生向内的水平支座反力。现有的塑料大棚又可被划分为拱架落地式和拱架与支柱连接式两种。通常为了既降低钢材用量又能加强拱架强度将拱架制成用腹杆将上弦杆和下弦杆连成一体的小桁架形式（图 11.1），在这种处理之后拱式结构就转化为梁式结构，只有竖向直座反力了。

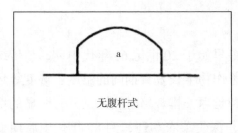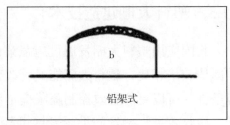

无腹杆式　　　　　　　　　铅架式

图 11.1　拱架式塑料大棚（拱柱转接式）

梁式结构塑料大棚：梁式结构骨架的特点是在竖直荷载作用下，只产生竖向支座反立。这种大棚是在拱圆形大棚的拱架上或人字形屋架上固定一个"横梁"，使结构更加稳固，增大抵抗风雪的能力。

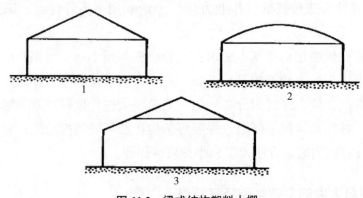

图 11.2　梁式结构塑料大棚
1. 屋脊型；2. 拱圆型；3. 大型屋脊型

桁架式大棚：桁架式大棚中的桁架不是广义的，而是指以小尺寸钢材作上下弦和腹杆构成的小尺寸桁架。其中一种是作为大棚拱杆（架）使用，另一种作为棚内纵向设置的纵梁（如图11.3中标注的"纵筋"）使用的。桁架式拱杆一般为平面形，但跨度较大时可采用横断面为三角形的拱杆（架），也可以两种搭配使用，以节省钢材。这类大棚具有稳定性强、节省钢材、棚内无立柱有利于管理和作业等优点；其缺点是建造加工费和防腐处理费较高，因而工程造价偏高。但较长的使用寿命弥补了这一缺点，所以它有较好的发展前景。

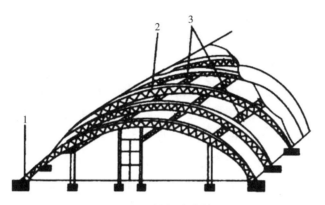

图11.3　桁架式大棚
1. 水泥基座；2. 钢桁架拱梁；3. 纵筋

（3）根据建棚使用的建材分类　根据建棚使用的建材可将塑料大棚划分为竹木结构、混合结构、水泥结构、钢结构、钢管装配结构大棚等。

普通竹木结构大棚：普通竹木结构大棚（图11.4）建造材料使用农区、林区的副产品，来源方便，价格低廉，在经济欠发达地区和边远地区应用最广。在建筑尺寸上，一般跨度12～14 m，矢高2.6～2.7 m，拱杆多用3～6 cm的竹竿。每个拱以6根立柱加以支撑，拱与拱的间距为1～1.2 m，立柱使用木杆或粗竹竿。棚的长度以50～60 m为多，棚面积600～800 m²。拱杆上方覆盖塑料膜，两拱杆之间用铁丝或专门压膜线固定在预埋的地锚上。地锚是带有铁钩（用以固定压膜线）的预制混凝土墩，规格多为30 cm×30 cm×30 cm，也可以用缠绕8号铁丝的大石块代替水泥墩。

由于这类大棚造价低廉、取材方便、制作容易，所以在设施农业发展初期的20世纪70年代推行最广，直到今天仍占有很大面积。

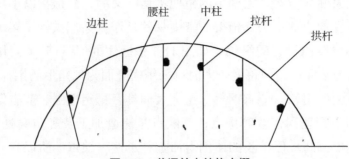

图 11.4　普通竹木结构大棚

水泥柱钢悬梁竹拱大棚：水泥柱钢悬梁竹拱大棚由竹木悬梁吊柱大棚演变而来，以耐用的水泥柱代替木柱，以小型钢桁架代替木纵梁和吊柱，从而有利于克服木材易霉腐的缺点（图 11.5）。

大棚布置方位通常是长边沿南北线布置，棚长度 40 ～ 60 m，棚宽（跨度）一般为 12 ～ 16 m，矢高 2.2 m。大棚占地总面积在 500 ～ 800 m²，总体积多在 1 000 ～ 1 260 m³。大棚的所有立柱都是由钢筋水泥预制的，柱截面尺寸为 8 cm× 10 cm，上端制成带凹槽形状，以便于对拱杆的承托和半固定。由棚一端算起，每 3 m 安设一排共 6 根立柱，也就是第 1、第 4、第 7、第 10……各拱杆下均有 6 根立柱。这 6 根柱中部两根称为"中柱"，它们处于拱架中心点两侧 1 m 处，两柱彼此相距 2 m。中柱两侧各 2.2 m 处（距中柱中心）竖立"腰柱"，腰柱两侧各 2.2 m 处是"边柱"，边柱至棚边缘为 0.6 m，这样的布局跨度为 12 m。中柱、腰柱和边柱总长依次为 2.6 m、2.2 m 和 1.8 m，埋入地下部分均为 0.4 m，因此，地面以上高度依次为 2.2 m、1.8 m 和 1.4 m。由棚头算起的第 4、第 7、第 10 等各拱杆下的 6 根水泥柱均按上述尺寸埋设。连接各水泥柱的悬梁是用钢筋焊接成的小桁架或称"花梁"。上弦杆多用 8 ～ 10 mm 钢筋，下弦用 6 ～ 8 mm 钢筋，腹杆用 6 mm 钢筋焊接而成，经防腐处理后使用。悬梁与立柱采用焊接方法相连接，悬梁焊接在预先就浇筑在水泥柱上部的扁铁上。由于悬梁上弦与柱顶之间存在 12 ～ 16 cm 的垂直距离，所以每 1 m 处要焊上一个外径为 6 mm 并被加工成顶端呈小凹卡槽的吊柱，用它们承托和固定那些没有立柱支撑用竹竿或竹片制成的拱杆。待这一切做好后，便可扣膜和紧固压膜线，完成全部工程。

由于水泥柱钢悬梁竹拱大棚结构简单，支柱较少，使用寿命较长，采光较好，棚内空间大，蓄热量较多，作业方便，造价不高，夜间保温容易，所以颇受农民欢迎。适于园艺植物的春提、秋延栽培和春季育苗。

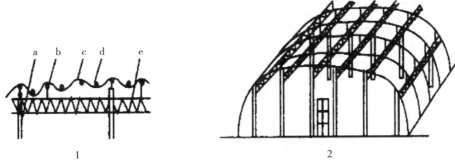

图 11.5　水泥柱钢悬梁竹拱大棚
1.中柱纵横截面图　2.结构图

（4）钢筋桁架无柱大棚　钢筋桁架无柱大棚是用钢筋焊成的拱形桁架，棚内无立柱，跨度一般在 10 ～ 12 m，棚的脊高为 2.4 ～ 2.7 m，每隔 1 ～ 1.2 m 设一拱形桁架，桁架上弦用 φ16 钢筋下弦用 φ14 钢筋、其间用 φ12 或 φ10 钢筋作腹杆（拉花）连接。上弦与下弦之间的距离在最高点的脊部为 40 cm 左右，两个拱脚处逐渐缩小为 15 cm 左右，桁架底脚最好焊接一块带孔钢板，以便与基础上的预埋螺栓相互连接。大棚横向每隔 2 m 用一根纵向拉梁或杆相连，在拉梁与桁架的连接处，应自上弦向下弦上的拉梁处焊一根小的斜支柱，以防桁架扭曲变形。这种大棚的骨架遮光面少，棚内无柱，便于作物生长发育和人工与小型机耕作业，牢固性好，可一劳永逸，但造价高，一次性投入多。其结构如图 11.6、图 11.7 所示。

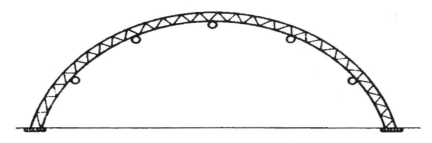

图 11.6　钢架大棚横断面示意

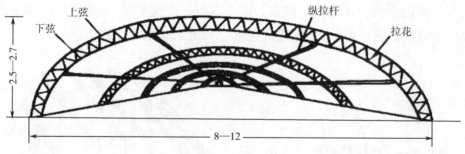

图 11.7　钢架大棚透视

11.3.2　塑料大棚设计和建造的关键技术

由于塑料大棚结构简单，所以根据前面的文字介绍和相应的图面材料，工程技术人员便可编制工程预算和绘制施工图并指导施工人员建造塑料大棚。然而若存在潜在的技术问题，还会像 20 世纪 70 年代中期和 80 年代初期那样，由于风、雪等自然力作用，造成塑料大棚结构破坏、薄膜破损、棚架倒塌，甚至出现"棚毁禾亡"的恶果。为杜绝和减少这类现象的发生，必须从设计上解决有关的理论和技术问题，从而使新设计的大棚结构更合理、整体更稳固，使用更安全和耐用。

（1）棚型与棚的稳定性　棚型是指塑料大棚横断面的几何尺寸。合理的棚型应能满足农艺、抗灾、制造与使用等多方面要求。从农艺角度看，希望能适应多种作物生长，要有良好的采光和通风条件，侧壁肩高应不影响作物生长和操作要求；形体上应能发挥最佳的保温性能；棚型对于风的阻力应尽可能小，便于雨、雪下滑，不能因棚型不合理造成增加荷载的情况。"棚型"不仅局限在对大棚形态特征的感观印象上，还存在许多具体标志和量值规定（参数）。例如对塑料大棚来说，棚型就是由矢高、跨度、棚长度彼此间相互关系，以及棚横断面上采光膜曲线特征等要素所决定。而曲线特征多用曲线函数的数学模型或利用该模型绘出的曲线形状加以反映。对塑料大棚威胁最大的自然力就是风。

当风速为 0 时，棚内外压强均相等，此时，内外压力差为 0。当棚外风速加大时，棚外靠近薄膜处空气的压强变小，而棚内压强未变，于是出现了棚内外压强差。由于棚内压强大于棚外，这样便对塑料膜产生举力而使棚膜向上鼓起。风速越大，举力就越大。有压膜线的地方鼓起较小，而压膜线之间鼓包会很大。风具有阵型，当风速大时薄膜鼓起，当风速小时，在压膜线压力下，薄膜又落回原处。就这样，随风速阵性变化，薄膜不断被上下摔打而破损，甚至挣断压膜线而被刮跑，这是塑料大棚被损坏的一个重要原因。

减轻或杜绝这两种作用力最有效的方法是设计流线型棚型。理论和实践都表明，高跨比的范围在 0.25 ～ 0.3 对大棚来说是最适宜区。低于 0.25 会导致棚内外差值过大，棚内压强对膜举力增大；高于 0.3 时，棚面过陡而使风荷载增大，两者均影响大棚的稳定性。高跨比被规定之后，棚的曲线就成为影响结构的主要因素。流线型曲线（图 11.8）较少被采用。目前，既有理论依据（指高跨比在 0.25 ～ 0.3 最适区间），又有实践基础的棚型流线调整型、三圆复合拱形和一斜二折式，其中，以前两种应用最广。

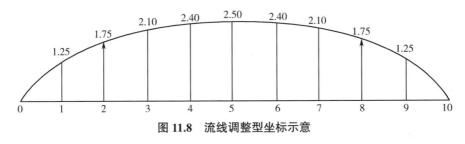

图 11.8　流线调整型坐标示意

流线调整型大棚：是在流线型基础上，经局部调整而确定的棚型。调整的方法是取与横坐标 1 m、2 m 对应的两纵坐标的平均值作 1 m 和 9 m 处纵坐标的调整值，在图 11.8 中该值是（0.9+1.6）m ／ 2=1.25 m，此时先不考虑横轴上 2、8 两点的坐标，而将其他各坐标点连成圆滑弧线，然后由 2、8 两点垂直向上绘制延伸线并得到与弧线的交点，按图 11.9 该两交点均为 1.75 m。于是得到图 11.9 所示的"调整型棚型"，与图 11.8 相比它能较显著地改善棚内作业条件。

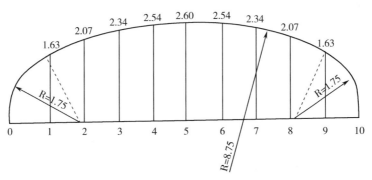

图 11.9　三圆复合拱型棚示意

三圆复合拱型大棚：该棚的棚型是由中部一个大圆弧和两侧各一个半径相等的小圆弧连接而成（图 11.10）。与流线调整型相比，它给棚两侧创造了更为宽松的作业空间。棚的高跨比为 0.26，大圆弧曲率半径为 8.75 m，两侧小圆半径均为 1.75 m。这种棚型稳定性好，造价低，空间利用率高，所用的骨架材料最好使用钢管。

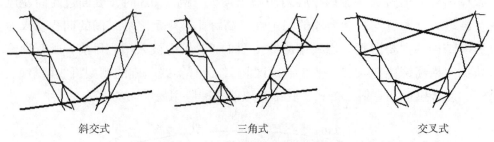

斜交式　　　　　　　　三角式　　　　　　　　交叉式

图 11.10　大棚骨架间连接常见方式

第三种破坏力是外界空气以很高速度直接涌入棚内而产生的对塑料膜的举力。毫无刚性的塑料膜，只有被披在大棚骨架上并被压膜线或铁丝压紧时才能与棚架构成一个整体，共同抵御风、雪灾害。但是在作物栽培过程中，为了调节棚内环境因子常常需要掀开或卷起塑料膜，使棚内外空气进行交换。如果塑料大棚迎风一侧薄膜被掀开或卷起一定开度，或者棚脚处薄膜未被掩埋好而出现缝隙，当大风突然到来，则空气就会以很高速度涌入棚内，这时棚内空气压强剧增，棚内壁各处都会受到很大的压力，于是就可能导致大棚局部乃至整个大棚受到破坏。

可见对塑料大棚的要求是：当需要通风时能方便地打开薄膜通风；遇见大风、强风时能及时处理使大棚实现密封并压紧薄膜。显然这种情况下，对于从大规模设施蔬菜生产的经营主体，仅靠人工手动操作是很难满足实践需要的，手动卷帘机构的发明，很好地解决了这个难题，即在大棚两侧肩高处安设这种手动卷帘机，既方便于通风，又妥善封闭；在棚裙部位安装了压膜线张紧机构，棚两端又设剪刀撑，便于随时调节压膜线张力，防止薄膜受风吹而抖动，提高大棚的抗风能力。当然，对于不具备上述装置的小型经营主体，则需加强管理，建立操作人员值班制度，密切关注天气变化，一旦大风到来，立即组织人员做上述紧急处理，以保大棚安全。

（2）妥善固定骨架中杆件，维持几何不变体系　塑料大棚属于简易保护地设施，加上多数以就地取材方式和因陋就简习惯建造，所以很少从合理结构角度研究加强其稳定性的措施。不少地区建棚甚至以麻绳捆绑作为杆件连接的固定方式，这种情况下，风、雪荷载一旦增大，整个骨架就转化为"几何可变体系"，稳定性会受到破坏。

因此，要求大棚建造者无论使用何种建材，都必须对骨架中各种杆件的连接点和节点加以妥善固定。对于钢筋结构大棚骨架间连接建议采用图 11.10 中的 3 种方式加固连接。可是有许多业已建成的大棚忽略了这一措施，例如竹木大棚木立柱与竹拱杆，采用麻绳、尼龙绳连接，甚至是用稻草绳连接，还有的只在立柱上开槽将拱杆放入槽内。这种情况下，只要有少许风荷载便会使大棚局部或整体发生几何变形，风荷载增大则会造成整体破坏。骨架连接点、节点固定是用工不多，用料不贵，技术也简单，但关系重大。只要用户强调，施工者重视，就会建成稳定性好的塑料大棚。

（3）重视防腐，延长使用寿命　竹木结构大棚，建材易发霉和腐烂，使用寿命不长，也易形成微生物滋生蔓延的环境。为延长大棚使用寿命，可对木立柱做防腐处理，埋于地下的基部可采用沥青煮浸法处理，地上部分可用刨光刷油、刷漆、裹塑料布带并热合封口等方法处理。竹材拱杆可刨光烘烤造形后刷油以延长使用寿命。竹拱、钢梁、水泥柱大棚，应对水泥柱上的预埋钢件与桁架焊接部位、钢制桁架，以及固定拱杆与水泥立柱的各种钢件均需做防腐处理。钢件防腐处理方法：可采用镀锌法；可采用喷锌或刷铝粉方法；可采用涂防锈漆后再刷调合漆的方法。

至于以钢管为主建造的大棚，最好选用镀锌钢管，然后只处理焊口部分和连接部件便可，以减少防腐处理费用。

（4）大棚朝向和开门部位　要使大棚多截获日光能，应按大棚的长边与当地真北线（子午线）相垂直加以布置，但这样布局使习惯上的朝南开门，发生困难。在我国北方地区冬季的主风多为北、西北和偏西风，如果大棚长边与真北线（非磁北线）垂直，大棚的一端正好朝东，于是可很方便地在棚端开门。若某地主风以北和东北风频度最高，则朝南开门最好，此时，可要求设计者在开门位置设计一个风斗，使大棚朝向服从多截获日光能的大局。在低中纬地区建棚，对截获光能量不刻意追求，此时大棚朝向可任意确定。为了开门、造门方便，以大棚长边与真北线平行为好。

11.3.3 塑料大棚的场地选择及规划

（1）场地选择原则 塑料大棚建造场地的选择应掌握以下6条原则：

一是应选择地形开阔、向阳、周围无高大树木及其他遮光物体的地方，以保证光照充足。

二是应选择避风处，最好北面有天然屏障，以避免大量散热。

三是应选择地势高，干燥，排水良好，水源充足且水质好的地方。

四是应选择土质肥沃疏松，无盐渍化及其他土壤污染的地方。

五是应选择无空气和水质污染及无烟尘的地方。

六是应选择距交通干线和电源较近的地方，但应尽量避免在公路两侧，以防止污染。

（2）场地规划原则 塑料大棚场地规划应根据生产规模和土地、资金等具体条件，对于大棚的建造及其必要的附属设施，例如水、电设备、道路等作出统一的安排。一般的总体规划是要在确定建棚地址后，根据地形画出纵横基线，再根据计划建棚面积、栋数设计出平面布置图。如果生产规模大，还要将育苗温室、产品临时贮存库、道路、水源、电源等附属设施一并安排落实到平面布置图中。

大棚一般是在冬前或早春扣棚，在建造大棚群时，既要避免棚与棚之间的遮光，又要便于清除残雪和产品运输。因此，南北延长的大棚，南北两排大棚之间至少应相隔 5 m 以上，中间修好道路，东西两座大棚之间，至少应相隔 2～3 m。如果需要配备育苗温室，应就近建造。

11.3.4 钢筋桁架无柱塑料大棚施工工艺流程

（1）钢筋桁架施工 先按设计的形状及尺寸在平台上做成模具，依照模具进行桁架的施工。将上弦、下弦在模具上弯成需要的形状，然后焊上中间的腹杆。

（2）放线 在预定的地段，根据大棚的跨度，用指南针指出磁子午的南北线，再根据当地的磁偏角调整为真南北线，以它为中心线，在它的两侧确定拱架支脚基础的位置。为此，可用白灰在地面上做标记。放线工作一定要做到平直准确。注意南北方向支脚基础在同一水平线上，以保证棚的稳定性。

（3）埋地锚 将长约 50 cm 的木橛或铁筋上部穿孔，自大棚的一端每隔骨架宽度距离 1 个，埋入棚外两侧距棚脚大约 30 cm 处的地下备用。

（4）挖压膜沟　在大棚四周边缘处挖 15 ～ 20 cm 深的沟，挖出的土放在外侧，以备压棚膜的边缘用。

（5）拱脚水泥基础　拱架的两个底部，即拱脚应放在混凝土结构的基础上，基础可预制成 40 cm×40 cm×50 cm 的长方形混凝土墩，里边应预埋连接拱脚的钢筋。制作混凝土墩的材料配比为水泥（400#）、砂子、河石（粒径 1 ～ 3 cm）比例为 1∶3∶（5 ～ 6），加适量水。

（6）拱架的安装与连接　将焊好的拱架用叉杆架起，放准位置与地面垂直。再焊接纵向拉梁。纵向拉梁每 2 m 左右一道。用单根钢筋作纵向拉梁，连接在双弦的平面桁架上，拉梁一般都是焊接在下弦上，但为了增加上弦的稳定性，应在上弦与纵梁之间焊上斜杆。钢筋桁架无柱大棚的棚头也应焊成弧形，以便绷紧薄膜，增强抗风能力。

（7）薄膜选择与粘接　为减少粘接薄膜的作业量，以选幅度较宽而又不致剩下过多边角料者为好。聚氯乙烯和聚乙烯薄膜都可以加热粘接。粘接工具多用可调温度的电熨斗。热合时的温度，聚乙烯为 100 ～ 110℃，聚氯乙烯不超过 130℃。粘接时下面要垫上预先制作的、宽约 3 cm、厚约 5 cm、长约 m 的光滑木条，将木条固定在板凳或桌案上，然后按棚的长度加上两个棚头的长度和卷边埋土的长度裁下薄膜。从膜的一端开始，将两块薄膜的边缘互相压叠 2 ～ 3 cm，上边盖一条牛皮纸，然后用熨斗推压移动粘接，接完一幅再接一幅，直到宽度大于拱架长 0.6 m 左右。

如果大棚跨度超过 10 m，最好将薄膜烙接成左右两大片，膜的两边缘粘成宽 2 ～ 3 cm 直径的筒状，内放一条麻绳，左右两片薄膜在棚顶正中互相搭叠 20 ～ 30 cm，压上压膜线后，可由此处扒缝放风和闭风。若嫌仅放顶风通风量不足，还可按上法在大棚两肩处再留两条放风缝。

（8）扣棚膜　棚膜一般是在定植前 20 ～ 30 d 扣好。若提早到头年秋季扣棚就更有利于在早春提高棚内土温和气温，扣棚时间宜选晴暖无风的中午。扣棚时可将粘好的薄膜先从上风头的一侧摆放好，然后向另一侧展开。蒙住全棚之后可先用土将北端的薄膜埋好，然后在棚南端由数人用光滑的竹竿或木棍卷住薄膜用力拽平，使薄膜绷紧，再埋好棚膜的周边，盖土踩实。

11.4 日光温室建造技术

近年来，随着设施农业发展，日光温室蔬菜面积不断扩大，设施蔬菜已成为农业增效主导产业，但是存在日光温室面积小、土壤利用率低、建设技术不规范、生产性能差、抗御自然灾害能力不强等问题，严重制约设施蔬菜的发展。为了扩大日光温室面积，提高机械化、现代化水平，适应设施农业现代化发展需求，总结提出 10 m 跨度日光温室建设方案，为陇东地区日光温室建设提供了技术规范。

11.4.1 日光温室构成要素

（1）建造场地　选择地形开阔，东、西、南三面无遮挡的地块；水源充足，水质优良，排灌方便，交通便利；地势平坦，土壤肥沃，富含有机质的壤土或沙壤土。避开水源、土壤、空气污染区，确保符合绿色蔬菜产地标准和食品卫生标准。

（2）温室朝向　坐北向南，东西延长，以正南或南偏西 5°～10°，土地无法调整的可接近正南方向建造，保证温室日出即可揭帘受光。

（3）温室间距　温室间的间距为温室脊高 2 倍，冬至日下午 4 点前排温室不遮挡后排温室，一般间距 10 m，东西长 60～80 m。

（4）结构组成　如图 11.11、图 11.12 所示，日光温室主要由墙体、后屋面、前屋面、缓冲房等构成。

墙体：墙体分后墙和两侧山墙。墙体宽 1 m，内墙 37 砖墙，外墙 24 砖墙，空心 51 cm，山墙靠缓冲房一侧设宽 50 cm 踏步。

后屋面：后屋面是后墙与屋脊间的斜坡，又称后坡，由彩钢板和混凝土防护层组成，屋顶设宽 60 cm 竹胶板混凝土顶板放置棉被。

前屋面：前屋面由钢拱架、透明覆盖物和保温棉被三部分构成。钢拱架由 30 mm×70 mm 椭圆大棚管及组件连接而成，支撑屋面和后坡；透明覆盖物采用 PO 聚氯乙烯三防膜，主要用于采光和保温；不透明覆盖物采用 5 层加厚棉被，用于夜间保温。

缓冲房：建在温室山墙一侧，缓冲室内外温度，储存农资、农具等。

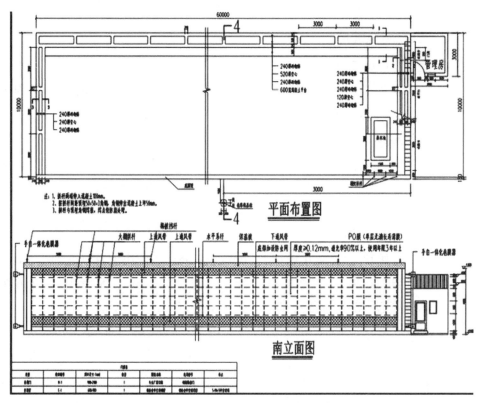

图 11.11　温室平面结构

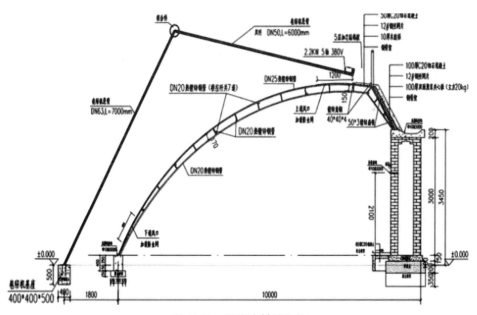

图 11.12　温室中轴线剖切

11.4.2 日光温室建造

11.4.2.1 布局及定位

（1）场地平整 确定地块，对日光温室用地进行平整，清除各种附着物、障碍物，平整土地，确保单栋温室地面水平，前后排温室高差控制在50 cm，然后根据日光温室方位定桩放线，确定日光温室位置。

（2）温室布局 根据地块大小确定日光温室群排列和布设，合理安排田间道路和排灌渠道，然后确定日光温室方位角、跨度、长度、山墙位置、缓冲房面积位置。

11.4.2.2 墙体建设

（1）地基处理 基础开挖深60 cm，宽140 cm，用原土（底层40 cm）和3.7灰土（顶层30 cm）反复碾压夯实，浇筑110 cm×15 cm的C15混凝土垫层，在温室后墙内侧浇筑60 cm×30 cm×10 cm走道。

（2）墙体建设 墙体为空心砖墙，内墙37#砖墙，外墙24#砖墙，中空部分51 cm，厚100 cm。用70#红砖砂浆满铺、满挤法砌筑，内外墙中间每3 m砌筑一道24#连接墙，下3～4道6 mm拉筋，并在高2.2 m处预埋6 mm拉筋吊环，用以固定吊蔓钢丝连接内外墙。内外墙顶部逐渐向内放大合拢，以便顶部混凝土浇筑，内墙水泥砂浆抹面找平，外墙水泥砂浆勾缝。山墙与后墙垂直搭接，高度和弧度与拱架高度和弧度一致，在山墙缓冲房一端紧靠后墙预留高1.8 m、宽60 cm的口，外侧建高25 cm、长30 cm、5 cm踏步13阶（高度与后墙齐平）。在两侧山墙与后墙连接处、3 m、6 m及前1 m处预埋12mmPE管，高度与后墙吊环齐平，方便固定吊蔓钢丝，在山墙顶部中心位置安装"T"形横拉杆预埋件，安装压膜卡槽，水泥砂浆抹面。

11.4.2.3 拱架制作及安装

（1）钢拱架制作 拱架采用30 mm×70 mm椭圆大棚管或双弦梁拱圆形拱架，椭圆大棚管由大棚管加工企业加工，双弦梁拱架采用弯管机制拱焊接而成上弦采用DN25镀锌大棚管外径3 mm管壁厚度2.8 mm，下弦为DN20镀锌大棚管，外径26.9 mm，管壁厚度2.2 mm，上下弦间距为15～20 cm，用连接件连接或DN20镀锌钢管焊接，连接件间距1～1.2 m，拱型和弧度如图11.13所示。

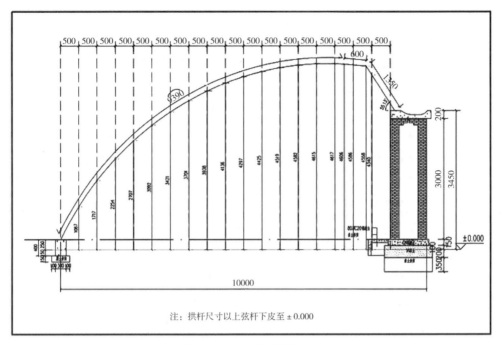

注：拱杆尺寸以上弦杆下皮至 ±0.000

图11.13 钢骨架曲面控制

（2）钢拱架防腐处理 首先，将焊接好的钢拱架表面用钢刷处理干净，不得有锈迹斑点；然后，刷两道防锈漆，第一道漆干燥后刷第二道。运输和安装过程中尽量避免磕碰、污染，保证漆面不受损伤。

（3）拱架安装 拱架顶部固定在砖墙顶端的混凝土顶板上，底部固定在前屋面底角的砼梁上，间距1～1.2 m安装横拉杆5道。安装前先在前屋面底角开深40 cm×30 cm的砼槽，整平夯实，在两山墙内侧1～1.2 m处分别安装第一拱架，拱架安装在后墙内侧15～20 cm处，插入前角砼梁10 cm，两端分别用钢管固定，钢管斜撑支撑，并在温室中间安装2道拱架，调整水平。在温室后坡、顶部、腰部、前角分别挂线，然后从一侧依次安装，用横拉杆弹簧卡或连接件连接，横拉杆调平调直，均匀布设于温室前底角1 m、前腰和后腰位置，横拉杆与山墙预埋件连接，钢拱架安装完成后进行再次调平，保持屋面水平拱形一致，然后进行混凝土顶板和砼梁浇筑。

（4）混凝土浇砼 拱架安装调平后，进行顶板和底圈梁浇砼，固定钢拱架。在后墙顶部用C20混凝土浇筑两边高20 cm、中间15 cm槽形顶板，宽度110 cm，向后外凸10 cm，以利背墙防水，预埋DN50PVC落水管；在前屋面底角浇筑 40 cm×30 cm 的 C20 混凝土砼梁，高度同墙体混凝土垫层，并在顶板中间位置和底圈梁拱架外侧分别预埋地锚（6 mm 钢筋），用于固定压膜线和保温棉被，在底圈梁紧靠钢拱架位置安装压膜槽。

11.4.2.4 后屋面处理

后屋面由钢拱架、彩钢板和混凝土防护层组成。在钢拱架紧靠顶板及后坡中部焊接两道 30 mm×3 mm 热镀锌扁铁，屋脊顶部及前屋面 60 cm 处焊接两道 L50 mm×50 mm×3 mm 热镀锌角铁，固定彩钢板支撑后坡。顶部安装 60 cm 竹胶板，后坡安装 10 cm 插缝式夹芯彩钢板（用 120 mm 钻尾丝固定），彩钢板插缝要紧密，内角用混凝土抹实，以防漏风，然后浇筑 C20 混凝土 5 cm，下好钢丝网片，用混凝土砂浆抹平，做好防水处理。

11.4.2.5 通风口设置与卡槽安装

（1）通风口设置 在顶部屋脊处设置上通风口，上通风口宽 1～1.2 m，在前屋面底角设置下通风口，下通风口宽 80 cm。通风口覆盖 60 目防虫网，采用扒缝式通风，也可安装自动卷膜器，下缘用卡箍固定于卷轴上，摇动卷膜器通风。上通风口用于日常通风降温、排湿，下通风口主要用于夏秋高温季节通风降温。

（2）卡槽安装 在屋脊顶部，通风口下缘，屋面底角 20～30 cm、80 cm 处拱架上用 6 mm 钻尾丝安装压膜槽，在前角底圈梁、山墙中部预埋件上安装压膜槽，并嵌入混凝土中，防止漏风。卡槽采用热镀锌固膜卡槽，宽 28～30 mm、厚 0.7 mm、长 4～6 m。卡簧采用浸塑或包塑卡簧，浸塑厚度 0.3 mm。

11.4.2.6 覆盖棚膜

选用厚 0.12 mm 聚氯乙烯 PO 三防膜，采用三膜覆盖法，上膜（风口膜）宽 1.2～1.5 m，大膜宽 10 m，裙膜 50 cm。覆膜选无风的晴天中午进行，正面向外，先覆裙膜，后覆大膜，再覆风口膜。将大膜铺在钢拱架上，两侧长度一致，拉展绷紧，依次固定于山墙上下通风口卡槽内。下缘用卡箍固定于卷轴上，上风口膜上缘固定于屋脊顶部卡槽内，下缘用卡箍固定于卷轴上。覆膜时上膜压下膜叠压搭接，上下叠压 20 cm，裙膜固定于上下及山墙卡槽内，棚膜覆盖好后每隔 3 m 压一道压膜线，以防大风将膜吹起。

11.4.2.7 建造蓄水池

蓄水池建在温室缓冲房一侧，距前角 1 m、山墙 50 cm，长 2 m、宽

1.5 m、深 2 m，蓄水量 5 ～ 6 m³。蓄水池半地下式，地下 1.2 m，地基夯实浇筑 20 cm C20 混凝土防渗层，池壁地下砌筑 12# 砖墙，地上砌筑 24# 砖墙，并用土回填夯实，水泥砂浆抹面，防渗胶处理。

11.4.2.8　缓冲房建设

缓冲房建在温室靠路一边的山墙外，长 2.5 m、宽 3 m、高 4. m，24# 砖墙，10 cm 夹芯彩钢屋顶，钢门钢窗，门朝南安装在温室紧靠山墙一边，防止寒风直接吹入，进入冬季在进棚门挂棉门帘保温。

11.4.2.9　防寒沟设置

在温室前角砼梁外 20 cm 处，挖深 50 cm、宽 40 cm 东西走向防寒沟，沟内填农作物秸秆、炉渣或珍珠岩等隔热材料，覆盖棚膜，覆土压实，北高南低，以免雨水流入沟内。也可挖深 50 cm、宽 20 cm 的防寒沟，填充 20 cm EPS 苯板。

11.4.2.10　卷帘机安装

自动卷帘系统由卷帘机、撑杆、立杆、卷轴、电动机、倒顺开关、棉被、卷绳等组成。卷帘机选用 YS-5-50 撑杆式小五轴卷帘机，电动机 380V、2.2KW，撑杆、立杆、卷轴用 DN50 热镀锌钢管焊接而成，棉被采用五层加厚棉被（两层拉力毯、两层黑心棉、一层珍珠棉，外加防雨布），长 13 m，宽 2 m，符合《日光温室保温被质量评价》（DB 65/T3640—2014）标准。先将棉被均匀覆盖在温室屋面上，压缝搭接深度 10 cm，压好粘扣，后坡棉被用铁丝固定在地锚上，前角系在卷轴上，安装卷帘机、撑杆、立杆，调试至卷轴水平。

11.4.3　温室性能

（1）屋面角与采光性能　前屋面角底角 60°，腰角 30°，顶角 22°，后屋面仰角 55°，水平投影 1.2 ～ 1.4 m。能够最大限度地利用太阳光能，提高光能利用率，透光率一般在 80% 以上，后坡及墙体无光照死角，具有良好的采光性能。

（2）墙体、后屋面与保温性能　墙体厚 100 cm，空心砖墙，后屋面采用彩钢板混凝土防护层，能够在密闭条件下最大限度地减少温室散热，具有良好的保温和蓄热能力。在最寒冷季节，晴天室内外温度相差 25℃ 以上，连续阴天不超过 5 d 时，室内外温差不小于 15℃。

（3）跨度　一般 10 m 为宜，跨度过大抗风雪能力降低，雪荷载 ≥ 0.2 kN/m²，风荷载 ≥ 0.25 kN/m²，屋面集中活荷载 ≥ 0.8kN/m²，作物荷载 ≥ 0.15kN/m²；跨度过小，种植面积和空间减少，不利于蓄热保温和机械化作业。温室的结构强度能抵挡较大风雪荷载，既稳固耐用又避免骨架材料大面积遮光，符合《温室结构设计荷载》（GB/T 18622—2002）规定要求。

（4）高度与性能　脊高 4.8 m，高跨比 1∶（2～2.5），前底角 60 cm 处，高度 1.2 m 以上。温室结构具备通风、排湿、降温等环境调控功能，便于环境调控，有利于作物生长。

（5）长度与适用性　长度一般以 60～80 m 为宜，不得少于 40 m，最长不超过 80 m，种植面积 1 亩。作业空间大，适宜于果树、蔬菜立体栽培和无土种植，有利于机械化作业。

总之，温室长、宽、脊高、前后坡、屋面坡等结构合理，采光、保温覆盖及建筑材料质量要达到国家标准要求，同时应遵循因地制宜、就地取材、注重实效、降低成本的原则。

附录 I　阳新湖蒿脱毒苗生产操作技术规程
（内控标准）

1 范围

本技术规程规定了阳新湖蒿脱毒苗的术语和定义、脱毒苗生产技术的具体操作程序，以及并对其生产、试验设备、设施提出了具体要求。

阳新湖蒿的主要病害为根腐病、霜霉病、菌核病、灰霉病、白粉病、病毒病，本标准适用于通过植物组织培养技术培育的不携带上述病原微生物的阳新湖蒿脱毒瓶苗和脱毒种苗。

2 规范性引用文件

GB 4285—1989 农药安全使用标准

GB/T 8321—2002（所有部分）农药合理使用准则

DB33/T 752—2009 植物种苗组培快繁技术规程

DB42/T 300—2004 绿色食品　藜蒿生产技术规程

3 术语和定义

下列术语和定义适用于本标准。

3.1 阳新湖蒿

湖北省黄石市特产，中国国家地理标志产品。阳新湖蒿农产品地理标志地域保护范围包括黄石市阳新县所辖行政区域内，西至王英镇，东至富池镇长江江滩，北至大冶湖入长江口，南至洋港镇田畈村，覆盖阳新县境内22个镇、区的湖蒿种植区域。地理坐标为：东经114°43′～115°30′，北纬29°30′～30°09′，东北横距76.5 km，南北纵距71.5 km，海拔8.7～85 m。

3.2 茎尖脱毒

利用植物茎尖靠近生长点，携带病毒的概率小的特点，通过剥离茎尖经消毒杀菌后进行植物组织培养获得脱毒苗的方法。

3.3 阳新湖蒿脱毒苗

经植物组织培养脱毒方法获得的不携带病毒组织培养种苗。

3.4 脱毒组培瓶苗

通过植物脱毒方法获得的不携带本病毒的组织培养瓶苗。

3.5 原代脱毒苗

通过取野外生长的阳新湖蒿茎尖，经离体培养后分裂生长的无菌组培苗。

3.6 二代脱毒苗

取一代脱毒苗茎尖，经离体培养后分裂生长的无菌组培苗。

3.7 脱毒原种苗

无菌组培苗经生根培养后，炼苗移栽到不含阳新湖蒿病源、虫源的营养钵或穴盘内，生长存活的植株。

3.8 脱毒种苗

脱毒原种苗移栽到不含阳新湖蒿病源、虫源的种苗苗圃内，生长繁殖的植株。

3.9 脱毒生产苗

脱毒种苗定植于不含阳新湖蒿病源、虫源的大田，经分苗扩繁后生长的植株。

3.10 培养基

在植物组织培养过程中，由人工配制的、提供培养材料生长所必需的营养元素和某些生理活性物质的基质。

3.11 免灭菌培养基

在常规配制植物组织培养基的基础上，通过添加具有天然抑菌成分的物质，不须经过高温灭菌即可进行植物组织培养的基质。

3.12 继代培养

是指培养过程中将培养材料周期性地分株、分割、剪截等转接于新鲜培养基上进行增殖的过程。

4 生产设备

4.1 组培工厂

组培工厂必须选择环境干净、无污染的地方并保证其生产过程中不对周围环境造成污染，各部分的配置要合理，做到工作方便、使用安全、节省能源。房屋设计包括准备室、接种室、培养室、洗涤室、实验室、贮存室、温室，以及办公室、更衣室等。

4.2 洗涤设备

选用自动或半自动洗瓶机，另外配置洗涤室，包括水槽、塑料盆、塑料桶、塑料箱等，以及干燥箱、晾瓶架等。

4.3 接种设备及工具

超净工作台、镊子、剪刀、解剖刀、接种针、钢丝架、酒精灯等。

4.4 培养设备及耗材

包括植物组织培养专用培养瓶、培养架、振荡和旋转培养机、空调、光照培养箱等。

4.5 其他设备及耗材

冰箱、蒸馏水发生器、电子天平、酸度计、温湿度表、照度计、烧杯、试剂瓶、量筒、容量瓶、微量移液器以及其他常用耗材等。

4.6 细胞学观察设备

体视显微镜、解剖镜、高倍显微镜。

5 化学试剂

5.1 洗涤剂

洗衣粉、洗洁精、去污粉等。

5.2 杀菌剂

酒精、氯化汞、次氯酸钠、高锰酸钾、甲醛、过氧乙酸、来苏水、抗菌素等。

5.3 培养基成分

常用 MS 培养基大量元素、微量元素所规定的无机盐类和有机物类，苦瓜，蔗糖，琼脂粉。

5.4 植物生长调节剂

细胞分裂素 6- 苄氨基嘌呤（6-BA），细胞生长素吲哚乙酸（IAA）。

6 培养环境及条件控制

6.1 培养环境消毒杀菌

6.1.1 洗涤室消毒杀菌

每天用来苏水、过氧乙酸等喷洒地面，保持室内清洁。

6.1.2 接种室消毒杀菌

每周用高锰酸钾及甲醛混合溶液熏蒸，接种前用紫外灯照射 30 min。

6.1.3 培养室消毒杀菌

每周用高锰酸钾及甲醛混合溶液熏蒸，或用广谱性杀菌烟雾剂熏蒸。

6.1.4 超净工作台的消毒灭菌

接种前用紫外灯照射 20 ～ 30 min，并用 70% 酒精擦拭台面；定期清洗超净工作台过滤膜。

6.1.5 接种器具消毒杀菌

接种过程中采用小型灭菌器和酒精灯灼烧消毒。

6.1.6 培养瓶消毒灭菌

培养瓶盛装培养基前用高压灭菌锅灭菌，再烘干。

6.2 培养条件

6.2.1 温度与湿度

培养室温度控制在 25℃ ±2℃，相对湿度 70%～ 80%。

6.2.2 光照强度

培养室光照强度控制在 3000 ～ 3500lx，光照时间 12 ～ 16 h，苗圃生产时自然光照。

7 生产工艺流程

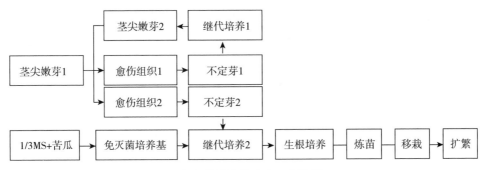

阳新湖蒿脱毒苗生产工艺流程

8 生产操作

8.1 培养基配制

8.1.1 母液的配制与保存

MS 母液配制及保存参照 DB33/T 752—2009 标准执行。

配制混合母液，其中，大量元素母液配制 20 倍，微量元素、铁盐及有机成分母液配制 200 倍，植物生长剂配制母液浓度 0.1 g/L。具体配制方法见附录 A、附录 B。母液配制好后，4℃的冰箱中保存。

8.1.2 培养基配制

初代培养基：MS+6-BA 0.5 mg/L+2,4-D 0.2 mg/L+ 蔗糖 25 g/L + 琼脂 6.5 g/L+ 苦瓜 200 g/L（pH 值 5.8 ～ 6.0），121℃灭菌 20 min；

愈伤组织诱导培养基：MS+6-BA 1.0 mg/L+NAA 0.5 mg/L+ 蔗糖 25 g/L + 琼脂 7 g/L+ 苦瓜 200 g/L（pH 值 5.8 ～ 6.0），121℃灭菌 20 min；

不定芽分化培养基：MS+6-BA 0.1 mg/L+NAA 0.1 mg/L+ 蔗糖 25 g/L + 琼脂 7 g/L+ 苦瓜 200 g/L（pH 值 5.8 ～ 6.0），121℃灭菌 20 min；

不定芽伸长培养基：1/3 MS+6-BA 0.02 mg/L+NAA 0.02 mg/L+ 蔗糖 25 g/L + 琼脂 7 g/L+ 苦瓜 150 g/L（pH 值 5.8 ～ 6.0），免灭菌；

生根培养基：1/3 MS+NAA 0.05 mg/L+ 蔗糖 25 g/L + 琼脂 7 g/L+ 苦瓜 150 g/L（pH 值 5.8 ～ 6.0），免灭菌。

8.2 脱毒瓶苗生产

8.2.1 外植体选择及消毒

每年 3 月选择阳新县兴国镇宝塔村湖蒿种植基地阳新湖蒿优株,将其栽植在室内花盆中,待植株成活发出新芽后,取嫩芽顶端为外植体,经无菌水中冲洗 3 ~ 5 次,0.1% 升汞处理 1 ~ 2 min,再用无菌水冲洗 3 ~ 5 次,置于无菌滤纸吸干水分,备用。

8.2.2 原代脱毒苗繁育

取嫩芽顶端置于显微镜下剥取 0.2 ~ 0.5 mm 的茎尖分生组织,接种于初代培养基中,待茎尖分生组织诱导出无菌愈伤组织后,接种于愈伤组织培养基,再将其接种于不定芽分化培养基,获得原代脱毒苗。

8.2.3 二代脱毒苗繁育

待原代脱毒苗培养至 2 ~ 3 cm 时,取其嫩芽顶端 0.1 ~ 0.3 mm 茎尖分生组织,再次进行愈伤组织诱导、不定芽分化,获得二代脱毒苗。

8.2.4 脱毒生根苗繁育

将二代脱毒苗接种于不定芽伸长培养基进行增殖培养,待不定芽长度为 3 ~ 5 cm 后进行继代,每 15 ~ 20 d 继代 1 次,继代培养后的脱毒无根苗接种于生根培养基,获脱毒生根瓶苗。

8.3 脱毒原种苗、脱毒种苗和脱毒生产用苗生产

8.3.1 脱毒原种苗生产

打开脱毒瓶苗的瓶盖,放置温室自然散射光下,温度控制在 25℃ ±2℃,闭口炼苗 7 d 左右,去掉瓶盖再炼苗 3 ~ 5 d,洗净琼脂,种植于含消毒基质的营养钵或穴盘中,第一周遮阴培养,保持湿度 75% ~ 90%,并使用防虫网隔离,以防再度感染病毒。

8.3.2 脱毒种苗繁育

8.3.2.1 苗床准备及定植

阳新湖蒿忌连作,选择休闲空地作专用种苗繁育苗圃。苗床每 667 m² (亩)施用腐熟厩肥 3 000 kg、过磷酸钙 40 kg 和硫酸钾 10 kg。采用深沟高畦,畦面宽 150 ~ 200 cm,畦沟宽 40 cm,畦高 20 ~ 25 cm。种苗定植期以 3—4 月为宜,定植密度宜为行距 30 cm,穴距 20 cm,每穴 1 株。建议使用防虫网隔离,提倡消毒基质,以防再度感染病毒。

8.3.2.2 栽培管理与病虫害防治

按照 DB 42/T 300—2004 规定执行。

8.3.3 脱毒生产苗扩繁

8.3.3.1 大田准备及扦插

阳新湖蒿忌连作，选择水稻田或者空闲2～3年地作脱毒生产苗繁育大田。

大田准备与扦插按照《绿色食品 藜蒿生产技术规程》DB 42/T 300—2004 规定执行。

8.3.3.2 栽培管理与病虫害防治

按照 GB 4285、GB/T 8321—2008、《绿色食品 藜蒿生产技术规程》（DB42/T 300—2004）的规定执行。

9 分类与质量要求

9.1 脱毒苗按繁育过程分为脱毒瓶苗、脱毒原种苗、脱毒种苗和脱毒生产苗四类

9.2 脱毒瓶苗按质量要求分为优质苗和合格苗

9.3 脱毒组培瓶苗和脱毒苗质量等级要求见附录 C

附表 A

表 A1　MS 培养基大量元素配制　　　　　　（单位：g/L）

试剂	配母液用量	取用量	纯度
NH_4NO_3	33.000		AR
KNO_3	38.000		AR
$CaCl_2 \cdot 2H_2O$	8.800	50 mL/L	AR
$MgSO_4 \cdot 7H_2O$	7.400		AR
KH_2PO_4	3.400		AR

表 A2　MS 培养基微量元素配制　　　　　　　（单位：g/L）

试剂	配母液用量	取用量	纯度
KI	0.166		AR
H_3BO_3	1.240		AR
$MnSO_4 \cdot 4H_2O$	4.460		AR
$ZnSO_4 \cdot 7H_2O$	1.720	5 mL/L	AR
$Na_2MoO_4 \cdot 2H_2O$	0.050		AR
$CuSO_4 \cdot 5H_2O$	0.005		AR
$CoCl_2 \cdot 6H_2O$	0.005		AR

表 A3　MS 培养基铁盐配制　　　　　　　　　（单位：g/L）

试剂	配母液用量	取用量	纯度
$FeSO_4 \cdot 7H_2O$	5.560		AR
$Na_2-EDTA \cdot 2H_2O$	7.460	5 mL/L	AR

表 A4　MS 培养基有机物质配制　　　　　　　（单位：g/L）

试剂	配母液用量	取用量	纯度
肌醇	20.000		BR
烟酸	0.100		BR
盐酸吡哆醇	0.100	5mL/L	BR
盐酸硫胺素	0.020		BR
甘氨酸	0.400		BR

附表 B

表 B1　植物生长调节剂　　　　　　　　　　　（单位：mg/L）

类别	种类	配制方法	常用浓度（mg/L）	功能
细胞分裂素	6-BA	先用少量 1.0 mol/L 的盐酸溶解，再加蒸馏水定容	0.02 ～ 1.0	促进细胞分裂，诱导芽的分化，促进侧芽萌发生长，抑制顶端优势；常与生长素配合使用，用以调节细胞分裂、细胞伸长、细胞分化和器官形成
生长素	NAA	先用少量 1.0 mol/L NaOH 溶解，再加蒸馏水定容	0.05 ～ 0.5	促进细胞生长和伸长，促进生根
	2,4-D		0.1 ～ 0.2	诱导愈伤组织和胚状体的产生

附表 C

表 C1　脱毒组培瓶苗质量要求

项目	指标	
	合格苗	优质苗
株高	≥ 5cm	≥ 8cm
茎粗	≥ 0.1mm	≥ 0.2mm
根条数	≥ 8 条	≥ 5 条
根长	≥ 5mm	≥ 3mm
病毒检测结果	不携带病毒	不携带病毒
外观	生长健壮、无污染、无病斑、无烂叶、无烂茎、无烂根	

表 C2　脱毒种苗质量要求

项目	指标		
	脱毒原种苗	脱毒种苗	脱毒生产苗
脱毒率	100%	≥ 95%	≥ 90%
外观	种苗生长健壮、叶片伸展、根茎粗壮、根系发达、无外源病害		

附录Ⅱ 绿色食品阳新湖蒿（春潮湖蒿）
生产技术操作规程（内控标准）

1 适用范围

本规范规定了湖蒿的定义、产地条件、栽培方法、采收、加工、包装、标志、贮存和运输的技术要求。

2 标准引用

　　GB 3095—2012　　环境空气质量标准

　　GB 5084—2021　　农田灌溉水质标准

　　GB 4285—1989　　农药安全使用标准

　　GB 8079—1987　　蔬菜种子

　　GB 15618—2018　　土壤环境质量标准

　　GB 7718—2011　　食品标签通用标准

3 定义

春潮湖蒿是指用本地湖蒿品种在阳新县宝塔湖区域种植生产、加工的青绿湖蒿。其茎粗壮、脆嫩，清香可口。

4 生产技术要求

4.1 产地要求

4.1.1 产地应无废气、废水和废渣等污染源。要求田块排灌方便，土层适中，且土壤肥力高、pH 值呈中性。

4.1.2 产地大气环境应符合 GB 3095 要求。

4.1.3 产地灌溉水质应符合 GB 5084 要求。

4.1.4 产地土壤条件应符合 GB 15618 要求。

4.2 种植时间

选择与当地的温度、光照、水分、湿度等气候条件相适应的种植方式，当年 7 月至翌年 2 月为种植期，可以轮着种豆类、油料、粮食等农作物。

4.3 品种

湖蒿俗称蒌蒿，原为野生植物，经过人工移植栽培为湖蒿。种苗纯度不低于 98%，净度不低于 96%，发芽率不低于 90%，含水量不高于 8%。

4.4 种苗处理

4.4.1 选苗

在种植前 1 ～ 2 个月内选苗，去除劣质种苗，选择优质种苗。

4.4.2 制作苗种

将种苗切成长 120 ～ 150 mm，存放在阴凉通风处，并防雨、防晒、温度一般在 30 ℃以下即可。存放时间不得超过 45 d。

4.5 育苗

4.5.1 育苗时间 15~30 d。

4.5.2 抽苗时间，根据早、中、晚熟品种安排。

早熟品种 5—6 月抽苗，中熟品种 7—8 月抽苗，晚熟品种 8—9 月抽苗。

4.5.3 每亩用苗量：早熟品种 10 万株、中熟品种 1 万 ～ 5 万株，晚熟品种 1 万株。

4.5.4 苗床准备

苗床要求宽 6 m，沟深 0.2 m，长度根据自然地形而定，一般为 80~100 m。苗床床土要细碎，畦面要平整，并用优质复合肥作底肥，底肥用量每亩 100 kg。

4.5.5 插苗方法

插苗前两天苗床浇足底水，插苗前刮平畦面，按行距、株距插苗：早熟品种株距、行距为 66 mm×100 mm；中晚熟品种株距、行距为 200 mm×240 mm。

4.5.6 苗床管理

4.5.6.1 温度控制在 6 ～ 35℃。

4.5.6.2 水肥管理　宁湿勿干，视气候和苗情长势情况而定。如色不深绿，叶片下垂，即施水肥。正常情况下 20 d 施追肥 1 次。

4.6 定植

定植是指在育苗后，成苗定植。

4.6.1 整地作畦　选择排灌方便，土壤肥沃的地块，每亩施农家肥 1000 kg 或复合肥 100 kg。

4.6.2 适时定植

早熟品种 5 月底定植，中熟品种 7 月底定植，晚熟品种 8 月底定植，每亩定植 10 万株左右，浇足水分，保持土壤湿度。

4.7 田间管理

4.7.1 追肥

当幼苗长至 150 ～ 300 mm，每亩施用 "六国二氨" 复合肥 15 ～ 20 kg；当长至 200 ～ 350 mm，每亩施用尿素 20 ～ 30 kg；当长至 800 mm ～ 1 m（9月），施 "撒可富" 复合肥 100 kg。

4.7.2 排水灌溉

晴天 7 ～ 10 d 喷水一次，雨水过多及时排涝，不得积水。

4.7.3 植株调整

9 月割除老苗，拔除劣苗和杂草，选留壮苗。

4.7.4 大棚管理

根据早、中、晚熟品种生长发育时期不同，适时大棚管理。晚熟品种在白露季节过后大棚适时覆盖薄膜保温，使棚内温度控制在 26℃左右。

4.8 病害防治

主要病害有植物霉病，用 50% 的多菌灵可湿性粉剂每亩 100 g 兑水 50 kg 喷雾防治，幼苗期开始 5 ～ 10 d 喷雾一次，连喷 2 ～ 3 次效果最佳。

5 采收要求

以苗青，茎粗壮、色白、光滑、脆嫩为标准，茎长度视其肥水、长势而定。

6 加工要求

采收后立即去杂、去叶、清洗、去根部老茎。

7 包装、标志、贮存、运输

7.1 包装

统一用专用塑料袋包装成小袋包装，再以每箱 20 小袋采用符合食品卫生要求的瓦楞纸箱包装。

7.2 标志

包装标志应符合《食品安全国家标准 预包装食品标签通则》(GB 7718—2011) 标准的规定。

7.3 贮存

在阴凉处贮存, 保质期为 10 ~ 15 d。

7.4 运输

运输中应避免外来压力挤压造成产品损伤并隔绝污染源。

附录Ⅲ 绿色食品阳新湖蒿大棚种植技术规范
（内控标准）

1 范围

本规范规定了 A 级绿色食品阳新湖蒿（*Artemisia slengensis* Turcz. 亦名蒌蒿）的产地环境条件、品种选择、整地作畦、扦插繁殖、田间管理、病虫害防治、采收、留种。本标准适用于黄石地区蔬菜基地绿色食品阳新蒿的栽培生产。

2 规范性引用文件

NY/T 391—2000 绿色食品 产地环境技术条件

NY/T 393—2000 绿色食品 农药使用准则

NY/T 394—2000 绿色食品 肥料使用准则

NY/T 743—2002 绿色食品 绿叶蔬菜

NY/T 658—2002 绿色食品 包装通用标准

3 产地环境条件

符合 NY/T 391—2013《绿色食品产地环境条件》

4 选准栽培种

选择高产、抗病、香味较浓、茎秆粗壮、商品性状好的品种。推荐品种 2 个，即阳新湖蒿一号和阳新湖蒿二号。阳新湖蒿一号：早熟、叶柳叶型、嫩茎浅绿色、扦插繁殖的插条上长出的嫩茎因纤维含量少，可直接采收上市；适宜大棚早中熟高产栽培。阳新湖蒿二号：生长势强，中熟，叶为柳叶型或羽状分裂，嫩茎绿色或中上部浅紫红色。

5 整地作畦

选择地势平坦、水源充足、排灌方便、土质疏松、土壤肥沃的砂壤耕地作湖蒿的栽培地。先将耕地深翻晒垄，每亩施入腐熟猪牛粪 3000 kg 或腐熟菜饼 150 kg 或进口三元复合肥 70 kg；如果是多年种植湖蒿的栽培地，每亩还要施入生石灰 100 ～ 150 kg，以中和土壤酸度；然后精耕细耙，平整作畦，畦宽 1.5 ～ 2 m，畦高 30 cm，畦长 10 ～ 20 m。

6 扦插繁殖

阳新湖蒿的繁殖方式有种子繁殖、分株繁殖、茎秆压条繁殖、地下茎繁殖和扦插繁殖 5 种，生产上以扦插繁殖幼苗萌发最快、苗期最短、植株发棵最快、最节省人工，且简单易行。多年来，黄石一直采用扦插繁殖，6 月下旬至 8 月下旬根据耕地退茬情况陆续扦插，直接采收从扦条上长出嫩茎的阳新湖蒿一号一般在 8 月中下旬扦插。先割取生长健壮的留种藜蒿茎秆，去掉叶片和顶端嫩梢，将茎秆截成 20 cm 长的小段，即插条；将插条放入 50% 多菌灵 500 倍液和 25% 杀虫双 300 倍液、生根粉 200 倍液中浸泡 15 ～ 20 min 灭菌灭虫、并促进插条生根；浸泡后捞出插条，按上下顺序、下部理整齐、100 ～ 300 根一捆的大小捆好，置于阴凉潮湿的砂土上催根催芽，约 10 天左右即可用小挖锄配合，将插条按顺上下方向斜插入土中三分之二，地上只露出三分之一，插条与地面夹角为 35° ～ 40°，每穴插 2 根，插后踏紧土壤，浇足水。阳新湖蒿一号的株行距均为 10 cm，每亩约插 9.2 万根；阳新湖蒿二号的株行距均为 15 cm，每亩约插 4.1 万根。

7 田间管理

7.1 灌水

湖蒿适合在湿润的土壤中生长。在扦插后的 1 个多月，由于气温高，蒸发量大，要经常灌水保湿；9 月以后则根据土壤墒情适时灌水；采收季节每收割一次要灌一次透水，以促进地上嫩茎快速萌发。但整个生长期不要渍水。

7.2 除草

湖蒿扦插后 13 ～ 15 d，可用盖草能、精稳杀得等除草剂喷雾除草一次，以后的杂草则要人工及时清除。

7.3 根部追肥

湖蒿是需肥量特别大的作物。当插条上的嫩芽生长至 3 ～ 5 cm 长时，结合浇水，每亩施用 10 kg 尿素提苗；10 月上旬每亩追施进口三元复合肥 50 kg；在割除老茎秆后，每亩及时追施进口三元复合肥 50 ～ 70 kg；

7.4 打顶摘心

10月中下旬，湖蒿的大部分植株开始抽薹开花；为有利于地下茎积累养分，一旦有花苔出现要及时摘除，以提高湖蒿产量。

7.5 割除老茎秆

阳新湖蒿一号在11月上旬至12月上旬，根据植株长势、地下茎养分积累情况和市场需要分期平地面割除老茎秆，并及时清除田间枯叶、残叶和杂草，以便湖蒿蔸长出地上嫩茎供食。

7.6 盖棚

11月上旬搭建好或配套完善好大棚骨架，11月中旬至12月上旬根据气温下降情况及时用塑料薄膜盖好大棚，用地膜对棚内的湖蒿进行浮面覆盖，当气温低于10℃时，可在大棚内加盖拱棚保温，并注意及时通风换气，将棚内温度控制在30℃以下，以促进湖蒿健康生长。

7.7 叶面追肥

供食的地上嫩茎生长至10～15 cm长时，用微量元素水溶肥肥料"藜蒿一喷粗"（粉剂）50 g或微量元素水溶肥肥料"藜蒿增粗王"（高密生物水解乳油）100 mL，加大量元素水溶性肥料"藜蒿嫩又粗"（高密生物水解乳油）100 mL或大量元素水溶性肥料"藜蒿粗又壮"（高密生物水解乳油）100 mL兑水10 kg喷雾器（15 L）稀释，进行叶面喷雾，每亩喷两喷雾器。在苗期、生长期、收获前期叶面喷施3～5次，每次间隔10～15 d，以促优质高产，并延长保质期3～5 d。

8 病虫害防治

湖蒿主要病虫害有霜霉病、菌核病、白粉病、蚜虫、斜纹夜蛾、甜菜夜蛾、蛴螬（金龟甲）等。病虫害防治贯彻"预防为主，综合防治"的植保方针，优先采用农业防治、物理防治、生物防治方法，配合科学合理使用化学防治。

虫害防治。利用黄色诱虫板诱杀烟粉虱、有翅蚜；杀虫灯灯光诱杀金龟子；性诱剂诱杀斜纹夜蛾、甜菜夜蛾。保护利用田间自然天敌蜘蛛、草蛉、瓢虫、寄生蜂等；利用植物源农药天然除虫菊素、印楝素、苦参碱等防治蚜虫；利用生物杀虫剂核型多角体病毒（NPV）、苏云金杆菌、阿维菌素等防治斜纹夜蛾、甜菜夜蛾等。

病害防治。霜霉病：选用 72.2% 普力克 600 倍液（安全间隔期 5～7 d）或 58% 雷多米尔 1500 倍液（安全间隔期 10～15 d）喷雾防治；菌核病、灰霉病：选用 50% 农利灵 1000 倍液（安全间隔期 5～7 d）或 50% 扑海因 1500 倍液（安全间隔期 5～7 d）喷雾防治；白粉病：选用 25% 阿米西达 1500 倍液（安全间隔期 5～7 d）或 15% 三唑酮 1 500 倍液喷雾防治（安全间隔期 10～15 d）。

9 采收

阳新湖蒿一号，从湖蒿蔸上采收地上嫩茎，于 12 月至翌年 4 月中旬当地上嫩茎生长至 20～25 cm 长时，用刀平地面从基部割取。收获的地上嫩茎除留顶部少许心叶外，其余叶片全部抹除后即可上市。地上嫩茎一般采收 2 批，如肥水充足可采收 3 批。

阳新二号湖蒿，根据市场的需要，9 月下旬至 11 月在嫩茎生长至 15～20 cm 时直接采收一次或两次，再让其植株继续生长，给地下茎积累养分。11 月上旬至 12 月上旬根据植株长势、地下茎养分积累情况和市场需要，分批平地面割除老茎秆，并及时清除田间枯叶、残叶和杂草，以便湖蒿蔸长出地上嫩茎供食。

绿色食品湖蒿的产品包装应符合 NY/T 658 的要求，每个包装上应标明产品名称、产品的标准编号、商标、生产单位（或企业）名称、详细地址、产地、规格、净含量和包装日期等，标示上的字迹应清晰、完整、准确；经绿色食品中心认证的，可以在包装上使用绿色食品标识。

10 留种

地上嫩茎采收完毕后，根据下茬种植计划，阳新湖蒿一号按留种地与生产地 1∶8 的比例留种，阳新湖蒿二号按留种地与生产地 1∶3 的比例留种。留种地的湖蒿则任其生长，主要田间管理就是及时搞好排灌。

附表　阳新湖蒿主要病虫害化学农药防治一览表

主要防治对象	农药名称	使用方法	安全间隔期（d）
玉米螟	2.5%功夫乳油；	1500倍液喷雾（1～2次）	7
	75%拉维因可湿性粉剂	1500倍液喷雾（1～2次）	5
斜纹夜蛾	15%安打悬浮液；	4000倍液喷雾（1～2次）	5
	10%除尽乳油	3000倍液喷雾（1～2次）	5
蚜虫	10%金大地可湿性粉剂；	3000倍液喷雾（1～2次）	5
	5%来福灵乳油	2000倍液喷雾（1～2次）	7
根腐病	75%百菌清可湿性粉剂；	800倍液灌根（1～2次）	10
	77%可杀得可湿性粉剂	500倍液灌根（1～2次）	5
灰霉病	50%速克灵可湿性粉剂；	1500倍液喷雾（1～2次）	7
	40%菌核净可湿性粉剂	1000倍液喷雾（1～2次）	7
白粉病	20%粉锈灵可湿性粉剂；	2000倍液喷雾（1～2次）	7
	25%使百克乳油	2000倍液喷雾（1～2次）	7
病毒病	20%病毒A可湿性粉剂；	600倍液喷雾（1～2次）	10
	1.5%植病灵Ⅱ水剂	800倍液喷雾（1～2次）	10

附录Ⅳ 国家农产品地理标志质量控制技术规范
（阳新湖蒿）

编号：AGI2020–01–2940 　　　　　　公布日期：2020–04–30

本质量控制技术规范规定了经中华人民共和国农业农村部登记的阳新湖蒿的地域范围、自然生态环境、生产技术要求、产品典型特征特性和产品质量安全规定、产品包装标识等相关内容。本规范经中华人民共和国农业农村部公告后即为国家强制性技术规范，各相关方必须遵守执行。

一、地域范围

阳新湖蒿农产品地理标志地域保护范围包括黄石市阳新县所辖行政区域内，西起王英镇，东至富池镇长江江滩，北至大冶湖入长江口，南至洋港镇田畈村，覆盖阳新县境内 22 个镇、区的湖蒿种植区域。地理坐标为 E 114°43′ ～ 115°30′，N 29°30′ ～ 30°09′，东北横距 76.5 km，南北纵距 71.5 km，海拔 8.7 ～ 85 m。地域保护总面积为 2667 hm²（40000 亩）。

二、独特的自然生态环境

1. 土壤地貌情况

阳新县境内的土壤类型主要有红壤土、石灰土、紫色土、潮土、沼泽土、水稻土等 6 个土类。其中，江河、湖滨拥有丰富的河湖相冲沉积物形成的潮砂土、灰潮砂土、潮泥土，灰潮泥土、正土、灰正土。冲积土壤土层深厚，肥力高，质地疏松，通气性好。阳新湖蒿主要生长于以潮泥土、潮砂土、砂壤土为主的江河、湖泊冲积土，生产核心区在富水河流域中下游的宝塔湖。

2. 水文情况

湖蒿原生长于湖泊、河流滩涂，耐湿怕旱。阳新县境内的水系除长江穿过境内 45.4 km 外，还有富水、大冶湖、海口湖、菖湖、袁广湖、上巢湖六条独自流入长江的水系，总长度 985.5 km。富水是县境内最大河流，全长 196 km，流域面积 5310 km²。流域内水系发达，河港纵横，湖泊密布。全县计有大小湖泊 269 处，湖泊面积 349.32 km²，素有"百湖之县"美称。丰富的水文条件孕育了闻名全国的富水河下游湖北网湖湿地省级自然保护区，为湖蒿生长提供了良好的生态环境。

3.气候情况

湖蒿喜温暖湿润的气候条件，不耐干旱。生长适温 10 ～ 30℃，温度越高，嫩茎纤维化速度越快。湖蒿嫩茎在日平均气温 12 ～ 18℃时生长较快，当白天温度 13 ～ 20℃、晚上温度 5℃以上，空气湿度 85% 以上时，嫩茎生长迅速、粗壮，不易老化且品质好，气温 25℃以上时，嫩茎容易木质化。

阳新县地处中纬度，属亚热带季风气候。境内四季分明，温和多雨，自然降水充沛。据气象资料记载，多年平均降水量 1 371 ～ 1 496 mm，雨量丰富。多年平均气温 16.9℃，全年无霜期 237 ～ 256 d。冬季日均最低最高温度分别为 4℃、12℃，平均降水量 52 mm，春季日均最低最高温度分别为 8℃、15℃，平均降水量 118 mm。

阳新湖蒿在秋冬季和早春通过设施（遮阳网、塑料大棚）促成栽培，能够确保湖蒿嫩茎生长迅速、粗壮，不易老化且品质好。

三、特定生产方式

1.产地选择与特殊内容规定

阳新湖蒿宜选择排灌方便，土层适中，土壤肥沃、pH 值在 6.5 ～ 7.5 的江湖滩涂冲积沙壤土或平原水稻土。生产地环境应符合《土壤环境质量标准》（GB 15618—2018）的规定，灌溉水质量应符合 GB 5084 农田灌溉水质标准的规定，环境空气质量应符合《环境空气质量标准》（GB 3095—2012）的规定。

2.品种选择与特定要求

阳新湖蒿原为野生。经过人工移植、引种栽培、组织脱毒培养、定向选择和多年提纯复壮，已选育出适应本地产地环境的丰产、抗病、抗逆性强、香味较浓、茎秆粗壮、纤维含量少、商品性状好的两个湖蒿品种：阳新一号湖蒿和阳新二号湖蒿。大规模生产推荐选用阳新二号湖蒿品种，小规模生产可选用阳新一号湖蒿品种。

阳新一号湖蒿主要特征特性：早熟品种，单叶互生，叶片多为奇数羽状裂叶，裂叶为深度裂叶，裂叶宽柳叶形，嫩茎裂叶裂片长宽比 2.6 ～ 4.5，平均 3.31，顶端圆钝，裂片边缘浅锯齿状；叶片正面浅绿色、无毛，叶背面白绿色、有短密白色茸毛；插条扦插成活后，须根发达，根毛细密，可抽生少量白色短壮的地下根状茎。扦插繁殖的插条叶腋处长出的嫩茎淡白绿色（在露地环境下，嫩茎上部微红色，老茎下部绿色或墨绿色、上部微红色到紫红色）、无毛，香味略淡，粗纤维含量少，可直接采收上市。供食嫩茎时间主要在9月至翌年3月，可采收4～5次。

阳新二号湖蒿（又称大叶青秆藜蒿）主要特征特性：中熟品种；叶片与阳新一号湖蒿基本相似。与阳新一号湖蒿不同之处是：其裂片深度比阳新一号湖蒿深，嫩茎裂叶裂片长宽比2.86～6.3，平均4.86，比阳新一号湖蒿略显窄长、裂片顶端锐尖；插条扦插成活后，可长出大量又长又白的肥壮根状茎，根状茎密生须根，地下根状茎节上的潜伏芽易萌发抽生地上茎；地上嫩茎浅绿色至绿色，香味浓郁。供食嫩茎主要通过设施促成栽培，在当年12月至翌年4月由割除老茎秆后的地下茎萌发长出，其嫩茎浅绿色至绿色、粗壮、清香、鲜美、脆嫩可口、香味浓郁、风味独特。

3. 生产管理特定方式

种苗培育。6月下旬至7月下旬，选取上季无病虫害、生长健壮的种蒿茎秆，去掉叶片、嫩梢和老茎，将茎秆截成切口整齐的长20 cm的插条，放入50%多菌灵500倍液和4.5%高效氯氰菊酯1500倍液、生根粉200倍液中浸泡15～20 min，灭菌灭虫、促进生根；按上下一致顺序整理齐，每捆200～300根捆好，置于阴棚内潮湿的砂土上催根催芽，约10 d即可生根发芽。

大田高密度扦插。插条生根发芽后即可扦插移植，将插条与地面夹角呈35°～40°斜插入土2/3，每穴插1～2根。早熟种，株行距均为10 cm，每亩约插10万根；中熟种，株行距均为15 cm，每亩约插4.5万根。

养根栽培。扦插成活后至割除老茎秆之前（即8月上旬至12月上旬）为地下茎养分积累期，此期加强肥水管理、病虫防治和植株调整，以促植株养分向地下茎输送，为后期促生栽培的产量与质量形成奠定基础。

设施促生栽培。11月初，开始分期平地割除老茎秆；11月上中旬搭建大棚骨架，11月中旬至12月上旬根据地下茎新芽萌发情况、气温情况及预计上市时间，及时盖好大棚。待新芽长至5～10 cm时，用$N+P_2O_5+K_2O \geqslant 50\%$、$B+Zn \geqslant 0.2\% \sim 0.3\%$的全价元素水溶性肥料300～500倍液进行叶面喷雾追肥，每7 d喷一次，共喷3次，以促进湖蒿健壮生长。

4. 产品收获、采后处理及废弃物处理规定

采收标准：以苗青、茎粗壮、茎色淡绿、光滑、脆嫩为标准，嫩茎长度视其肥水、长势而定，一般茎粗 0.3 cm 左右，茎长 20 ～ 40 cm。

加工要求：采收后应立即去杂、去叶、去根部老茎，及时清洗。废弃物处理：对老茎秆等植物废弃物采取粉碎回田或用作生产有机肥、生物发电的原料等，进行无害化处理与合理化利用。

5. 包装储存运输等相关规定

包装统一采用专用塑料网袋包装或小袋包装。小袋包装的，应放入符合食品卫生要求的瓦楞纸箱。

冷藏保鲜库贮存，保鲜温度 3 ～ 6℃，保质期为 10 ～ 20 d。

运输过程中应避免外来压力挤压造成对产品损伤并隔绝污染源。

6. 生产记录要求

如实记录生产投入品，如化肥、农药的名称、来源、用法、用量和使用、停用的日期；收获日期；质量检测情况；销售情况。生产记录应当保存两年。

四、产品品质特色与质量安全规定

1. 外在感官特征

湖蒿为阳新县特产，产地环境优越，栽培历史悠久。阳新湖蒿以阳新二号湖蒿（又称大叶青秆藜蒿）为主栽品种，以嫩茎取食，茎节长，叶片少，可食率高。嫩茎表皮淡绿色，肉淡绿白色，芳香气味浓，茎粗 0.3 cm 左右，长 20 ～ 40 cm。嫩茎凉拌或炒食，清香鲜美、脆嫩可口、风味独特。

2. 内在品质指标

100 g 湖蒿嫩茎中，蛋白质 ≥ 0.7 g，粗纤维 ≤ 1.6 g，可溶性糖 ≥ 0.12 g，氨基酸 ≥ 0.4 g。

3. 质量安全要求

阳新湖蒿安全指标符合无公害蔬菜生产技术标准，不超标使用化肥，不使用禁限农药。倡导有机肥替代化肥，倡导利用农业综合防治技术、物理防治技术和生物防治技术等措施防治病虫害，产品质量检测合格。

五、标志使用规定

阳新湖蒿地域范围内的湖蒿生产经营者，在产品或包装上使用已获登记保护的阳新湖蒿农产品地理标志，须向登记证书持有人阳新县蔬菜办公室提出申请，并按照相关要求规范生产和使用标志。

参考文献

陈红兵，郑功源，邓丹雯，2001.野生藜篙系列产品的加工 [J].食品研究与开发（6）：43-44.

陈振跃，2017.产业集集群视角下蔬菜产业发展研究：以黄石市为例 [M].武汉：华中农业大学.

崔洪文，2011.野菜藜蒿主要类型和品种介绍 [J].中国农业信息（3）：31.

邓丹雯，郑功源，方续平，2001.藜蒿黄酮提取方法研究 [J].天然产物研究与开发（6）：48-50，44.

邓荣华，郭宇星，李晓明，等，2013.芦蒿秸秆总黄酮富集纯化及产物鉴定 [J].食品科学（9）：85-89.

范友年，1999.蒌蒿的生物学特性及栽培技术 [J].江汉大学学报，16（6）：26-28.

方达福，徐尤华，方向亮，等，2011.阳新县宝塔村蒌蒿基地面临的突出问题与对策 [J].农村经济与科技（11）：108-109，118.

方荣，万新建，陈学军，等，1998.蒌蒿生长动态观察初报 [J].江西农业学报，10（2）：84-88.

甘虎，2006.大棚甜玉米—芦蒿轮作高效栽培模式 [J].上海蔬菜（5）：55-56.

古松，高先爱，陈久爱，等，2016.春南瓜与秋藜蒿简易竹棚避雨栽培模式 [J].中国蔬菜（6）：96-99.

古松，王建中，杨波，等，2022.长江流域藜蒿青枯病发生特点及防控技术 [J].长江蔬菜（1）：62-63.

管建国，宋佩扬，1998.蒌蒿的生物学特性与经济栽培 [J].安徽农业大学学报（1）：63-65.

郭静，2013.不同肥料处理对藜蒿品质的影响及藜蒿土壤连作障碍成因的研究 [M].武汉：华中农业大学.

郭艺佳，杨蓓，李荃玲，等，2021.长江流域大棚藜蒿绿色优质高效生产技术规程

[J]. 长江蔬菜（20）：11–14.

胡四化，胡家华，李让平，2006. 青蒿菊花瘿蚊的特征特性与综合防治 [J]. 广东农业科学（8）：66.

黄白红，2007. 藜蒿离体培养与试管苗分泌结构的研究 [M]. 长沙：湖南农业大学.

黄白红，乔乃妮，龚逸，等，2007. 藜蒿离体培养再生体系的建立 [J]. 安徽农业科学（35）：6 832–6 834.

黄小芮，何聪芬，2020. 藜蒿主要化学成分及活性研究进展 [J]. 中国野生植物资源（8）：42–49.

柯有文，万晟杰，汪训枝，等，2020. 阳新县绿色食品发展对策 [J]. 安徽农业科学（14）：248–249，253.

李冬生，康旭，2004. 藜蒿的保鲜贮藏 [J]. 食品研究与开发（4）：138–141.

李汉霞，汪淑芬，王孝琴，等，2009. 武汉蔡甸区蒌蒿（藜蒿）高产高效栽培 [J]. 中国蔬菜（9）：39–41.

李双梅，郭宏波，黄新芳，等，2006. 蒌蒿 DNA 提取、RAPD 优化及引物筛选初报 [J]. 中国农学通报，22（4）：78–80.

李双梅，黄新芳，彭静，等，2016.14 份蒌蒿种质资源主要农艺性状及营养成分评价 [J]. 中国蔬菜（8）：40–44.

李双梅，柯卫东，黄新芳，等，2017. 蒌蒿的研究概况 [J]. 长江蔬菜（18）：49–54.

李双梅，李茂年，李明华，等，2017. 湖北省藜蒿主产区藜蒿经济效益及产业中存在的主要问题调查 [J]. 长江蔬菜（3）：4–5.

李思尧. 2011. 特色农业的发展现状及推广可行性分析：以黄石市阳新县宝塔村为例 [J]. 湖北经济学院学报（人文社会科学版）（7）：38–39.

李天来，1997. 日光温室和大棚蔬菜栽培 [M]. 北京：农业出版社.

梅再胜，2007，山野蔬菜已成为黄石市农业优势产业 [J]. 中国农业信息（9）：18.

梅再胜，李丹家，黄志敏，等，2006. 黄石市大棚藜蒿高产栽培技术 [J]. 科学种养（6）：36–37.

梅再胜，李一和，张炳松，等，2011. 黄石市白藜蒿夏秋高产栽培技术 [J]. 科学种养（4）：37.

明安淮，李一和，周祥艳，等，2019. 阳新湖蒿产业发展概述 [J]. 农村经济与科技（19）：173–175.

明安淮，徐顺文，李一和，等，2020. 阳新湖蒿绿色高质高效生产技术模式 [J]. 农村经济与科技（11）：69-71.

潘静娴，戴锡玲，陆勐俊，2006.蒌蒿重金属富集特征与食用安全性研究 [J]. 中国蔬菜（1）：6-8.

乔乃妮，黄白红，周朴华，2008.藜蒿离体培养的细胞组织学观察 [J]. 西北农业学报（5）：277-281.

涂艺声，余兰平，王永强，等，2005.藜蒿的组织培养和快速繁殖研究 [J]. 中国野生植物资源（2）：59-61.

涂宗财，毛沅文，李志，等，2011.野生藜蒿叶中黄酮类化合物的提取工艺 [J]. 南昌大学学报（工科版）（3）：234-238.

汪普庆，熊航，2018."一村一品"特色农业发展研究：以武汉市蔡甸藜蒿为例 [J]. 农村经济与科技，29（9）：1-4.

王海东，2022.绿色食品全产业链发展路径研究 [J]. 山西农经（7）：51-53.

王磊，2007.基于 MC 的现代农业生产经营模式探讨：以山东寿光蔬菜产业为例 [J]. 蔬菜（12）：29-31.

王伟，2014.藜蒿在湿地生境下吸收富集砷、硒和镉的研究 [M]. 南昌：南昌大学.

吴崇义，何有军.日光温室建造技术解析：十米跨度设计实现分析 [EB/OL]. https://www.163.com/dy/article/IAU12AOM0525D1BM.html.

熊芳利，2017.藜蒿废弃物资源化利用研初探 [M]. 武汉：江汉大学.

徐顺文，明安淮，汪训枝，等，2021.阳新湖蒿白钩小卷蛾发生特点与防治策略 [J]. 湖北植保（6）：46.

杨俊丽，顾帅坤，郭保林，2020.新零售背景下绿色食品线上线下 + 物流模式的发展研究 [J]. 农产品加工（5）：85-87.

于真，2017.藜蒿茶成分分析、保健功效研究及成茶工艺优化 [M]. 武汉：江汉大学.

于真，李凯，戴希刚，等，2016.藜蒿叶和藜蒿茶中挥发性成分的比较分析 [J]. 江汉大学学报（自然科学版）（6）：520-526.

张立颖，宋越冬，2005.蒌蒿嫩茎扦插繁殖试验 [J]. 现代化农业（3）：9-10.

张露，2015.南方特色蔬菜（藜蒿和甘薯叶）中多酚的提取及抗氧化成分分离鉴定 [D]. 南昌：南昌大学.

赵靓，2022.基于大数据的绿色食品全产业链发展路径研究 [J]. 中国食品（7）：154-156.

周震虹，高阳，王刚，2005.农业产业化发展的理论依据 [J]. 求索（4）：21-23.

朱凯，2018. 我国中东部有机农场调研及番茄、芦蒿绿色种植体系推广 [M]. 南京：
  南京农业大学．

中国植物志编辑委员会，1991. 中国植物志（第 76 卷第 2 分册）[M]. 北京：科学出
  版社．

Xu S W, Li Y H, Ming A H, et al., 2020. Study on virus-free and rapid propagation
  technology of Artemisia selengensis sp. in yangxin county[J]. Agricultural
  Biotechnology, 9（6）：70-72, 78.